Ariane Brandes

Die Macht der Community

Ariane Brandes

DIE
MACHT
DER
COMMUNITY

Wie Sie zum Community-Manager
werden und erfolgreich
ein Online-Netzwerk aufbauen

REDLINE | VERLAG

Bibliografische Information der Deutschen Nationalbibliothek:
Die Deutsche Nationalbibliothek verzeichnet diese Publikation in der Deutschen Nationalbibliografie;
detaillierte bibliografische Daten sind im Internet über http://d-nb.de abrufbar.

Für Fragen und Anregungen:
info@redline-verlag.de

Alle in diesem Buch enthaltenen Informationen wurden mit größter Sorgfalt recherchiert. Trotzdem kann nicht ausgeschlossen werden, dass inhaltliche Fehler vorhanden sind. Es kann weder vom Verlag noch von der Autorin eine juristische Verantwortung oder Haftung für etwaige Fehler und deren Folgen übernommen werden.

1. Auflage 2020

© 2020 by Redline Verlag, ein Imprint der Münchner Verlagsgruppe GmbH,
Nymphenburger Straße 86
D-80636 München
Tel.: 089 651285-0
Fax: 089 652096

Mein besonderer Dank gilt der Kölner Social-Media-Beraterin Kristin Holm und dem Social-Media-Manager DACH/EMS Dental Markus Edelberg für die Interviews, in denen sie uns ihr Wissen und ihre Erfahrung zugänglich gemacht haben. Herzlichen Dank schenke ich außerdem der Community-Managerin Denise Henkel für das Interview, in dem sie uns Einblick in ihre Laufbahn und Berufsphilosophie gibt.

Redaktion: Christiane Otto, München
Umschlaggestaltung: Marc Fischer, München
Umschlagabbildung: Shutterstock/rob zs
Satz: ZeroSoft, Timisoara
Druck: GGP Media GmbH, Pößneck
Printed in Germany

ISBN Print 978-3-86881-777-5
ISBN E-Book (PDF) 978-3-96267-182-2
ISBN E-Book (EPUB, Mobi) 978-3-96267-183-9

Weitere Informationen zum Verlag finden Sie unter

www.redline-verlag.de

Beachten Sie auch unsere weiteren Imprints unter
www.m-vg.de

Inhalt

EINLEITUNG

Das folgende Buch beschäftigt sich mit der Welt der Communitys und ihrer professionellen Erstellung, Betreuung und Weiterentwicklung. Wer sich mit dem Thema noch kaum befasst hat, mag sich vielleicht fragen, ob Communitys wirklich so eine »große Sache« sind. Doch tatsächlich spielen sie in der heutigen digitalen Welt im Geschäftsbereich eine zunehmend wichtige Rolle. Dazu muss man sich nur den Beginn eines beliebigen Arbeitstags verschiedener Berufstätiger ansehen:

- Modedesignerin A. stellt erfreut fest, dass ihre gestern präsentierte Herbstkollektion in der Community vorwiegend positiven Anklang findet.
- Börsenmakler K. sieht sich in seiner Community an, wie das Meinungsbild zu den Aktien ist, mit denen er heute handeln will.
- Schreinermeister R. zitiert den Gesellen G. zu sich, weil ein Kunde sich in der Community über seine Arbeit beschwert hat.
- Softwareingenieur J. murmelt: »Das ist es doch!«, als er in einem Post seiner Unternehmenscommunity einen Lösungsvorschlag zu dem Problem vorfindet, das ihn seit Wochen beschäftigt.

Und auch im privaten Umfeld fängt der Tag für Millionen von Menschen mit einem Blick auf ihre Community(s) an:

- Single G. freut sich über eine Reaktion auf die Partnersuchanzeige, die er am Vortag in einer Dating-Community eingestellt hat.
- Autobastler H. bekommt aus seiner Community einen Tipp, wie die zickende Elektrik seines Austin Healey in den Griff zu kriegen ist.
- Hausfrau K. entdeckt in ihrer Koch-Community einen Post mit einem Rezept, das sich bestens für ihre nächste Dinnerparty eignet.
- Herz-OP-Patient L. tauscht sich mit einem Leidensgenossen aus Schweden über Erfahrungen bei der Reha aus.

Und nicht nur zu Tagesbeginn, sondern auch in seinem weiteren Verlauf erfolgen immer wieder Zugriffe auf die favorisierte(n) Community(s). Längst gehören diese virtuellen Soziotope zum festen gesellschaftlichen

Bezugsrahmen der meisten Menschen, denn im modernen Leben unserer Zeit ist cybersoziale Mobilität zu einem zentralen Element geworden.

Bei vielen Menschen ist sowohl das private als auch das berufliche Leben derart mit den Communitys verflochten, dass sie die verschiedenen Bereiche kaum noch auseinanderhalten können. Wer sich diesem Megatrend entzieht, hat schnell den Ruf eines Steinzeitmenschen weg.

Unternehmen ohne Community: ein No-Go!

In unserer hypermedialen, mithilfe von SEO gestalteten Welt geht ohne Communitys so gut wie gar nichts mehr. Für Unternehmen und Organisationen sind sie zu einem entscheidenden Faktor für den Erfolg von Marken und Produkten geworden.

Brands become communities – diese griffige Formel kursiert auf amerikanischen Webseiten[1] um die Entwicklung von Communitys zu charakterisieren. Die drei Worte bringen auf den Punkt, welch herausragende Rolle den Communitys im Machtgefüge von Unternehmen mittlerweile zugewachsen ist. Die Formulierung mag etwas zugespitzt sein, aber sie erfasst korrekt den Trend.

Doch warum sind Communitys aus unserer technokonsumistischen Zeit nicht mehr wegzudenken? Das liegt darin begründet, dass sie – sofern sie denn gut funktionieren – für ihre Betreiber unentbehrliche Bestandteile der Infrastruktur sind: Kontaktzentren, Zeitgeistbühnen, Ideenreservoirs, Innovationstreiber ... all das können Communitys sein. In all diesen Funktionen machen sie das von ihnen repräsentierte Unternehmen erlebbarer; sie werden zum Social Business, in dem sie die Nutzer eine Art soziale Kontrolle ausüben lassen.

Communitys – Sammelbecken der Konsumentenmacht

Das Web 2.0 hat Marketing und Innovationsmanagement unter dem Leitbegriff *social by design* revolutioniert. Akquise von Neukunden, Bindung von Bestandskunden, Serviceleistung, Imageträger, Trendspotting, Marktforschung, Datenquelle, Recruiting: Das sind nur einige der Schlagworte, die die Gründung einer eigenen Community zum

Pflichtprogramm von Unternehmen, Organisationen und Institutionen aller Art gemacht haben.

Der Wunsch der Kunden nach Mitbestimmung und Mitgestaltung hat Transparenzdruck erzeugt. Communitys sind dadurch zur sozio-ökonomischen Konvention geworden. Wer diese Entwicklung missachtet, kann das Ansehen bei Kundschaft, Geschäftsfreunden oder Bürgern verlieren, möglicherweise sogar für immer. Kurz gesagt: Communitys sind Eckpfeiler von Zukunftsfähigkeit.

Die Kunden sind medienmächtig geworden. Das hat mittlerweile Auswirkung auf alle und jeden. Kleine und mittelständische Unternehmen (KMU) werden bald ebenso ihre eigene Community vorweisen müssen wie Vereine und Handwerkerbetriebe. Übergeordnete Ziele sind sonst nicht mehr erreichbar: Wer nicht um eine funktionierende Community bemüht ist, stellt sich sehenden Auges aufs Abstellgleis.

Könner für das Community-Management gesucht!

Wenn aber so viele Communitys gebraucht und wenn Marken zu Communitys gemacht werden, hat dies auch Auswirkungen auf die im Hintergrund agierenden Verantwortlichen, die wohl bald zu den bedeutsamsten Führungskräften in Unternehmen zählen dürfen. Denn der Erfolg einer Community und der damit verbundenen Marke steht und fällt mit der Persönlichkeit desjenigen, der die Community lenkt.

Dabei ist allgemein ein zunehmendes Interesse für gerade diese Menschen zu beobachten. Sie sind Integrationsfiguren und sie steigern die Anziehungskraft und Dynamik einer Community. Doch nach welchen Gestaltungsprinzipien gehen sie vor? Welche Fähigkeiten müssen sie einbringen? Und was lässt sich dabei verdienen? Genau diesen Fragen werden wir in dem Buch, das Sie nun in den Händen halten, nachgehen.

Ob eine Community Reichweite erlangt, sich einen Ruf und Sichtbarkeit schafft oder aber in den Myriaden von Communitys ein Schattendasein fristet, das entscheidet vor allem die Qualität ihres Managements. Dessen sind sich die meisten Betreiber bewusst.

Für Unternehmen gilt, ungeachtet ihrer Größe, die Maxime: Das Management ihrer Community gehört in professionelle Hände gelegt, sei es durch Festanstellung einer Fachkraft oder eines ganzen Teams, sei es durch Outsourcing an Agenturen beziehungsweise Freiberufler. So ist es nicht weiter verwunderlich, dass der Jobmarkt für diese zukunftskompatible Tätigkeit boomt.

Sucht man auf einem der einschlägigen Portale nach *Community-Management*, werden Hunderte, wenn nicht Tausende Jobangebote aufgelistet, darunter viele von der Crème de la Crème der Industrie. Ebenso begehrt sind Menschen, die ehrenamtlich in einer Community tätig sein wollen. Überall werden Könner gesucht, teils händeringend!

Aber Könner fallen nicht vom Himmel ...

Sie haben Handlungsbedarf?

Die Tatsache, dass Sie jetzt in diesem Buch lesen, trifft eine Aussage über Sie: Sie sind communityaffin, ambitioniert und zukunftsorientiert. Deshalb wollen Sie sich ein vertieftes Wissen über Communitys aneignen, und wahrscheinlich wollen Sie aus Ihrem neugewonnenen Wissen etwas machen, vielleicht sogar ein vielbegehrter Könner werden ...

Die weitverbreitete Ansicht, Social Media und Kommunikation, das könne doch irgendwie jeder, ist unsinnig. Nicht in jedem Interessierten steckt ein befähigter Community-Manager. Salopp gesagt: Sie müssen das Zeug dazu haben und den dazugehörigen Enthusiasmus. Die Persönlichkeit muss passen: Dieser Beruf setzt eine anspruchsvolle Kombination von Eigenschaften, Fähigkeiten und Mindset-Qualitäten voraus, die nicht jeder in seinem Persönlichkeitsbild hat.

Community-Management ist eine interdisziplinäre Tätigkeit mit einem vielschichtigen Kompetenzspektrum, insbesondere auf dem Gebiet der Kommunikation. Das gilt für den Profi im Community-Team eines DAX-Konzerns ebenso wie für den Ehrenamtler, der über die Fan-Community seines Sportvereins Geld für eine Erweiterung der Sportanlagen hereinholen will.

Doch für denjenigen, der über die entsprechenden Skills verfügt, kann Community-Management ein »Spaßjob« sein, herausfordernd, abwechslungsreich und zukunftskompatibel. Es ist eine Arbeit, mit der man sich in hohem Maße identifizieren kann und die daher ein ideales Betätigungsfeld für die ganz persönliche Selbstverwirklichung darstellt.

Ein Buch für jeden Handlungsbedarf!

Ob Sie nun eine eigene Community gründen oder das virtuelle Forum Ihres Vereins leiten wollen, ob Sie im Unternehmen Ihres Arbeitgebers die Betreuung der internen Community übernehmen möchten oder sich für den vielseitigen Beruf des Community-Managers interessieren – mit der Lektüre dieses Buches schlagen Sie den richtigen Weg ein! Hier finden Sie alles Maßgebliche für eine professionelle Positionierung in der unendlichen Welt der Communitys, denn das Arbeiten in einer Community ist eine Sache, an die Sie nicht unvorbereitet herangehen sollten.

Neben dem Reiz, den der Beruf des Community-Managers ausstrahlt, gibt es noch viele weitere gute Gründe, sich näher mit dem Thema Community zu beschäftigen. Dieses Buch ist für einen breiten Kreis communityaffiner Menschen jeden Alters geschrieben, die ein verstärktes Interesse an Funktionsweise, Aufbau, Pflege und Führung von Communitys haben:

- **Community-Fans, die ihre eigene Community gründen wollen**
  Sie stehen vor dem großen Schritt, Ihre eigene Community ins Leben zu rufen? Eventuell sogar, um damit Geld zu verdienen? In diesem Buch sage ich Ihnen, was zu tun ist, um einen Kickstart hinzulegen und bei Aufbau und Pflege Ihrer Community möglichst wenig falsch zu machen.

- **Community-Fans, die ihr Hobby zum Beruf Community-Manager machen wollen**
  Sie wollen Community-Manager werden? In diesem Buch erkläre ich Ihnen all das, was Sie brauchen und wissen sollten, um potenzielle Arbeitgeber von Ihren Fähigkeiten zu überzeugen. Das dazu Gesagte ist ebenso für Menschen interessant, die eine ehrenamtliche Tätigkeit innerhalb einer Community anstreben.

- **Community-Fans, die firmenintern in die Abteilung »Community-Management« wechseln wollen**
  Sie als Community-Fan sind von Ihrem Chef gefragt worden, ob Sie das interne Social Network Ihrer Firma übernehmen wollen? In diesem Buch erkläre ich Ihnen, welche Anforderungen in dieser wichtigen Position auf Sie zukommen und wie Sie diese souverän meistern.

- **Community-Fans, die schon in das Thema eingearbeitet sind und ihre Kenntnisse auffrischen wollen**

Sie sind schon mit dem Thema vertraut und wollen Ihre Kenntnisse erweitern und vertiefen? In diesem Buch finden Sie Informationen zu aktuellen Trends, verbunden mit Hinweisen zum Verbesserungspotenzial bei schon vorhandenen Communitys.

- **Community-Fans, die mehr über ihre virtuellen Wohnstuben erfahren wollen**
  Sie interessieren sich für virtuelle Gemeinschaften von einer ganz allgemeinen Warte aus? In diesem Buch zeige ich Ihnen, wie Sie Communitys optimal nutzen und zu einem reflektierten und bereichernden Umgang mit ihnen kommen.

Zusammengefasst: Dieser Leitfaden zu allen Kernaspekten und Aufgabengebieten versorgt Sie mit dem nötigen Wissen, um eine Community nach Ihren Vorstellungen entwickeln, leiten und ausbauen zu können.

Aufbau des Buches

Eine umfassende Darstellung des vielschichtigen Berufsbilds Community-Management mit all seinen Facetten würde leider den Umfang dieses Buches sprengen. Mein Werk erhebt daher nicht den Anspruch auf Vollständigkeit. Dennoch war es mir wichtig, bei der Auswahl und Aufteilung des Stoffes sowohl die Balance zwischen den Anforderungen kleinerer Nischen- oder Vereinscommunitys als auch von Großunternehmen zu finden.

Um die Bandbreite an Themen übersichtlich zu gestalten, habe ich das Buch in sieben kompakte Kapitel aufgeteilt, vom Basiswissen für die Einarbeitung bis hin zu den Bereichen, in denen Sie Ihre kommunikativen Fähigkeiten und Ihre Kreativität zur vollen Entfaltung bringen können. Der Fokus soll dabei auf der anschaulichen Erklärung der Zusammenhänge liegen, immer mit Blick auf die Praxis.

Bei der Darstellung der *Essentials* lassen sich theoretische Ausführungen inklusive der Erklärung abstrakter Begrifflichkeiten leider nicht ganz vermeiden. Wer seine Community mit Leben füllen will, der muss – ähnlich wie beim Führerschein – auch die Theorie beherrschen.

Die ersten beiden Kapitel gehen die Thematik von der theoretischen Seite an, in den darauffolgenden Kapiteln erläutere ich die zentralen Aspekte der praktischen Arbeit.

Im **1. Kapitel** gebe ich eine kurz gehaltene Einführung in das Allgemeinwissen zum Phänomen Community. Darin werden grundbegriffliche Fragen geklärt und universell gültige Kriterien herausgearbeitet.

Kapitel 1:
- Bestimmung des Begriffs »Community«
- Erscheinungsformen und Geschichte von Communitys
- Kommerzielle Aspekte
- Unverzichtbarkeit für Customer-Relationship-Marketing und Innovationsmanagement

Im **2. Kapitel** kommen Profil und Mindset der Menschen zur Sprache, die sich für eine Leitungsfunktion in einer Community interessieren.

Kapitel 2:
- Definition des Berufsbilds (in Abgrenzung zum Social-Media-Management)
- Anforderungsprofil des Jobs (inklusive Stressfaktor)
- Notwendige Eigenschaften, Fähigkeiten und Mindset-Qualitäten
- Formen der Jobausübung
- Verdienstmöglichkeiten

Danach kommen wir zur praktisch-operativen Arbeit, von der »leeren« Community bis hin zur optimalen Gestaltung der Interaktion mit Ihren hoffentlich sehr zahlreichen und aktiven Usern.

Zunächst wird im **3. Kapitel** der Aufbau einer Community Schritt für Schritt durchgesprochen. Sie erfahren alles Wesentliche zu:

Kapitel 3:
- Ausarbeitung einer eigenen Social-Media-Strategie
- Design des User Interface
- Promotion der neuen Community
- Akquise von Mitgliedern
- Aufstellung von Regeln zur Netiquette
- Anfangsschritte bei Content und Dialog
- Rechtliche Rahmenbedingungen

Im **4. Kapitel** kommt zur Sprache, was alles im Alltagsbetrieb zur Pflege einer gut funktionierenden Community abzuarbeiten ist.

Kapitel 4:
- Erhöhung von Reichweite und Sichtbarkeit
- Stimulation des Community-Engagemenst
- Mitgliederbindung und -vernetzung
- Umgang mit Multiplikatoren und Power Usern
- Wettbewerbe, Kampagnen und Aktionen
- Offline-Events
- Erfolgsmessung und Monitoring
- Krisenmanagement (Trolle, Shitstorms)

Das **5. Kapitel** ist ganz der Kernkompetenz jedes Community-Managers gewidmet: dem Dialog. Die schriftliche Kommunikation ist weitaus mehr als das Einstellen und Beantworten von Posts – Dialog ist die Seele Ihrer Community, daher sollten Sie über schreibhandwerkliche Fähigkeiten verfügen. Im Mittelpunkt der Darstellung stehen:

Kapitel 5:
- Moderation des Dialogs
- Sprachliche Realisierung der Leitwerte Authentizität und Empathie
- Personalisierte Dialogführung
- Organisation des Dialogs
- Einsatz von Emoticons und Emojis

Das **6. Kapitel** beinhaltet eine differenzierte Betrachtung des für den Erfolg wichtigen Faktors Content und der entscheidenden Komponente für dessen nachhaltige Wirkung, das Storytelling. Es wird vor dem Hintergrund der Berufspraxis von Community-Management ausgeleuchtet, insbesondere hinsichtlich der Nutzung der Community als kreativen Spielraum.

Kapitel 6:
- Content als Erfolgsfaktor
- Begriffsbestimmung von Storytelling
- Storytelling als Marketingstrategie
- Content-Distribution
- User Generated Content
- Gamification
- Anregungen für eigene Multichannel-Storytelling-Kreativität

Im **7. Kapitel** befasse ich mich mit einigen Überlegungen und Spekulationen zur Zukunft von Community-Management.

Kapitel 7:
- Zukünftige Entwicklung des Community-Managements
- Die Rolle der künstlichen Intelligenz

Die Ausführungen werden ergänzt durch Beispiele, Tipps und Hinweise zur Best Practice für die Umsetzung im Arbeitsalltag und zur Umgehung der vielen Fallstricke. Interviews mit profilierten Community-Manager/innen vermitteln einen differenzierten Einblick in die Praxis.

Zudem gebe ich Ihnen Checklisten mit auf den Weg, die Ihnen dabei helfen werden, gute, produktive Entscheidungen zu treffen und einen strukturierten, lösungsorientierten Arbeitsstil zu entwickeln. In den Anmerkungen kommen Hinweise auf weiterführende, das Thema vertiefende Artikel und Materialien hinzu.

Wie Sie dieses Buch nutzen sollten

Als kompaktes Workbook soll das Buch ebenso Medium zum (ausbildungsbegleitenden) Selbststudium wie alltagstauglicher Ratgeber bei der Arbeit sein, besonders für das so wichtige Learning by Doing. Mein Ziel ist es, dem Leser ein Buch an die Hand zu geben, das er bei der praktischen Arbeit zu allen Problemen und Prozessen zurate ziehen kann.

Für den größten Nutzen von diesem Buch wäre es gut, die einzelnen Kapitel der Reihe nach durchzuarbeiten. Die Kenntnis der vorangegangenen Kapitel ist sehr hilfreich zur Nachvollziehung der Inhalte in den darauffolgenden Kapiteln.

Sprachkonventionen

Die Pluralbildung von Community und Story ist etwas irritierend. In diesem Buch halte ich mich an die laut Duden richtige deutsche Pluralendung »ys«, nur im Rahmen englischsprachiger Zitate wird die Endung »ies« verwendet.

Das Thema Gendern handhabe ich so, dass aus Gründen der besseren Lesbarkeit das generische grammatische Maskulinum verwendet wird. Selbstverständlich sind damit stets sämtliche Genderidentitäten angesprochen.

Und nun steigen wir in die Welt einer neuen Dimension von Kommunikation ein ...

KAPITEL 1

COMMUNITYS — IN DER KOMMUNIKATIONSMATRIX

Zunächst einmal wenden wir uns den begrifflichen Grundlagen rund um den Themenkomplex Community zu und machen einen kurzen Streifzug durch den Kosmos der Communitys. Der Begriff »Kosmos« ist hier durchaus gerechtfertigt, denn die Welt der Communitys ist so komplex, dass Wortschöpfungen wie »Kommunikationsmatrix« oder »Communityversum« angemessen erscheinen.

Dieser Kosmos ist ein fester Bestandteil unserer Lebenswelt geworden, denn wir leben ein virtualisiertes Leben: Ständig switchen wir zwischen analogen und digitalen Identitäten und deren Umfeldern hin und her. Cybertwist[1] nennt die Sozialpsychologin Catarina Katzer diesen permanenten Wechsel. Es kann schon fast von einer unlösbaren Durchdringung der beiden Lebenssphären gesprochen werden.

Communitys sind die wohl beliebteste Form von virtuellen Räumen, denen beim Cybertwist Besuche abgestattet werden. Doch was genau ist das eigentlich, eine Community?

Was ist eine Community?

Ist Facebook eine Community? Ja. Sind die Follower eines YouTube-Kanals eine Community? Ja. Ist das Social Intranet eines Großkonzerns eine Community? Durchaus. Ist die virtuelle Fangemeinde eines Fußballvereins eine Community? Aber ja. Ist eine Freundesschar bei Facebook eine Community? Auch das ...

Die Fragen sind mit »Ja!« zu beantworten, weil der gängige Sprachgebrauch des Wortes »Community« alle genannten Formen von Social Media umfasst. Wollte man das Wort eindeutschen, käme dafür so etwas wie das unelegant klingende *Netz-Gemeinschaft* heraus. Im weitesten Sinne schließt dies jeden Social-Media-Account privater Natur ein, mithin jede Form virtueller Gemeinschaftlichkeit.

Es gibt ein schier grenzenloses Spektrum von Communitys. An vorderster Stelle stehen dabei die Mega-Communitys oder besser Meta-Communitys, auf denen man seine eigene Community aufsetzen kann. Insofern kann man Mark Zuckerberg durchaus als Community-Manager bezeichnen.

Viele Marktführer und Aushängeschilder des Web 2.0 haben als Community begonnen und sind es teils noch immer, inzwischen kommerzialisiert mit oft hochprofitablem Geschäftsmodell. Es sind die Generalisten, die die ganze Welt umspannen: neben Facebook auch Twitter, Pinterest, Instagram, Tinder, Snapchat, LinkedIn, XING ... Und auch die großen Namen der Sharing Economy zählen dazu, die Uber oder Airbnb dieser Welt.

Im Rahmen eigener Accounts in Social Networks hat beinahe jeder schon im Privaten einen Eindruck davon bekommen, was es heißt, Kommunikation im Rahmen einer Community zu betreiben. Diese Form der Interaktion ist eine rudimentäre Form von professionellem Community-Management, wie wir es im weiteren Verlauf kennenlernen werden.

Da Communitys in solch unterschiedlichen Formen und Ausprägungen existieren, ist es problematisch, ihre grundlegenden, gemeinsamen Merkmale in wenigen Worten zu erfassen. Die Frage »Was ist eine Community?« ist in etwa so, als fragte man: Was ist ein Gebäude? Oder: Was ist ein Schiff? All das ist nur in Erklärungen mit weiten Spielräumen und voller Grauzonen beantwortbar.

Die Spannweite des Begriffs macht eine Eingrenzung erforderlich. Dafür stütze ich mich auf die griffige Definition, die Amy Jo Kim in der Einleitung ihres frühen Standardwerks *Community Building on the Web: Secret Strategies for Successful Online Communities* (2000) gelungen ist. Sie bezeichnet virtuelle Communitys als ein Netz von Beziehungen unter Menschen, die eine signifikante Gemeinsamkeit haben, beispielsweise ein beliebtes Hobby, ein politisches Anliegen, eine berufliche Beziehung oder einfach nur die Ansässigkeit in der gleichen Stadt. Darüber hinaus schreibt Kim:

>»[Die Communitys, Anm. d. Aut.] bieten eine eigenartige und herausfordernde Kombination von Anonymität und Intimität, die das Beste wie das Schlechteste im Verhalten der Menschen zum Vorschein bringen kann«.[2]

Die »signifikante Gemeinsamkeit« unter den Mitgliedern ist das Kriterium, auf das es für dieses Buch ankommt. Auch sonst verdient Amy

Jo Kims Definition Beachtung: Besonders interessant daran ist die Aussage, dass Communitys »das Beste wie das Schlechteste im Verhalten« hervorkehren – eine Wahrheit, die uns im Laufe dieses Buches noch mehrfach beschäftigen wird.

Im Sinne dieser Definition hat das englische Leihwort Eingang in den Duden gefunden. In der Online-Edition wird es definiert als:

»Gemeinschaft, Gruppe von Menschen, die ein gemeinsames Ziel verfolgen, gemeinsame Interessen pflegen, sich gemeinsamen Wertvorstellungen verpflichtet fühlen ... (besonders der Nutzer im Internet)«[3]

Das gemeinsame Thema als cybersozialer Kitt

Halten wir fest: In diesem Buch wird Community – im Einklang mit den beiden vorgenannten Definitionen – als online ausgebreiteter sozialer Raum aufgefasst, bewohnt von Menschen, die unter dem Dach gemeinsamer Themenfelder und Interessen vereint sind.

Communitys sind damit virtualisierte Abbildungen von interessensgebundenen sozialen Netzwerken, wie sie auch im realen Leben existieren. Die meisten dieser Netzwerke sind für jeden zugänglich, der sich für eine Aufnahme eignet. Damit können sie als offene dynamische Beziehungssysteme bezeichnet werden.

Zwei Dinge werden für diese Kommunikationssphären vorausgesetzt: Von ihnen geht immer ein Gesprächsangebot aus, und sie stellen Unterhaltungsinhalte und Informationen zur Verfügung, die an Bedürfnisse der User andocken. Daraus ergibt sich die zentrale Aufgabe für das Management von Communitys: Ihm kommt in diesen auf Dialog ausgerichteten Kontaktzonen eine planerische, koordinierende und Interaktion anregende Funktion zu.

Eigenschaften von Communitys
- Gemeinsame Themen, Interessen und Werte
- Gesprächs-, Unterhaltungs- und Informationsangebote
- Virtualisierte Abbildung von realen sozialen Netzwerken
- Offenes dynamisches Beziehungssystem
- Look-and-feel eines »Wir sind unter uns«

Es ist anzumerken, dass unsere Definition aus dem Blickwinkel von Community-Betreibern mit einer ökonomischen Motivation in etwa so lauten könnte:

>>Eine Community ist ein Online-Treffpunkt für Freunde und Anhänger einer Marke, eines Produkts oder eines Unternehmens, konzipiert als soziale Operationsfläche, auf der ein durch Content und dialogische Betreuung initiierter Meinungsaustausch stattfindet, der für geschäftliche Zwecke genutzt wird.<<

Wer gründet Communitys?

Communitys entstehen in den allermeisten Fällen nicht von selbst. Sie werden gegründet auf Initiative von interessierten Kreisen, die aus ihrer Existenz einen Nutzen ziehen wollen. Schließlich verursachen sie Kosten, und wer immer diese Kosten trägt, wird an die Gründung einer Community mit der Erwartung herangehen, einen Gegenwert für sein Geld, einen *Return on Investment* (ROI), zu bekommen.

Als Geschenk an die Menschheit ist eine Community also nur selten gedacht. Hinter den meisten stecken handfeste wirtschaftliche oder auch verwaltungstechnische Interessen von Unternehmen, Organisationen oder Institutionen, die sich der vielfältigen Möglichkeiten bedienen wollen, die Communitys eröffnen.

Aus dieser Perspektive lässt sich die Mitgliedschaft in einer Community als ein Produkt interpretieren. Um sich zu rentieren, wird dieses Produkt zwar gratis zur Verfügung gestellt, muss aber mit Aufmerksamkeit bezahlt werden.

Sicher gibt es auch Communitys, deren ROI gemeinnütziger, idealler oder spiritueller Natur ist. Doch wie wir noch sehen werden, bleiben auch dort ökonomische Aspekte nicht außen vor.

Ausgangspunkt Servicegedanke

Der Servicegedanke hat bei der Gründung von Communitys schon immer eine herausragende Rolle gespielt, auch vor dem Aufkommen des Web 2.0. Viele von ihnen waren und sind sogar *der* Service; sie werden nur als Support-Kanal genutzt und haben die Funktion eines Callcenters – bei meist geringeren Kosten. Dabei zeigt man aller Welt, wie ernst jedes Anliegen und jede Beschwerde genommen wird – ein wichtiger Baustein im Reputationsmanagement.

Mit dem Web 2.0 sind Communitys endgültig zu einem kommerzialisierten Medium geworden, eingebettet in strategische Überlegungen von Unternehmen. Ihre Gründung ist eine Reaktion auf das veränderte Konsumentenverhalten, als unvermeidliche Konsequenz der neuen Medienmächtigkeit der Kunden. In diesem Kontext hat der Begriff »Service« eine erweiterte Bedeutungsdimension: Die Gründung einer Community stellt per se schon einen Service dar. Was im Rahmen dieses Services geboten wird, geht über den traditionellen Begriff von Service weit hinaus.

Communitys sind Geben und Nehmen. Steht das, was die Betreiber zur Erfüllung ihrer eigenen Erwartungen dem Publikum geben, im Einklang mit dem, was das Publikum von der Community erwartet, ist ein produktiver Betrieb gewährleistet. Es entwickeln sich Sozialräume, die auf dem Prinzip des gegenseitigen Nutzens beruhen.

Abbildung 1.1: Beziehungsdynamik in Communitys

Wer braucht eine Community?

Eigentlich müsste die Überschrift lauten: Wer braucht *noch* eine Community? Die, die schon eine haben, sind sich ja schon bewusst geworden, dass sie Bedarf haben. Wer sich bislang gegen das gesträubt hat, was die Marktlogik diktiert, hat dies oft getan, weil damit das Risiko öffentlicher Kritik verbunden ist.

Das »noch« betrifft vor allem kleinere und mittlere Unternehmen (KMU), in denen man bislang der Meinung war, dass Communitys nur etwas für größere Unternehmen seien. Bei den KMU setzt sich allmählich die Erkenntnis durch, dass die Beziehung zu den Kunden eine Erweiterung in den digitalen Orbit braucht, um im Gespräch und damit konkurrenzfähig zu bleiben.

Start-up-Unternehmen kommen ebenso wenig daran vorbei, mit einer eigenen Community aufzuwarten. Das unterstreicht die professionelle Anmutung, egal in welcher Branche. Und nicht nur bei KMU und Start-ups herrscht noch immenser Bedarf. Er erstreckt sich auch auf Einzelpersonen. Vor allem Freiberufler und Solopreneure sind angehalten, ihren Kunden ein Meinungsforum zur Verfügung zu stellen. Self-Branding braucht eine Bühne, auf der man sich ins Gespräch bringt.

Die Antwort auf die einleitende Frage kann also nur lauten: Jedes Unternehmen, bis hin zum Ein-Mann-Business, braucht eine Community, inklusive sachgerechtem Management, damit es zu keinem Kontrollverlust kommt.

Kategorien von Communitys

Wenn alle Welt eine Community braucht, dann ist es logisch, dass die Bandbreite ihrer Themen auch die ganze Welt umschließt. Die Sphäre der Communitys ist von labyrinthischer Unübersichtlichkeit. Sie ist ein Spiegelbild unserer pluralistischen, globalisierten Gesellschaft, von marken- und produktorientierten, intellektuellen oder verspielten Themen über gemeinnützige Organisationen bis hin zu Freakshows und dunklen Ecken. Was immer jemanden interessiert, es ist unwahrscheinlich, dass nicht irgendwo im Web eine Community existiert, in der man sich zu seinem Interessengebiet austauschen kann. An dieser Stelle soll

eine Auflistung der beliebtesten und selbstverständlichsten Rubriken
genügen:

- Social-Media-Plattformen (schon alleine auf diesen Plattformen
  findet sich eine überbordende Vielfalt an Communitys der unter-
  schiedlichsten Kategorien),
- Service- und Support-Plattformen,
- Karriere-Communitys,
- Gesundheitscommunitys,
- Gaming-Communitys,
- Marken- beziehungsweise Produkt-Communitys,
- Knowledge- und Coaching-Communitys,
- Hobby-Communitys,
- Entertainment-Communitys,
- spirituelle Communitys,
- Bewertungscommunitys
- und unendlich viele mehr.

Diese Klassifizierungen kleben einer unendlichen Bandbreite lediglich
inhaltliche Etiketten auf. Aufschlussreicher erscheint ein Ordnungssche-
ma, das für die verschiedenen Formen und Ausprägungen von Communitys eine strukturelle Differenzierung vornimmt. Hierzu gibt es mehrere Modelle mit stark vereinfachenden Gattungsdefinitionen, die nun
kurz beleuchtet werden.

Offene und geschlossene Communitys

Das offensichtlichste Kriterium für eine Typisierung ist die Unterscheidung hinsichtlich der Zugänglichkeit:

- offene Communitys,
- geschlossene Communitys.

Beim offenen Typ ist für alle Welt sichtbar, was sich auf der Bühne der
Community abspielt. Aus Sicht des Betreibers ist es wie ein permanen-
ter Tag der offenen Tür. In solch allen zugänglichen Communitys haben
die Mitglieder im Allgemeinen mehr Befugnisse als Web-User, die sich
nur besuchshalber einfinden.

In Communitys mit hochgezogenen Barrieren kann nur Einblick nehmen, wer registriertes, zugangsberechtigtes Mitglied ist. Die wohl bekanntesten und marktdominantesten sind die geschlossenen beziehungsweise geheimen Facebook-Gruppen.

Communitys mit Exklusivcharakter

Viele Betreiber wollen Abgrenzung: Sie schotten ihren virtuellen Raum nach außen hin ab, indem sie sehr spezielle Kriterien zur Voraussetzung eines Beitritts machen. Ein typisches Beispiel sind die Kunden und Freunde von überaus exklusiven Produkten oder Interessengebieten, wie etwa Ferrari-Owner-Klubs oder die Sammler von Original-Picassos.

Und es gibt noch eine Art von Community, in der man sich hermetisch abriegelt: Communitys, in denen es etwas zu verbergen gibt. Das kann durchaus krimineller Natur sein ...

In derartigen separierten Gemeinschaften will man unter sich bleiben; es wird, im absoluten Gegensatz zu den meisten offenen Communitys, kein Wert darauf gelegt, eine möglichst große Mitgliederzahl zu haben. Naturgemäß stellt diese Exklusivität für viele Menschen einen besonders starken Anreiz dar, Mitglied werden zu wollen.

Motivationsstrukturen von Communitys

Ein schon nicht mehr so eindeutiger Ansatz für ein einfaches Begriffssystem ist es, die Kategorisierung anhand der Motivationsstrukturen vorzunehmen. Plausibel erscheint mir die schematisierte Einteilung in vier Typen, wie sie in einem Blogartikel[4] dargelegt wird:

- Wissenscommunity,
- Service-Community,
- Produkt-Community,
- Passion-Community.

Über die Struktur der Community sagt dieses Modell nichts aus. Dazu muss die Bestimmung der Merkmale in eines der folgenden Modelle eingeordnet werden.

Business-Kunde-Beziehungsschema von Communitys

Einen weiteren Ansatz zur Festlegung von grundlegenden Merkmalen liefert das Business-Kunde-Beziehungsschema:

- A2C-Communitys,
- B2B-Communitys,
- B2C-Communitys,
- C2C-Communitys.

Das A steht für Administration, das B für Business und das C für Consumer. Administration meint vor allem Behörden oder andere staatliche Institutionen beziehungsweise Organisationen.

An B2B-Communitys nehmen keine Endverbraucher, sondern Geschäftskunden und -partner teil. Sie sind nicht mit den internen Corporate-Communitys zu verwechseln, die im übernächsten Abschnitt besprochen werden.

In B2C-Communitys haben Kunden und Konsumenten das Wort. In ihrer Position als Endverbraucher können Mitglieder ihre Meinungen zu Produkten oder Dienstleistungen artikulieren, ihre Wünsche an die dahinterstehende Firma oder Organisation zum Ausdruck bringen und mit den anderen Mitgliedern in Interaktion treten.

In C2C-Communitys besteht die Geschäftsbeziehung zwischen Privatpersonen. Der Betreiber der Community tritt dabei allenfalls als vermittelnde Instanz auf, wie etwa bei Auktionsplattformen à la eBay. Weitere wichtige Formen von C2C-Communitys sind Produkttestplattformen oder Tauschbörsen, zum Beispiel für Musik oder Filme.

Der Meinungsaustausch über Produkte oder Dienstleistungen findet auf rein privater Basis statt. Gleichwohl bleiben Unternehmen nicht komplett außen vor, denn sie können sich ja ansehen, was in C2C-Communitys über sie gesprochen wird und bei Erkenntnis von Schwachstellen entsprechende Konsequenzen ziehen.

Profit/Non-Profit-Communitys

Ökonomisch ausgerichtet ist auch die Unterteilung nach dem Grad der Kommerzialisierung:

- profitorientierte Communitys,
- Non-Profit-Communitys.

Dabei bezeichnet der Begriff »profitorientiert« nicht nur eindeutig kommerzielle Communitys, in denen durch bezahlte Mitgliedschaften oder andere Businessmodelle Geld verdient wird. Er umschließt jede onlinebasierte Gemeinschaft, die ins Leben gerufen wurde, um dem Betreiber einen ökonomischen Nutzen zu bringen.

Communitys zur Geldschöpfung

Die wichtigsten Geschäftsmodelle, um mit einer Community auf direktem Wege Geld zu verdienen, sind:

- Affiliate-Links,
- Schaltung von Werbung,
- bezahlte Mitgliedschaften,
- Bereitstellung von Paid Content (zum Beispiel Lehrangebote),
- Integration eines Onlineshops,
- Vermarktung der User-Daten,
- Community als Ausgangsbasis für Influencer.

Ob nun selbstständig oder als Angestellter, es versteht sich, dass der Manager einer Community, die das Unternehmen selbst ist, genaue Kenntnis des jeweiligen Geschäftsmodells haben muss. Die Monetarisierung wird im letzten Abschnitt des zweiten Kapitels näher besprochen.

Communitys ohne wirtschaftliches Interesse

Non-Profit-Communitys sind im Allgemeinen Communitys, deren Existenz unabhängig von einem Unternehmen ist. Somit stecken sie nicht in der Tretmühle von Konsumismus oder Vertriebskommunikation. Sie sind vornehmlich auf Gemeinnützigkeit, Hilfeleistung, Kulturelles oder andere ideelle Wert- und Zielsetzungen ausgerichtet. Beispiele dafür sind Buchklubs, Umweltprojekte, Nachbarschaftshilfen oder Plattformen, die Gesundheitsthemen behandeln. Wo ökonomisch determinierte Wirkungsabsichten nicht das Maß aller Dinge sind, tun sich für das Community-Management im Allgemeinen größere Freiräume auf.

Die Non-Profit-Ausrichtung bedeutet aber nicht, dass an das Management keine Erwartungshaltungen und Zielvorgaben herangetragen werden. Es wird zumindest daran bemessen, ob es in der Lage ist, den Austausch über die Community-Themen auf qualitativ akzeptablem Level in Schwung zu halten. Insofern können doch wieder ökonomische Aspekte auftauchen. Wer immer eine Non-Profit-Community (und damit etwaige Managementgehälter) sponsert, will zumindest sehen, dass seine Subventionen effizient zum Arbeiten gebracht werden.

Externe und interne Communitys

Wieder eine andere Priorität setzt die Unterteilung in externe und interne Communitys.

Bei einer externen Community ist jeder Interessent willkommen. In manchen von ihnen ist der Beitritt von der Erfüllung einer Zugangsvoraussetzung abhängig. Ein typisches Beispiel dafür ist ein Netzwerk von Studenten einer bestimmten Universität. Die Mitgliedschaft darin endet dann mit dem Verlassen der Uni.

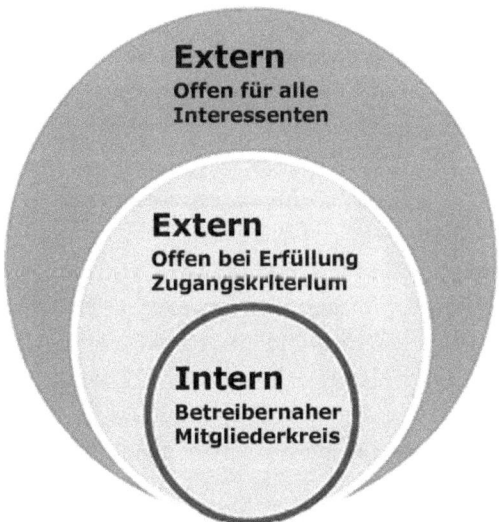

Abbildung 1.2: Mitgliederstruktur von Communitys

Bei einer internen Community (oft auch als Social Intranet bezeichnet) rekrutiert sich der Kreis der Personen, die eine Zugangsberechtigung bekommen, aus den Mitarbeitern eines Unternehmens oder einer Organisation. Außerdem können Menschen dazu geladen werden, die eine enge Beziehung, meist geschäftlicher Natur, zu dem Betreiber haben, wie etwa Kunden, Berater oder Zulieferer.

Große Unternehmen und Organisationen brauchen meist beide Typen von Communitys: eine interne für alle nicht öffentlichen bis geheimen Belange und eine oder mehrere externe für ihre Marken, Produkte oder Dienstleistungen.

Corporate-Communitys

Der wichtigste Typ von internen Communitys ist meist wirtschaftlich ausgerichtet: Corporate-Communitys. Eine wissenschaftliche Motivation ist ebenfalls möglich. Bei vielen Betreibern ist die Mitgliedschaft darin Pflicht.

Das Management dieser abgeschotteten Form von Community unterscheidet sich von demjenigen der externen Communitys. Dieses Buch ist primär auf offene Online-Gemeinschaften ausgerichtet, weshalb ich Corporate-Communitys nur kursorisch abhandeln werde.

Social Intranets sind kooperative Netzwerke, die als firmeninterne Denkfabriken fungieren. Von hier aus werden zusehends unternehmerische Zukunftsstrategien erschlossen. Es ist logisch, dass dabei Geheimhaltung oberste Priorität hat. Offene Kanäle sind nicht vorgesehen, Einblicke in die dort eingesetzten Strategien, Abläufe und Strukturen sind allenfalls aus zweiter Hand zu bekommen.

Ein ganz entscheidender Aspekt ist, dass Corporate-Communitys zu einem flexiblen und zeitnahen Innovationsmanagement führen sollen. Dazu werden sie als bereichs- und hierarchieübergreifende Anlaufstelle für neue Ideen eingerichtet. Der Input wird im Rahmen der Community bewertet und koordiniert. Darüber hinaus erschließen sie ein hohes Potenzial zur Senkung diverser Kostenfaktoren.

Neben den Dingen, die mit den laufenden Geschäftsprozessen in Verbindung stehen, können auch Themen eingestellt werden, die den innerbetrieblichen Zusammenhalt fördern. Dies kann ein Austausch über Freizeitgestaltung, Sport oder kulturelle Veranstaltungen sein.

Zielsetzungen Corporate-Communitys
- Flexibles, zeitnahes Innovationsmanagement
- Erweiterung der Knowledge-Base des Unternehmens
- Stimulation von Ideen
- Austausch über Hierarchiegrenzen hinweg
- Konzentration kreativen Potenzials
- Schnelle Gruppenbildung bei neuen Projekten
- Verbesserung des Prozessmanagements
- Verkürzung von Entscheidungsprozessen
- Umgehende Reaktion auf veränderte Marktstrukturen
- Schulung und Training von Mitarbeitern
- Konzertierte Planung von Betriebsveranstaltungen

Im nächsten Kapitel werden wir noch einmal kurz auf Corporate-Communitys zurückkommen. Dort wird thematisiert, was ihr Management von demjenigen in externen Communitys unterscheidet.

Allgemeine Eigenschaften von Communitys

Die aufgeführten Modelle zur Kategorisierung bieten nur sehr stark schematisierte Differenzierungen; allen Formen und Ausprägungen können sie nicht gerecht werden. Wie schon bemerkt: In Communitys spiegelt sich der Pluralismus unserer globalisierten Welt, und daher sind sie wie ein Kaleidoskop mit unendlich vielen Brechungen. Das wird schon überdeutlich, wenn man sich die augenfälligsten Merkmale ansieht: Größen und Umgangsformen.

Grösse von Communitys

Die Multivarianz der Erscheinungsformen beginnt bei den Größenordnungen. Sie sind mit denen von Staaten vergleichbar: Sie reichen von gigantisch, wie China, bis hin zu winzig, wie Liechtenstein. Die größten Communitys weisen viele Millionen von Mitgliedern auf. Für das Management solch monumentaler Beziehungsnetze werden große Teams benötigt, in denen jedes Teammitglied in einem begrenzten Teilbereich tätig ist.

Dagegen kommen so manche Communitys in hoch spezialisierten Nischen und Interessensgebieten auf nicht einmal tausend Mitglieder. Dabei kann eine solch kleine Nutzerzahl in Relation zu der Spezialisierung des Themas trotzdem groß sein.

Für kleinere Communitys, die rund um ein Nischenthema aufgebaut wurden, gilt in vielen Fällen ein Satz von Leonardo da Vinci: »Kleine Räume konzentrieren den Geist.« Für ihr Management bedeutet dies: Es kann gleich viel Arbeit anfallen wie bei einer deutlich größeren Community, in der weniger und oft auch anspruchsloserer Dialog stattfindet.

Eine geschlossene Gruppe mit einigen Hundert Mitgliedern mag sich noch von einem Moderator bewältigen lassen, auch ehrenamtlich. Irgendwann aber ist für jede Community die kritische Größe erreicht, ab der die Beschäftigung eines fest angestellten Community-Managers oder das Einschalten einer Agentur unvermeidlich wird. Die entscheidende Größe dafür ist weniger die Zahl der Mitglieder als vielmehr das Aufkommen an Traffic. Je lebhafter es in einer Community zugeht, umso größer ist ihr Nutzeffekt und umso mehr Managementaufwand braucht sie.

Umgangsformen in Communitys

Amy Jo Kim lässt grüßen, wenn man sich die Umgangsformen im Kosmos der Communitys genauer ansieht. Die alle Bereiche des menschlichen Lebens umfassende Bandbreite der Themen findet ihre Entsprechung in den teils eklatanten Unterschieden bei Umgangsformen und Tonfall – bis hin zum ultimativen Niveaulimbo.

Ein oberflächlicher Blick reicht meistens, und es wird überdeutlich: Die Ausdrucksformen bei Selbstaufführung und der Ton sind nicht immer von ästhetischen Überlegungen geprägt. Oftmals kommt darin das zum Vorschein, was Amy Jo Kim als »das Schlechteste im Verhalten der Menschen« bezeichnet hat.

In der einen Community wird in kultiviertem Umgangston kommuniziert, in der anderen wird geschimpft oder sogar gepöbelt, was das Zeug hält – ein gefundenes Fressen für Kritiker der Webkultur. Für nicht wenige Menschen gehört es zu ihrer Auffassung von Unterhaltsamkeit, dass in einer Community nach Herzenslust gezofft wird.

So oder so, die Sprache, die dabei an die Oberfläche tritt, ist oft ein Faszinosum. Es können sich sogar eigene Jargons und Idiolekte herausbilden, was den Gemeinschaftsgeist ungemein stärken kann. In Kapitel 5 über das Thema Dialog werden wir näher darauf eingehen, wie Sie als Community-Manager diese sprachlichen Besonderheiten aufgreifen und im Rahmen Ihrer Interaktionen verwenden können.

Community macht Marketing

Bei Corporate-Communitys ist die Sachlage offensichtlich: Es geht fast ausschließlich ums Business, um kommerziellen Nutzen. Bei den meisten externen Communitys ist das nicht anders, wobei hier die Mitglieder auch einen privat-persönlichen Nutzen davontragen können.

Diesen Nutzen stiftet der Betreiber in Form von Unterhaltungs-, Informations- und Kommunikationsangeboten. Sie sind Katalysatoren zur Erfüllung seiner ökonomischen Interessen. Diese Positionierung von Communitys in den Rahmen wirtschaftlicher Zwecke, sprich die Monetarisierung der Fans, soll nun näher beleuchtet werden.

Erwartungen von Betreibern

Vielen Betreibern dürften ihre Communitys als solche ziemlich egal sein. Für sie sind diese meist aus pragmatischen und kapitalistischen Erwägungen heraus geschaffene Sozialkonstrukte, deren Gewinnbilanz zählt. Betriebswirte objektivieren sie zu Komponenten im Business-Kontext, die eine Form von Investition und damit einfach nur einen Kostenfaktor darstellen.

Ein Blick unter die Oberfläche des Content-Angebots, das via Community verbreitet wird, zeigt, dass es weitgehend kommerzialisiert ist. Auf direkte Werbung wird zwar meistens verzichtet – deren abschreckende Wirkung ist wohlbekannt –, aber letztlich hat der sogenannte Corporate Content doch den Charakter von Werbung. Im sechsten Kapitel werde ich näher darauf eingehen, wie Content eingesetzt wird, um Marken- oder Produktbotschaften zu verbreiten.

Abbildung 1.3: Zielvektoren von Communitys

Pragmatische Betreiber zielen mit der Gründung einer Community auf eine Win-win-Situation. Sie vollziehen eine Selbstöffnung, indem sie etwas vom Unternehmen, seinen Produkten und Marken preisgeben und dazu Content sowie Gelegenheit zur Interaktion anbieten. Ihr Quidproquo sind die Erkenntnisse, die sich aus der Interaktion mit den Usern gewinnen lassen.

Zielsetzungen

Aus betriebswirtschaftlicher Sicht soll eine Community auf Umsätze, Customer Relations und Business Insights einzahlen. Die zentralen Zielsetzungen dabei sind:

- Erhöhung von Verkaufszahlen,
- Crowdsourcing,
- Marktforschung,
- Verbesserung der Kundenbindung,
- Anpassung des Services an Kundenansprüche,
- Testen der Marktgängigkeit neuer Produkte,
- Optimierung von etablierten Produkten,
- Imagepflege und -verbesserung,
- frühzeitige Diagnostik von Problemen,
- Trendspotting via Kundendialog,

- Potenzial für Kostensenkungen,
- Stärkung der Marktposition,
- Erschließung neuer Marktpotenziale,
- Recruiting und Employer Branding.

Diese Zielvektoren gelten nicht nur für Unternehmen, sie können auch lokale Interessen betreffen. Zum Beispiel kann eine Community von einer bestimmten Stadt oder Region betrieben werden, mit dem Ziel, den Tourismus anzukurbeln oder Standortvorteile darzustellen.

Die konkrete Ausformulierung von Zielsetzungen in Form eines strategischen Handlungskonzepts inklusive Benchmark- und Target-Zahlen wird als **Use Cases** (Anwendungsfälle) bezeichnet.

Crowdsourcing

Einer der Kernbegriffe bei der marketingtechnischen Nutzbarmachung von Communitys ist Crowdsourcing. Der Begriff bedeutet:

»(...) die Strategie des Auslagerns einer (...) entgeltlich erbrachten Leistung durch eine Organisation oder Privatperson mittels eines offenen Aufrufes an (...) unbekannte (...) Akteure (...), bei dem (...) Crowdsourcer (...) frei verwertbare und direkte wirtschaftliche Vorteile erlangen.«[5]

Durch eine Community involviert der Betreiber die Kunden im Sinne seiner ökonomischen Ziele. Er platziert sich, metaphorisch gesprochen, in ihren Augen und/oder Gehörgängen. Sie ist eine Schnittstelle für den Dialog mit dem Kunden, schon existierenden ebenso wie potenziellen.

Der Anreiz für die User, Crowdsourcing-Arbeit zu leisten, ist die Nutzung des bereitgestellten Content- und Dialog-Angebots. Sie führen die Einzahlungen auf den vielleicht wichtigsten Zielvektor herbei:

Marktforschung

Communitys verhelfen zu relativ kostengünstiger Marktforschung. In ihren Interaktionsthreads geben die Nutzer vieles von sich preis. Für die Marketingleute sind Communitys damit Einfallstore zu den Wünschen, Sehnsüchten und Träumen der User. Das macht sie zu

Erkenntnismaschinen, die herausfiltern, was in der Luft der Big-Data-Welt liegt.

Unter der Oberfläche der Communitys verbirgt sich ein wahrer Schatz an Daten. Damit sind sie Denkkollektive und Zuträger des Techno-Konsumismus – Data-Mining-Maschinen, riesige Blackboxes, die mit immer raffinierteren Algorithmen ausgewertet werden. Dabei werden nur die Muster gefunden, die der Algorithmus sucht.

Anhand von Dialog und Diskussionen werden neue Trends und Meinungsbilder identifiziert. Es ist, als fände eine ununterbrochen laufende Umfrage zu Fragen statt, die der Betreiber teils nicht einmal selbst gestellt hat. Mit ihrer Hilfe dechiffrieren Marketers die Konsum- und Erwartungsprofile der User, und sie handeln danach.

Aus der User-Interaktion lassen sich nicht nur Trends auswerten und Innovationsimpulse gewinnen. Sie gibt auch preis, welche Fragen den Kunden zu aktuellen Produkten besonders auf den Lippen brennen. Die daraus gewonnenen Erkenntnisse haben direkte Konsequenzen für die damit befassten Abteilungen des Unternehmens.

Die Meinungsäußerungen aus der Community können erhebliche Auswirkungen auf das Prozessmanagement nehmen. Sie weisen zum Beispiel frühzeitig auf Veränderungen in der Wahrnehmung eines Brands hin – äußerst wertvolle, unter Umständen überlebenswichtige Informationen für die unternehmerische Zukunftsplanung.

Beispiel: Kalkulation von Versicherungen

Eine Versicherung kann über die Community eine Unmenge an Daten und Erkenntnissen zu Verhalten, Bedürfnissen und Lebensstil ihrer Kunden abschöpfen. Diese Einsichten können sofort in die Entwicklung neuer Produkte umgesetzt werden. Der statistisch relevante Input verbessert zudem die Datenbasis für die Kalkulation von Versicherungstarifen.

Communitys als Ideenschmiede

Kommerzialisierte Communitys sind Räume, die den Ideen der User einen Platz verschaffen, auf dem sie für den Betreiber sichtbar werden. User-Beiträge sind mitunter sehr spontan, und gerade solche spontanen Äußerungen sind Ideenfundgruben (manchmal sogar Ideenjackpots) für das Marketing. Hier zeigen Communitys geradezu seismografische Qualitäten.

Der Input der Mitgliedschaft kann enormen wirtschaftlichen Wert haben. Manch konstruktiver Beitrag ist vergleichbar mit dem Arbeiter in der Fabrikhalle eines Pkw-Herstellers, der etwas findet, womit sich beim Produktionsprozess ein paar Euro pro Auto sparen lassen.

Offene Communitys in der Softwarebranche sind hierfür ein besonders markantes Beispiel. Hier füllen die Mitglieder das Ideenreservoir zur Entwicklung neuer Programme. Auf Open-Source-Plattformen hat sogar die Allgemeinheit einen ökonomischen Nutzen in Form von Freeware.

In Software-Communitys zum Beispiel kann es um riesige Geldsummen gehen. Im Sommer 2018 entdeckte ein Mitglied der Bitcoin-Community einen Fehler im Code der führenden Kryptowährung. Dieser Bug hätte leicht dazu führen können, dass der Bitcoin komplett wertlos geworden wäre.[6] Nach damaligen Kursen standen Vermögenswerte von über 100 Milliarden US-Dollar auf dem Spiel.

Employer Branding

Als seien die Ergebnisse des Crowdsourcings nicht schon Rendite genug, können Communitys noch eine Reihe weiterer geldwerter Vorteile realisieren. Neben Imagebildung und Service liegen diese vor allem auf dem Gebiet Personal.

Immer mehr Betreiber nutzen ihre Community, um Employer Branding und Recruiting zu betreiben. In Zeiten knapper Fachkräfte inszeniert man sich gerne als cooler, hipper, erfolgreicher und zukunftsträchtiger Arbeitgeber, um topausgebildete und hoch motivierte neue Mitarbeiter anzuziehen.

Budgetierung

Die Kosten für die meisten Communitys werden gegengerechnet: Das Budget für den laufenden Betrieb wird im Allgemeinen in direkte Korrelation zu ihrer Rendite gesetzt. Jeder professionell bezahlte Community-Manager muss daher seine Existenzberechtigung anhand der Erfüllung seines ROI-Solls nachweisen.

Eine attraktive Community ist nicht nur ein Glanzlicht der Unternehmenskultur und ein unverzichtbares Medium für Branding und Marktforschung, sondern potenziell auch ein Aktivposten für die Bilanz. Sie kann den Wert einer Marke deutlich steigern, ganz nach dem neuen Marktgesetz *brands become communities*.

Dies führt zu der Frage, ob der Wert eines Community-Mitglieds exakt beziffert werden kann.[7] Bei Facebook liegt er bei etwa 176 Euro pro Mitglied (Stand 5.11.2019; Berechnung: Marktkapitalisierung von ca. 422 Milliarden Euro (Aktie 175 Euro mal ca. 2,41 Milliarden Aktien), dividiert durch eine Nutzerzahl von rund 2,4 Milliarden).

Auch wenn der Wert in den allermeisten Communitys nicht an diese Zahl heranreicht, so ist zumindest festzustellen, dass jedes Mitglied im buchhalterischen Sinne ein Asset ist. Die Tatsache, dass eine Community einen quantifizierbaren Geldwert hat, sollte die Ansicht rechtfertigen, dass sie ein entsprechendes Budget bekommt. In vielen Fällen bestätigt ein Realitätscheck diese Auffassung jedoch nicht: Betreiberansprüche und das nötige Geld, das zu deren Erfüllung lockerzumachen wäre, sind zwei Sachen, die oft nicht zusammenkommen.

Es ist immer noch so, dass viele Unternehmen das Thema Community-Management mit finanziellen Scheuklappen betrachten. Laut einer Studie[8] des BVCM aus dem Jahr 2018 müssen zwei Drittel aller Community-Manager mit einem mickrigen Budget von durchschnittlich 50.000 Euro pro Jahr auskommen.

Digitale Wahlheimaten — warum die Menschen Communitys lieben

Die aufgeführten Zielsetzungen und Renditebringer hätten keine Chance auf Realisierung, wenn Communitys nicht so außerordentlich beliebt wären. Richten wir daher zum Abschluss dieses Kapitels den Blick vom Haus auf seine Bewohner und die Gründe, warum die Sozialisierung in Communitys eine so überragende Bedeutung im Leben vieler Menschen einnimmt.

Das beginnt mit ihrer leichten Zugänglichkeit. Die Beliebtheit von Communitys beruht nicht zuletzt darauf, dass sie eine mühelos herstellbare Form von gesellschaftlicher Anbindung sind. Hier verkehrt man in denselben Kreisen, hier kann man sich aneinander orientieren, da ist soziale Unsicherheit kein Thema.

Der User fühlt sich verstanden: Die Community kennt ihn insofern, als sie weiß, was sie für seine Interessen zur Verfügung stellen muss, und sie gibt ihm im Allgemeinen eine verbindliche Antwort, wenn er sich mit einem Anliegen an sie wendet. Wer kann das schon immer von seinen Interaktionen mit der realen Außenwelt behaupten?

Auch der Aspekt Demokratisierung spielt eine wichtige Rolle: Die Meinung der User ist gefragt, und sie wird beachtet! Es ist so anders als beispielsweise in der Politik ...

Ablenkung und Unterhaltung

Sich in eine Community einzuloggen, das ist für eine große Zahl von Nutzern eine Form der Flucht in eine Welt, die ihn von der analogen physischen Welt ablenken soll. Viele wollen aus einer unangenehmen Situation oder Lebenslage heraus in einen Raum flüchten, in dem sie sich der Akzeptanz ihrer Person und Bedürfnisse sicher sein können.

Oft werden Community-Besuche aber auch nur aus Langeweile gemacht, zum Beispiel während man auf etwas wartet, oder aus Aktivismus, weil man sich mit irgendetwas beschäftigen will, oder zur Kompensation, um zum Beispiel von einer stressigen Situation herunterzukommen – die Gründe sind vielfältig, Hauptsache, ein momentanes Bedürfnis nach Ablenkung wird bedient.

Das Abdriften in einen virtuellen Schlupfwinkel ist oft mit einem gewissen Eskapismus verbunden. Diese Möglichkeit zum Abschütteln des Alltags ist für eine unendlich große Zahl von Menschen ein Stück Lebensqualität. Für viele hat das Cybertwisten in Communitys schon den Stellenwert eines Menschenrechts.

So gehört es zu den interaktionssoziologischen Gesetzen unseres sich vehement digitalisierenden Zeitalters, dass immer mehr Menschen bereit sind, feste und dabei langfristige Beziehungen mit Communitys einzugehen. Die Gesellschaft im soziologischen Sinne verlagert sich zunehmend in den Online-Bereich. Wir sind auf dem Weg in eine communityfixierte Infrastruktur ...

Wie viel Community (ver)braucht der Mensch eigentlich?

Sind Sie im Privatleben ein Communityholic? Oder zumindest in zwei oder drei Social Networks vertreten? Oder genügt es Ihnen, ab und zu bei Ihrer Lieblingscommunity vorbeizuschauen?

5,1 beträgt 2019 laut Statistik[9] die Durchschnittszahl der vorhandenen Social-Media-Accounts bei jedem User in Deutschland. Dazu wird die Zahl der aktiven Nutzer mit 38 Millionen angegeben. Das sind beeindruckende Zahlen, die gleichwohl noch Luft nach oben haben.

Die hohen Nutzerzahlen lassen auf unkontrollierbar ausufernden Traffic schließen. Das ist jedoch nicht der Fall. Der Bedarf an Community-Managern wäre sehr viel größer, wenn die meisten Mitglieder in Interaktion treten würden. Doch es ist so, dass die große Mehrheit sich nicht direkt engagiert.

Die passive Liebe der Mehrheit

In dem Blogartikel https://www.nngroup.com/articles/participation-inequality/« https://www.nngroup.com/articles/participation-inequality/ von 2006 hat der dänische Schriftsteller und IT-Berater Jacob Nielsen die bekannte 90-9-1-Regel dargestellt: Nur 1 Prozent der Mitglieder einer Community beteiligt sich permanent aktiv, und nur weitere 9 Prozent sharen und liken gelegentlich. 90 Prozent sind schweigsamer als der Terminator und nehmen Content und Diskussionsinhalte nur konsumptiv zur Kenntnis. Zur direkten Kontaktaufnahme kommt es allenfalls dann, wenn sie sich über etwas beschweren wollen.

Neuere Studien haben nachgewiesen, dass die User in den letzten Jahren aktiver geworden sind. So schreibt der Blogger Paul Schneider, dass mittlerweile wohl eher von einer 70-20-10-Regel zu sprechen ist.[10] Laut seinen Erkenntnissen zeigen 20 Prozent der User sporadische Aktivität, und 10 Prozent sind sehr engagiert. Hinzu bemerkt werden muss dabei, dass diese Werte auf der Basis von Mitgliederzahlen ermittelt wurden, die um Karteileichen bereinigt waren.

Auch unter der 70-20-10-Regel ist es immer noch eine relativ geringe Anzahl von Power Usern und Helikopter-Nutzern, mit denen ein Community-Manager kontinuierlichen Kontakt hat. Mit den passiven

Usern spricht er nur in Form von Posts an die gesamte Mitgliedschaft. Wichtigste Zielpersonen seiner Moderation sind jedoch die aktiven 10 bis maximal 30 Prozent. Von ihnen kommt der meiste Traffic, daher müssen sie in ihrem Engagement unterstützt und motiviert werden.

Mit der Intensivbetreuung aktiver User ist eine der zentralen Aufgaben von Community-Management benannt; hierauf wird im vierten Kapitel bei der Besprechung des Themas Multiplikatoren näher eingegangen. Im folgenden Kapitel befassen wir uns zunächst mit den allgemeinen Fakten und Voraussetzungen zum Aufgabenspektrum dieses vielseitigen und herausfordernden Berufs.

KAPITEL 2

DIALOG – STRATEGIE – KREATIVITÄT – DIE VIELFALT VON COMMUNITY-MANAGEMENT

Nach unserem allgemeinen Überblick über den Community-Kosmos werden wir uns nun ansehen, was die Menschen wissen und einbringen sollten, die in den von uns allen so geliebten Communitys eine leitende beziehungsweise lenkende Funktion innehaben oder einnehmen wollen.

Communitys sind selten Selbstläufer, sondern können auf Dauer nur dann Erfolg beim Publikum haben, wenn sie gut gemanagt werden. Ihre Attraktivität und Performance sind Spiegel der Persönlichkeit der Menschen, die sie lenken. Mit ihrem Können und ihrem Spirit holen sie das Beste aus dem offenen dynamischen System einer Community heraus.

Aber was genau sind die Fähigkeiten, Eigenschaften und auch Talente, die dafür nötig sind? Und lassen sich diese erlernen?

Auf die Gefahr hin, etwas abgehoben zu klingen, muss vorausgeschickt werden, dass Community-Management keine Arbeit ist, für die viele Menschen qualifiziert sind. Sie verlangt eine Vielzahl von Skills und ein spezielles Mindset. Der Job hat sehr viele Facetten und wer ihn ausüben möchte, muss vor allem über eine besondere Form der Kommunikativität verfügen. Die Berufsbeschreibung geht oft mit idealistischen Begriffen wie »Mission« oder »Vision« einher. In der Tat ist bei den meisten von denen, die ihn ergreifen wollen, ein gewisses Sendungsbewusstsein vorhanden.

Das Problem, den Begriff »Community« exakt zu bestimmen, und die unendliche Vielfalt ihrer Themen haben es schon ahnen lassen: Auch die Berufsbezeichnung Community-Management ist begrifflich nicht leicht festzulegen.

Die definitorische Unschärfe hat ihre Ursache vor allem in der Grauzone, die bei der Abgrenzung vom bekannteren Berufsbild des Social-Media-Managements zutage tritt. Dieses Problem wird schon daran erkennbar, dass nur ein Drittel der Beschäftigten im Bereich Social Media in Deutschland eine eindeutige Zuordnung ihrer Aufgaben vornehmen kann.[11]

Gehen wir als Erstes also daran, uns in dieser Hinsicht so viel Klarheit wie möglich zu verschaffen.

Abgrenzung zum Social-Media-Management

Beim Blick auf Stellenangebote fällt sofort ins Auge, dass Community-Management häufig zusammen mit Aufgaben des Social-Media-Managements betrieben werden soll. Vielfach werden Menschen gesucht, die so etwas wie eine personelle Rundum-sorglos-Lösung darstellen. Jeder Betreiber will den oder die speziell auf ihn zugeschnittenen Social-Media- beziehungsweise Community-Manager finden.

Teils kommt die Vermengung der beiden Begriffe einfach dadurch zustande, dass die Jobanbieter über die prinzipiellen Unterschiede nicht Bescheid wissen. Das liegt oft daran, dass ihre Vorstellungen über Social Media ziemlich nebulös sind. Bei anderen ist es schon aus finanziellen Gründen nicht möglich, die beiden Arbeitsfelder auf zwei Stellen zu verteilen.

Die einschlägige Literatur ist nicht unbedingt eine Hilfe, wenn man Trennschärfe bei der Begrifflichkeit will. Hinsichtlich der Unterscheidung von Social-Media-Management und Community-Management gehen die Meinungen auseinander, zum Teil widersprechen sie sich sogar.

So heißt es zum Beispiel in einem Blogartikel von *Hootsuite*, einem der bekanntesten Anbieter von Social Media Tools, kategorisch:

»Zum Beruf des Social Media-Managers gehört das Community-Management.«[12]

Dieser Unter- beziehungsweise Beiordnung von Community-Management kann nicht zugestimmt werden. Unterstützt wird diese Ansicht von einer 2010 erstellten Definition des BVCM, die den eigenständigen Charakter des Berufsbilds betont.[13]

Dabei unterscheidet der BVCM zwischen den drei Berufsbildern Social-Media-Management, Corporate-Community-Management und Community-Management.[14]

Berührungspunkte zwischen dem Social-Media-Management auf der einen und dem Community-Management auf der anderen Seite ergeben sich bei den strategischen Aufgabenstellungen. Hierauf werde ich im nächsten Kapitel über den Aufbau einer Community näher zu sprechen kommen.

Die Direktkontakte mit den Usern sind hingegen die alleinige Domäne des Community-Managers. Dieser Aufgabenbereich ist vor allem dialogischer und moderierender Natur, und von daher so speziell, dass das Berufsbild die separate Bezeichnung Community-Management rechtfertigt.

Die Folgerichtigkeit dieser Abgrenzung wird dich die Historie beider Berufe deutlich.

Kurze Geschichte des Community-Managements

Community-Management ist das deutlich ältere Berufsbild. Der Begriff des Social-Media-Managements hat sich erst im Zuge der revolutionären Smartphone-Technologie herausgebildet, also seit etwa 2008.

Dagegen hat sich der Bedarf nach Menschen, die in Communitys eine moderierende und Interaktion anregende Rolle einnehmen, schon in den Anfängen der Digitalisierung ergeben. Er war eine Konsequenz aus den neuen Möglichkeiten zur Kommunikation, die sich aus den neu entstehenden Vernetzungsstrukturen entwickelten.

So hat es bereits in den 1980er-Jahren Vorformen von Communitys gegeben. Diese uns heute fast schon primitiv anmutenden Formen von Online-Gemeinwesen waren seinerzeit Hightech. Daher wundert es nicht, dass in der Steinzeit des Internets Networking vor allem zwischen Machern der Technik stattfand. Mit *Usenet News* entstand zu dieser Zeit aber auch schon die erste News-Community.

Ab Mitte der 1990er-Jahre hat die Entwicklung des Meinungsaustauschs via Internet einen rasanten Aufschwung genommen. An allen Ecken und Enden des seinen Siegeszug antretenden World Wide Webs bildeten sich Newsboards, Foren, Bulletin Boards oder spezialisierte Chatrooms. Dadurch ist die Tätigkeit der Menschen, die in diesen virtuellen Sozialräumen nach dem Rechten sahen, ob nun bezahlt oder ehrenamtlich, mehr und mehr zu einem festen Berufsbild geworden. In den Anfangsjahren des Webs belegte man Community-Management aber noch mit anderen Bezeichnungen, zum Beispiel Moderator oder Administrator.

Die Herausbildung des Web 2.0 hat zu einem weiteren Quantensprung bei der Kommunikation geführt: Der User war nicht mehr nur Konsument von Content, sondern konnte sich mit selbst produzierten Inhalten einbringen – der »Prosumer« war geboren.

Im Zuge der überragenden Bedeutung, die globale Social Networks à la Facebook oder Instagram gewinnen konnten, ist es zur Ausdifferenzierung des Status quo von Social Media gekommen. Hatten Communitys bis dahin ihre eigenen Plattformen, kamen durch die Meta-Communitys ganz neue Methodiken hinzu, Communitys zu implementieren, und das verteilt über mehrere Networks.

Die Folge war, dass sich der Begriff »Social-Media-Management« als planende und koordinierende Instanz für diese erweiterten Möglichkeiten virtueller Gemeinschaftsbildung herauskristallisierte. Damit ist Community-Management in den Kompetenzrahmen des Social-Media-Managements hineingerückt.

Auf den einfachsten Nenner gebracht geht es beim Social-Media-Management um Strategien zur Erzielung von Reichweite und Sichtbarkeit, während beim Community-Management primär Dialog, Moderation und Betreuung im Vordergrund stehen. Voneinander zu separieren sind die beiden Berufszweige nicht: Community-Management ist aus vielen Perspektiven mit dem Kontext des Social-Media-Managements verzahnt.

Die Ausarbeitung eines übergreifenden Gesamtkonzepts fällt in das Ressort Social-Media-Management. Dessen Guidelines schreiben die rollenstrategische Positionierung des Community-Managements fest und spezifizieren sie. Der Community-Manager zeichnet dann hauptsächlich für die Realisierung der strategischen Vorgaben »an der Netzfront« verantwortlich. Beim Social-Media-Management ist die direkte Beziehung zu den Zielobjekten ihrer Strategie weitaus geringer ausgeprägt. Es ist diese unmittelbare Nähe zu den Nutzern, auf die die spezifischen Fähigkeiten eines Community-Managers zugeschnitten sein müssen.

Der Knackpunkt ist, inwieweit die Art und Weise, wie der Community-Manager seine Rolle ausgestaltet, von den strategischen Richtlinien eingeengt wird. Bei manchen Jobs gibt es hier kaum Freiheiten; somit ist unter Umständen damit klarzukommen, dass die Guidelines als eine Form von Beschneidung eigener Vorstellungen empfunden werden. Die Spielräume innerhalb verschiedener Communitys können gewaltig differieren.

Abbildung 2.1: Social-Media-Management und Community-Management

Wer ist hier der Boss?

Bedeutet diese Konstellation nun, dass das Social-Media-Management die vorgesetzte Instanz des Community-Managements ist? Mitnichten, auch wenn mancher Social-Media-Manager dies gerne so hätte. Community-Management stellt keine subalterne Tätigkeit dar. Vielmehr ist es gleichrangig, denn beide Berufszweige brauchen einander.

Social-Media-Management ist nicht im hierarchischen Sinne übergeordnet, sondern lediglich strukturell, indem es Masterplan und Leitlinien ausarbeitet. Vom Prinzip her ist es vergleichbar mit der Entwicklung von Software: Hierzu wird jemand benötigt, der die Strategie eines neuen Programms ausarbeitet, und man braucht einen anderen, der auf der Basis der Strategie den Programmcode schreibt.

Von daher ist es der falsche Ansatz, bestimmen zu wollen, welcher der beiden Berufszweige der wichtigere ist. Keiner steht im Schatten des anderen, weil sie ineinanderspielen. Eine gute Social-Media-Strategie kann nicht funktionieren, wenn sie nicht kongenial umgesetzt wird, und ein exzellenter Community-Manager kann nicht erfolgreich arbeiten, wenn die Social-Media-Strategie nichts taugt. Reden wir also besser von Gleichrangigkeit. Bei größeren Betreibern müssen (mindestens) zwei Könner auf ihrem jeweiligen Gebiet zusammenkommen, damit sich ein Dream-Team formieren kann.

Einigen wir uns auf diese Sichtweise: Es liegt an Spielart und Größe einer Community, ob bei ihr ein stringenter Unterschied zwischen Social-Media-Management und Community-Management vorzunehmen ist. Bei kleineren Communitys erübrigt sich die Frage, weil beide Arbeitsgebiete in einer Person vereint sind.

Für die vielen Community-Manager, denen kein eigenständiges Social-Media-Management die strategischen Leitlinien vorgibt, wird im nächsten Kapitel ein summarischer Überblick über die dafür abzuarbeitenden Aufgaben gegeben.

Anforderungsprofil Community-Management

Community-Management ist eine Arbeit mit hohem Spaßfaktor. Sie ist alles andere als langweilig, keiner dieser Bürojobs mit vorgeschriebenem Dresscode, wie das Wort »Management« es fast schon impliziert. Dafür ist es eine komplexe und anspruchsvolle Tätigkeit, egal ob sie nun beruflich oder ehrenamtlich ausgeübt wird.

Wer sie anstrebt, sollte sich selbst prüfen, ob er die nötigen Voraussetzungen mitbringt, ihren Anforderungen Genüge leisten zu können. Damit soll keineswegs unterstellt sein, dass es einer elitären Persönlichkeit bedarf, um den Beruf ausüben zu können. Auf den richtigen Mix der Eigenschaften und Fähigkeiten kommt es an, nicht nur auf Schulwissen oder akademische Vorbildung.

Im Folgenden werde ich skizzieren, was man mitbringen muss, um das »Zeug« zu einem guten Community-Manager zu haben.

Aufgabengebiete

Zur Konturierung des Anforderungsprofils werfen wir noch einmal einen Blick auf Jobangebote. In typischen Stellenanzeigen fallen Formulierungen wie diese ins Auge:

- Entwicklung von Ideen und Kampagnen für mehr Engagement und Interaktion zur Vergrößerung der Community, zum Beispiel Gewinnung von Multiplikatoren zur Erhöhung der Community-Aktivitäten,
- kontinuierliche Überprüfung der Abläufe und Prozesse mit Ableitung entsprechender Optimierungsmaßnahmen,
- Recherche und Konzeption von Inhalten wie Infografiken, Sharepics oder Videos.

Da ist von ganz unterschiedlichen Aufgabengebieten die Rede: Teils sind sie strategischer Natur wie die Entwicklung von Ideen, teils kommunikativer Natur wie Interaktion und Multiplikatoren-Gewinnung, oder teils kreativer Natur wie die Konzeption von Content.

Die aufgeführten Jobangebote lassen die prinzipielle Zweiteilung der Aufgabenbereiche erkennen, wie sie in der Definition des Berufsbilds durch den BVCM zum Ausdruck kommt. Je nach Art und Größe der Community werden spezialisierte Fachkräfte gesucht für:

- interaktive und mitgliederbezogene Aufgaben,
- communityinterne und strategische Aufgaben.

Das Spektrum dieser Aufgaben ist wie folgt aufgefächert:

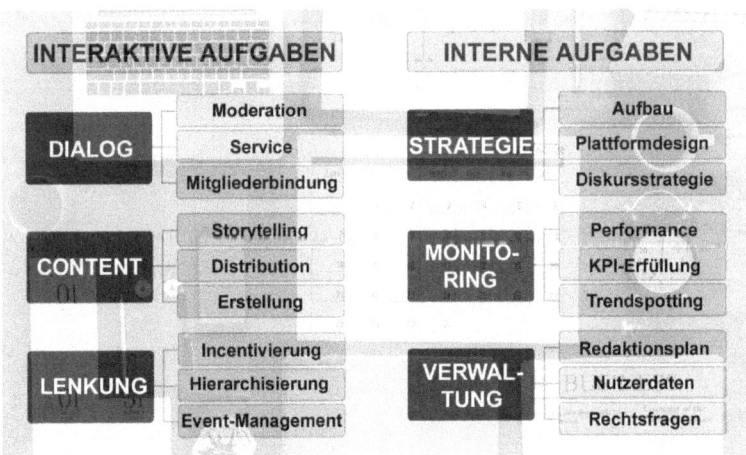

Abbildung 2.2: Aufgaben von Community-Management

Affinität zu Social Media

Grundvoraussetzung dafür, eine Tätigkeit als Community-Manager ins Auge fassen zu können, ist ein starkes Interesse am Web im Allgemeinen und an Social Media im Besonderen. Wer keine ausgeprägte Neigung zu Kommunikation auf virtuellem Wege hat, ist für den Job schlichtweg ungeeignet.

Berufsinteressierte sollten möglichst weitreichende Vorerfahrungen und Kenntnisse zu diversen Social-Media-Plattformen gesammelt haben. Die meisten Jobangebote gehen von einer fundierten Vertrautheit mit beispielsweise Facebook, Snapchat oder LinkedIn aus.

Interdisziplinäre Aufgabenvielfalt

Webaffinität und ausgeprägte Kompetenz im Bereich Social Media genügen jedoch bei Weitem nicht, um ein fähiger Community-Manager werden zu können. Effizientes und nachhaltiges Arbeiten auf allen Plattformen erfordert Wissen und Fertigkeiten für dieses interdisziplinäre Aufgabenspektrum:

- dialogische Interaktion,
- Ausbau der Community hinsichtlich der Anzahl der Mitglieder wie auch der Frequenz des Austauschs,
- Aufbau der Position einer Vertrauensperson,
- Aufrechterhaltung angemessener Umgangsformen und Einhaltung der communityinternen Regeln,
- Hierarchisierung der Mitgliedschaft,
- Auswertung des Inputs der Community,
- Konzeption (optional) und Distribution von Content,
- Kundenservice und -support,
- Synchronisierung von Community und Unternehmen,
- Planung und Durchführung von Aktionen, Kampagnen, Wettbewerben und Offline-Veranstaltungen,
- Organisation von Umfragen,
- Erfolgskontrolle (Monitoring),
- Krisenmanagement.

Zu dieser Auflistung muss eine Einschränkung gemacht werden: Sie gilt nur in bedingtem Maße für Corporate-Communitys. Die Unterschiede zu den uns hauptsächlich interessierenden externen Communitys bespreche ich im Folgenden, womit das Thema Corporate Communitys denn auch abgehandelt sein soll.

Corporate-Community-Management

Der BVCM führt das Management von Corporate-Communitys als separates Berufsbild.[15] Aufgrund der speziellen Natur dieser Communitys ist das plausibel: Ihr Schwerpunkt liegt auf Zielen, die unter dem Schlagwort »Wissenskapitalismus« zusammengefasst werden können, während es bei den externen Communitys vorzugsweise um Dialog, marketinginduzierten Content und daraus resultierendes Crowdsourcing geht.

Fachwissen im Vordergrund

In Corporate-Communitys spielt der Aspekt eines unter Umständen hochgradig differenzierten Spezialwissens eine extrem wichtige Rolle. Wie wir noch sehen werden, muss auch bei externen Communitys eine Affinität zu deren Themen vorhanden sein. Aber sie muss nicht so ausgeprägt sein wie in Social Intranets.

Ein Beispiel: In einer Firma, die auf dem Gebiet der Biotechnologie forscht, braucht die Corporate-Community einen Moderator, der über diese äußerst spezielle Materie bestens im Bilde ist. Ein Erreichen der Community-Ziele ist nur möglich, wenn der Manager die fachliche Relevanz von Beiträgen kompetent einschätzen kann.

Das Management von Corporate-Communitys wird daher häufig von Menschen durchgeführt, die firmenintern in diese Position wechseln. Die Anforderungen an Fachwissen und Kenntnisse über die Abläufe und internen Strukturen des Betreibers legen es nahe, diese Seiteneinsteiger zu bevorzugen. In vielen Fällen bleibt den Unternehmen kaum eine andere Wahl.

Es dürfte eher selten der Fall sein, dass jemand mit dem erforderlichen Fachwissen gleichzeitig all die Eigenschaften und Fähigkeiten hat, die der Manager einer externen Community benötigt. Das ist auch nicht notwendig, denn die Anforderungen auf den Gebieten Kommunikation und Content sind innerhalb einer Corporate-Community deutlich geringer.

In Social Intranets wird der Gemeinschaftsgeist über die nüchterne, berufsbezogene Thematik hergestellt. Dabei ist zu berücksichtigen, dass es bei manchen Mitgliedern mit der Identifikation nicht weit her ist. Oft besteht seitens des Unternehmens der Zwang, Mitglied zu werden, was nicht sehr motivierend ist.

Unterschiedliche Zielsetzungen

Für die Leitung und Implementierung einer Corporate-Community sind Strategien, wie sie vom Social-Media-Management für eine externe Community zu erstellen sind, nur von nachrangiger Bedeutung. Social Intranets stehen im Allgemeinen unter dem Zeichen der Ideapreneurship: Ideen zur Verbesserung von Prozessen und Produkten sind die wichtigsten Zielvektoren. Der Fokus ihres Managements liegt daher auf Herbeiführung und Sichtbarmachung solcher Ideen.

Es ist in erster Linie verantwortlich für die Schaffung einer konstruktiven, Kreativität begünstigenden Atmosphäre, in der wegweisende Ideen und Einsichten formuliert werden. Kurzum: Die Community soll ein Ideenparadies sein.

Unterschiede der Schwerpunktsetzungen

Corporate-Communitys	Externe Communitys
Ideapreneurship	Dialogkultur
Wissensaustausch	Marketingaufgaben
Knowledge-Base	Crowdsourcing
Identifikation Thinktanks	Marktforschung
Innovationsförderung	Content-Präsentation
Prozessmanagement	Mitgliederakquise
Mitarbeiterschulung	Service
Projektteam-Bildung	Offline-Events
Kostenreduzierung	Krisenmanagement
Mitarbeiterbindung	Employer Branding

Tabelle 2.1: *Corporate- und externe Communitys*

Dialog ist nicht das zentrale Element der Tätigkeit eines Corporate-Community-Managers, auch wenn er natürlich nicht ohne diese Form der Interaktion auskommt. Aber in seinen Dialogen herrscht ein viel geringerer Grad an emotionalen Einflüssen. In dieser Hinsicht ist die Moderation weniger anspruchsvoll.

BEISPIEL: Dialog in der Corporate-Community einer Vermögensverwaltung
User 1: Goldman Sachs empfiehlt, Tech-Aktien zu reduzieren. Sollen wir da bei Großkunden mitziehen?
User 2: Hat letztes Mal nichts gebracht!
Manager: Würde vorher mit Kunden Rücksprache nehmen!
User 3: Vorsicht, Kunde B. meckert dann, dass das unser Problem ist!
User 1: Echt jetzt, bei mir war er immer friedlich!

Soziale Komponente in Corporate-Communitys

Ganz ohne zwischenmenschlich relevante Aufgaben, die Sozialkompetenz erfordern, kommt ein Corporate-Community-Manager jedoch nicht aus. Vor allem hat er dafür Sorge zu tragen, dass die Mitarbeiter Spaß an der Nutzung der Community haben. Das hält den Austausch lebhaft und weitet die Erkenntnishorizonte aus. Wenn die Teilnahme an der Community auf Freiwilligkeit beruht, ist auch die Anwerbung neuer Mitglieder ein Thema.

Mit den unerfreulichen Begleiterscheinungen von externen Communitys – notorische Nörgler, verbal Aggressive, Trolle oder Shitstorms – hat das Management interner Communitys kaum etwas zu tun. Das bedeutet aber nicht, dass nicht doch gelegentlich Streitfälle zu schlichten sein werden.

Ein Problem kann den reibungsfreien Betrieb besonders stören: Kontroversen zwischen einzelnen Mitgliedern. Kollegen, die sich spinnefeind sind, werden wohl auch auf Community-Ebene nicht miteinander kooperieren wollen. Besonders schwierig wird es, wenn zwei Egos aufeinanderprallen, die sich bei ihrer Karriere gegenseitig im Wege stehen.

Fachkenntnisse in externen Communitys

Bei Corporate-Communitys ist es eine Selbstverständlichkeit, dass ihr Management absolut sattelfest hinsichtlich der Fachkenntnisse ist. Aber auch für die Arbeit in einer externen Community sind Interesse und

Fachwissen zu Themenspektrum und Branche unverzichtbar. Wissen über die Strategie und Geschäftsprozesse des Betreibers sind Voraussetzungen, um gestellte Aufgaben im Einklang mit dessen Zielen abarbeiten zu können.

Die Themen sind das Bindeglied zwischen Mitgliedern und Community. Ohne Affinität hierzu kann es dem Management nicht gelingen, den Anforderungen des Austauschs darüber gerecht zu werden. Mit Wissensdefiziten kann nur Dilettantismus entstehen, und wer sich nicht für die Themen seiner Community begeistern kann, wird nicht sonderlich motiviert bei der Arbeit sein. Beides hat auf die Mitglieder einen abschreckenden Effekt.

So wird denn auch in einem Großteil der Jobangebote fehlende Sachkenntnis als K.-o.-Kriterium angeführt. Es gibt aber auch Ausschreibungen, in denen diese Anspruchshaltung weniger streng formuliert ist: Hat der Bewerber einen unzureichenden Wissensstand, muss bei ihm die Bereitschaft vorhanden sein, sich das erforderliche Wissen schnell anzueignen.

Community-Management und Marketing

Community-Management ist einer der Berufe, deren Bedeutungszuwachs die radikalen Veränderungen repräsentiert, die Marketing mit dem Aufkommen des Web 2.0 erfahren hat. Viele Jobs sind an marketingorientierte Vorzeichen gebunden, die die Wirkungsaspekte bestimmen.

Bei diesen Jobs wird ein vertieftes Verständnis dafür benötigt, welche Funktion die Community innerhalb der Marketingstrategie des Betreibers einnimmt. Insbesondere Kenntnisse zum Thema virales Marketing sind erforderlich.

Communitys bieten Zugang zu den Gedanken und Empfindungen der Mitglieder und sind damit in der Lage, Marktgeheimnisse offenzulegen. Trendforschung besteht hierbei daraus, den Usern durch Analyse und Interpretation von Äußerungen im Rahmen der Community in den Kopf zu schauen.

Vieles dabei ist Sache von Gespür und Instinkt, sozusagen des Näschens im Wind der Community oder die Ohren für das Hineinhorchen in Meinungsströmungen, die sich leise bemerkbar machen. Wenn eine

Community für Marketingzwecke eingesetzt werden soll, besteht eine Hauptaufgabe darin, aus den Mitgliedern das herauszulocken, was immer den Marketers zuträglich ist.

Schnittstellenfunktion

Seine Funktion macht den Community-Manager zu einem prominenten Gesicht des Unternehmens. Er ist Stimme eines Brands und damit Repräsentant der Kultur des Betreibers – eine große Verpflichtung. Gleichzeitig ist er aber auch die Instanz, die die Position(en) der Mitglieder zu vertreten hat. Als ihr Vertrauensmann trägt er die Feedback-Schleifen der User an den Betreiber heran. Der Community-Manager braucht für seinen Erfolg die Loyalität der Nutzer, dafür muss er ebenso aufrichtig zu ihnen sein.

Aus dieser Warte ist nicht wichtig, was wichtig ist, sondern das, was die User bewegt. Daher müssen Sie als Community-Manager nötigenfalls Anstrengungen unternehmen, die Ansprüche durchzusetzen, die in den Interaktionen mit den Usern artikuliert werden.

Damit steht der Community-Manager in einem Spannungsfeld, in dem die Arbeit zur Gratwanderung geraten kann. Im Zuge der Rolle als Synchronisator kann es passieren, dass die jeweiligen Anforderungen und Interessenlagen nicht in Einklang stehen. Im Falle solcher Diskrepanzen kommt ihm die schwierige Aufgabe zu, diesen Einklang herzustellen. Sind die Differenzen allzu groß, hat er ein Problem. Zur einvernehmlichen Überwindung ist diplomatisches Geschick erforderlich.

Nötige Eigenschaften

Mit den Worten »diplomatisches Geschick« ist eines der zahlreichen Persönlichkeitsmerkmale benannt, die ein Community-Manager für seine Arbeit mitbringen sollte. Diese Eigenschaften, Fertigkeiten und Begabungen, sozusagen die Community-Management-DNA, wollen wir nun genauer in Augenschein nehmen. Sie sollten sich einer Selbstprüfung unterziehen, ob Sie über die angesprochenen Schlüsselqualitäten verfügen.

Damit kein falscher Eindruck entsteht: Es ist nicht notwendig, dass Sie *all* diese Eigenschaften und Skills für die Arbeit in *jeder* Community mitbringen müssen. Wenn die meisten davon Teil Ihrer Persönlichkeit sind, sind Sie für die Herausforderungen des Berufs gut disponiert. Mit einem solchen Equipment plus dem nötigen Idealismus wird es Ihnen gelingen, Ihrer virtuellen Gemeinde das Flair zu verleihen, das die Nutzer in dauerhaften Beziehungen wünschen und zu Fans werden lässt.

Persönlichkeitsprofil Community-Manager
- Dialog- und Sprachkompetenz
  - Improvisationstalent
- Sozialkompetenz
  - sympathieerweckende Selbstdarstellung
  - psychologische Fähigkeiten
  - diplomatisches Geschick
- Storytelling-Skills (optional)
- Organisationstalent
- Stressresistenz

Kernkompetenz Dialog

Das Lebenselixier einer Community lässt sich aus dem Wortstamm ableiten: Kommunikation.

Das Kommunikationsmodell aller Formen von Communitys läuft auf ein Dreiecksverhältnis hinaus. Mitglieder und Management stehen in direktem Kontakt, Betreiber und Management ebenso, während die Kommunikation zwischen Mitgliedern und Betreiber indirekt über die Koordinationsinstanz des Managements läuft.

Wenn Sie im Community-Management arbeiten wollen, dann ist eine starke Neigung zu Kommunikation und Dialog unentbehrlich. Der Antrieb, mit seiner dialogischen Kompetenz etwas bewerkstelligen zu wollen, ist eine grundlegende Motivation. Ohne sie ist das Arbeiten für eine Community nur Stückwerk.

Dialog ist die Substanz, die einer Community Leben einhaucht. Die direkte Interaktion mit den Mitgliedern ist, neben Planung und Bereitstellung von Content, der Mittelpunkt der Jobpraxis. Ausgehend von der Funktion als Sprachrohr des Betreibers bringt Ihr dialogischer Input kommunikativen Drive in die virtuelle Beziehungsdynamik.

Abbildung 2.3: Kommunikationsmodell von Communitys

Befähigung zur Stimulation, Durchführung und Organisation eines konstruktiven Dialogs ist daher das Kernelement Ihrer Qualifikation. Direkte Ansprache der Menschen muss Ihnen liegen, auf der Basis von geistiger Regsamkeit, offenem Denkhorizont, Agilität und Improvisationstalent. Es lässt sich vergleichen mit dem Guest-Relations-Manager auf einem Kreuzfahrtschiff – als Serviceleistung mit Unterhaltungsfaktor zwecks Aufbau von Bindungsenergien.

Sprachkompetenz

Freude am Dialog alleine genügt noch nicht, er muss auch in eine angemessene Sprache gebracht werden. Mithilfe von rhetorischem Geschick, wirkungsbewusster Schlagfertigkeit, spielerischem Umgang mit der Sprache und einfühlsamer Dialogführung gelingt die Ansprache der User am besten. Sie sollten daher ein sprachbegabter Mensch sein, wortgewandt und dabei empathisch, mit einem feinsinnigen Vermögen zum Erspüren von Zwischen- und Untertönen in den Äußerungen Ihrer Mitglieder.

Zur optimalen Sprachperformance gehört ein vertieftes Verständnis dessen, wie Menschen im Web miteinander interagieren. Ihre

Äußerungen sollten nicht weitschweifend sein – wenn Sie dazu neigen, sollten Sie daran arbeiten, Ihre Sprache zu entschlacken.

Für Communitys läuft dies auf einen Stil hinaus, der in knapper Diktion direkt auf den Punkt kommt, ohne Umschreibungen, Abschweifungen oder sonstiges verbales Füllmaterial. Detailverliebten mag solch ein Stil nicht gefallen, aber der Anspruch, meist schnell agieren zu müssen, zwingt zu einer rationellen Schreibweise. Guter Stil beim Community-Dialog hat diese Merkmale:

- einfache, prägnante, sprachökonomische Ausdrucksweise,
- Mitteilungskern am Anfang,
- Anschaulichkeit und Konkretion,
- gehaltliche Eindeutigkeit,
- Kernaussage nicht im Subtext.

Es ist ein Stil, der sich an die webtypische Aufmerksamkeitsspanne anpasst: Diese erlaubt kein Wort zu viel.

Sozialkompetenz

Ein Gutteil der Beziehungspflege in Communitys beruht auf psychologischer Einsichtnahme. Es ist demnach wichtig, sich in die Bewusstseinsvorgänge, die auf eine Interaktion mit Ihrer Community Einfluss gehabt haben könnten, hineinversetzen zu können.

Für ein erfolgreiches Arbeiten benötigen Sie das, was mit dem vieldeutigen Begriff »Sozialkompetenz« bezeichnet wird. Community-Management ist nichts für misanthropische Charaktere – Neugierde auf andere Menschen und Jovialität sind ganz entscheidende Aspekte.

Sozialkompetenz wird hier aufgefasst als Besitz der Eigenschaften, die benötigt werden, um Beziehungen durch individuell abgestimmte Kommunikation aufbauen und pflegen zu können. Das ist in erster Linie Einfühlungsvermögen und damit das Treffen der richtigen Tonart. Dies gilt nicht nur für Ihre Online-Auftritte, sondern auch für Offline-Events, bei denen Sie in Face-to-Face-Kontakt zu den Mitgliedern treten. Darauf werde ich im Kapitel über Community-Pflege näher eingehen.

Sympathie ausstrahlen

Als Community-Manager stehen Sie immer im Rampenlicht. Darin kann sich niemand ohne den Willen zu Freundlichkeit und Toleranz lange sonnen. Es geht nicht ohne hohe Sympathiewerte bei den Mitgliedern, und die erwerben Sie sich mit persönlichem Charme und kommunikativem Charisma.

Idealerweise beruhen diese Eigenschaften auf einer weltoffenen, kosmopolitischen Gesinnung, ohne Anflüge von Borniertheit, Besserwisserei und Engstirnigkeit. Damit gelingt es wohl am besten, die richtigen Worte zu setzen und seine Äußerungen so zu gestalten, dass sich die User auf einer persönlichen Ebene angesprochen fühlen. Sie packen sie mit einer optimistischen Grundhaltung, die den Willen und den Glauben ausstrahlt, etwas bewirken zu können.

Psychologisches Feingefühl

Sie werden des Öfteren damit konfrontiert sein, Streitigkeiten zwischen Mitgliedern schlichten zu müssen. Zu viele Auseinandersetzungen unter den Nutzern führen zu einer umgreifenden Vergiftung der Atmosphäre. Dem ist durch frühes moderierendes Eingreifen vorzubeugen. Die Bewältigung dieser Aufgabe ist nur möglich, wenn sie mit psychologischem Feingefühl und einer gewissen Cleverness angegangen wird. Dazu gehört auch Durchsetzungsvermögen, wenn Ihre Netiquette angegriffen wird. Sie müssen rote Linien ziehen können. Als Leisetreter kann man im Umgang mit Web-Rüpeln nicht weit kommen.

Fingerspitzengefühl ist bei vielen Jobs auch im Umgang mit den anderen Mitarbeitern des Betreibers erforderlich. Beim sogenannten Changemanagement hat der Community-Manager die innerbetrieblichen Veränderungen zu kommunizieren, die eine Community-Gründung mit sich bringt. Dabei ist häufig Ressentiments gegenüber dem Firmenengagement in Social Media entgegenzuwirken.

Storytelling-Skills

Die bisher vorgestellten Eigenschaften betrafen hauptsächlich das tragende Element Dialog. Viel Dialog wird aber nicht zustande kommen, wenn nicht die Anreize dafür gegeben werden. Diese Anreize werden hauptsächlich durch den Content geschaffen, den Sie den Usern zur Verfügung stellen.

Die zweitwichtigste Aufgabe im Community-Management ist daher die Organisation und interaktive Verarbeitung von Content. Hinzukommen kann, muss aber nicht, die strategische Planung und/oder Erstellung von Content. Wenn Sie sich in diesem Aufgabenbereich engagieren sollen (oder dürfen), benötigen Sie Wissen oder, mehr noch: Talent für das zentrale Element von Content, das Storytelling.

Damit soll nicht gesagt sein, dass es eine Grundvoraussetzung ist, als Storyteller fungieren zu können. Das ist oft schon deshalb unnötig, weil der Erstellungsprozess meistens in den Händen eines eigenständigen Content-Managements liegt. Auf jeden Fall aber sollten Sie beurteilen können, welcher Content bei den Usern die besten Chancen auf eine begeisterte Aufnahme hat. Das erfordert eine Bewertung des Storytellings.

Organisationstalent

Community-Management ist nicht nur Dialog und Content, auch im Hintergrund fällt eine Menge Arbeit an, um die Fäden zusammenzuhalten. Dafür benötigen Sie die Fähigkeit zur Selbstorganisation. Sie werden Schwierigkeiten in Ihrem Arbeitsalltag mit seinen vielfältigen Aufgaben bekommen, wenn Sie ihn nicht termingerecht und rationell durchplanen.

So fällt eine Menge von Verwaltungsarbeit an. Deren wichtigste Bereiche sind:

- Aktualität der Mitgliederdaten,
- Auswertung (Insights),
- Planung der Ausspielung von Beiträgen,
- juristische Dinge.

Das wird nicht funktionieren, wenn nicht die Befähigung vorhanden ist, eine straffe Planung und Organisation durchzuziehen, sowohl zeitlich als auch mental.

Sind Frauen die besseren Community-Manager?

Ohne irgendwelche Gender-Vorurteile aufs Tapet bringen zu wollen, lässt sich doch feststellen, dass die aufgeführten Skills eher beim weiblichen Geschlecht anzutreffen sind. Ein Blick auf die Statistiken zur Geschlechterverteilung im Job Community-Management untermauert diesen Eindruck. So hat die letzte Umfrage des BVCM einen Frauenanteil von 58 Prozent ermittelt.[16]

Das weitere statistische Material, das im Web zu diesem Thema zu finden ist, weist noch etwas höhere Zahlen aus. Eine Infografik, die 2013 in den USA erstellt wurde, nennt einen Wert von 61 Prozent.[17] Eine Umfrage in Australien führte 2018 zu dem Ergebnis, dass dort 68 Prozent der Community-Manager Frauen sind.[18]

Es wäre aber verfehlt, daraus automatisch den Rückschluss zu ziehen, dass Frauen die besseren Community-Manager sind. Belassen wir es bei der Feststellung, dass die Möglichkeit, sich in diesem auf Kommunikation ausgerichteten Beruf einzubringen, auf Frauen offenbar eine größere Anziehungskraft hat als auf das männliche Geschlecht.

Was Sie besser nicht mitbringen

Die Frage nach den notwendigen Eigenschaften und Charakterzügen impliziert die Frage, welche Wesenszüge der Community-Manager nicht haben sollte. Hier ist an erster Stelle Perfektionismus zu nennen.

Mit einer Community kann niemals ein Istzustand erreicht werden, dem das Prädikat »perfekt« verliehen werden könnte. Dazu ist eine Community viel zu sehr von unberechenbaren Dingen abhängig, sei es das Naturell der Mitglieder, der Einbruch von externen Problemen oder Eingriffe von Betreiberseite.

Auch Ungeduld ist etwas, das kontraproduktiv ist. Alles braucht seine Zeit, und die sollte auch der Entwicklung einer Community zugestanden werden.

Interview: Kristin Holm

Bitte stellen Sie sich kurz vor. Welchen beruflichen Hintergrund haben Sie und wie kamen Sie zu der Position als Community-Manager?
Mein Name ist Kristin Holm, ich bin Social-Media-Expertin für lokale Unternehmen und Mentorin für virtuelle Assistenz mit Schwerpunkt Social-Media-Marketing.

Nach meinem Abitur absolvierte ich eine Ausbildung zur Hotelfachfrau und arbeitete neun Jahre bei Marriott International. Dort übernahm ich viele Community-Management Aufgaben. 2011 habe ich meine erste Facebook-Seite für ein Business erstellt, die Inhalte auf Reiseportalen wie Expedia und booking.com betreut und dort auf Kundenbewertungen online reagiert, (Stamm-)Kundenevents veranstaltet und vieles mehr.

2015 erhielt ich dann das Angebot, für Yelp, einer der größten Bewertungsplattformen weltweit für lokale Unternehmen, als Community- und Marketing-Manager zu arbeiten.

Nach einer viermonatigen Fortbildung zum Social-Media-Manager wagte ich Anfang 2018 den Schritt in die Selbstständigkeit. Seitdem habe ich mit vielen Unternehmen ihre Marketing- und Social-Media-Strategien entwickelt und ihnen so geholfen, neue Kunden zu erreichen.

Welche besonderen Erfahrungen haben Sie als Community-Manager gemacht?
Das, was mich am Community-Management sehr fasziniert, ist, wie unterschiedlichste Menschen online und/oder offline zusammentreffen, die manchmal zunächst nur einen gemeinsamen Interessenpunkt haben, nämlich die Intention, warum sie Teil dieser Community sind.

Online einer Community beizutreten, ist ein großartiger Einstieg, um sich über ein gemeinsames Thema auszutauschen.

Warum ist Community-Management wichtig?
Social-Media-Marketing kann ohne Community-Management nicht funktionieren. Um »sozial« zu sein, bedarf es Interaktion und Kommunikation.

Die Aufgaben eines Community-Managers sind es, die Gruppe zu steuern, Ansprechpartner zu sein, neue Mitglieder zu integrieren und ideale Rahmenbedingungen zu schaffen, um einen Austausch anzuregen.

Wie verbinden Sie als Community-Manager Unternehmensziele und die Interessen der Zielgruppe?
In erster Linie ist eine offene Kommunikation notwendig – intern, aber auch extern. Der Community-Manager ist die Schnittstelle zwischen Unternehmen und Zielgruppe und gilt als Mediator. Er bringt die Interessen beider Parteien zusammen.

Mir war und ist es immer sehr wichtig, voll und ganz hinter dem Unternehmen zu stehen und die Vision und Mission mit innerer Überzeugung zu vertreten. In dem Moment, in dem ich Community-Manager werde, wird »mein Gesicht« dazu verwendet, die Marke zu vertreten. Das, was sich von der Community erhofft wird, sollte ein Community-Manager als Vorbild umsetzen.

Wie bauen Sie ein Vertrauensverhältnis zur Community auf?
Ein offenes Ohr und Raum für einen Dialog zu bieten, ist das »A und O«. Unvoreingenommen in den Dialog zu treten, besonders mit neuen Mitgliedern, ist von großer Bedeutung.

Die Basis ist dabei zu verstehen, warum eine Person der Community beitritt. Viele Menschen sind daran interessiert, sich einzubringen und zu helfen.

Welche Fähigkeiten sollte ein Community-Manager besitzen?
Meiner Meinung nach, sind dies die Top 3:
1. Talent, Menschen miteinander zu verbinden
2. Kommunikationsstark sein und allzeit bereit in den Dialog zu treten
3. Mediator sein und bei unterschiedlichen Interessen vermitteln

Community-Management bedeutet, authentisch zu sein und dabei sein Business zu vertreten und zeitgleich auch die Meinungen der Community zu schätzen zu wissen.

Mit welchen Mitteln setzen Sie die Netiquette innerhalb der Community durch?

Nett, aber bestimmend. Online ist dabei die Verschriftlichung die Herausforderung, da nicht immer deutlich wird, wie der Verfasser seine Sätze tatsächlich meint. Der »Tonfall« fehlt. Dies bedeutet für mich auch, einfach noch mal nachzufragen, bevor ich jemanden abmahne oder Ähnliches.

Wie gehen Sie mit Hate Speech beziehungsweise einer Krisensituation um?

Zunächst: Ruhe bewahren! Sind die Worte an die Firma oder an ein anderes Mitglied gerichtet? Ich nehme mir die Zeit zu analysieren, was passiert ist, die Intention des Verfassers zu verfolgen und einzuschätzen.

Ist die Hate Speech an das Unternehmen gerichtet, versuche ich, mich in die Lage des Verfassers zu versetzen und nachzuvollziehen, warum er so verärgert ist. Je nach Situation lohnt es sich, die Kommunikation in einen privaten Dialog zu steuern.

Welche Situation war für Sie als Community-Manager bisher die schwierigste?

Grundsätzlich sind Situationen schwer, wenn (noch) keine Interaktion zustande kommt und die Gruppenmitglieder in einer »Wartehaltung« sind. Besonders beim Aufbau einer Community kann dies verstärkt auftreten.

Die allerschwierigste Situation war es jedoch, als Yelp Ende 2016 sehr überraschend entschieden hatte, international in über 30 Ländern Mitarbeiter zu entlassen, darunter auch alle Community-Manager. Ich verlor meinen Job und hatte zwei Tage Zeit, mich von meiner Community zu verabschieden, von einer Gruppe Menschen, mit denen ich so viele besondere Momente geteilt und die mein tägliches Leben beeinflusst haben.

Was war das schönste Kompliment, das Sie als Community-Manager bekommen haben?

Jede Nachricht von Gruppenmitgliedern, die sich bedanken, weil die Community ihr Leben bereichert, sind für mich die größte Bestärkung und Motivation.

Das mit Abstand schönste Kompliment für mich war, als, nachdem Yelp allen Community-Managern weltweit gekündigt hatte (somit auch ich meinen Job verlor und meine Community keinen Manager mehr hatte), »meine« Community jedoch zu einem großen Teil weiter bestehen blieb!

Welche Methoden zum Community Building und Engagement sind Ihrer Meinung nach die vielversprechendsten?
- Seine Zielgruppe und Community kennen(lernen)
- Einstiegshürden niedrig gestalten
- »Starthilfe« geben
- Raum für Interaktion schaffen
- Gemeinsamkeiten aufzeigen
- Superfans pflegen
- Klare Regeln

Wie sieht Ihre Zusammenarbeit mit dem Social-Media-Management und Content-Management konkret aus? Haben Sie bei der Content-Erstellung Mitspracherecht, sind Sie alleinverantwortlich zuständig, gibt es Reibungen und Überschneidungen?
Da ich selbstständig arbeite, trenne ich das Social-Media-Management mit der Content-Erstellung und das Community-Management für mein Business nicht. In meinen vorherigen Positionen als Angestellte habe ich auch immer beide Verantwortlichkeiten übernommen.

Der Community-Manager erkennt an den Reaktionen der Community, welcher Content gut performt. Für die optimale Zusammenarbeit von Social-Media-Manager und Community-Manager sollten die Aufgaben klar definiert und verteilt werden.

Welche Aspekte Ihres Berufes schätzen Sie am meisten und welche Tipps haben Sie für Neueinsteiger im Community-Management?
Ich liebe die Möglichkeit, verschiedenste Menschen in eine Gemeinschaft zusammenzubringen und eine Verbindung zu schaffen. Communitys bieten nicht nur die Möglichkeit, auf Gleichgesinnte

zu treffen, sondern auch, gemeinsam Neues zu erschaffen und eine Mission zu verfolgen.

Wichtig ist es dabei, sich als Mediator nicht selbst »zu verlieren«, sondern authentisch zu bleiben und auch seine Persönlichkeit und Erfahrungen mit einfließen zu lassen. Neueinsteigern würde ich außerdem ans Herz legen, sich wirklich Zeit zu nehmen, die Community kennenzulernen.

Aus- und Weiterbildung

Was die Ausbildung angeht, so ist es beim Community-Management wie mit dem schönen Beruf des Sommeliers: Es gibt keine feste, institutionalisierte Form der Ausbildung. Der Titel Community-Manager ist nicht geschützt. Studiengänge oder andere staatlich reglementierte Ausbildungswege mit standardisiertem Examinierungsmodus und eigenständigem Berufsabschluss gibt es derzeit (Stand: Herbst 2019) nicht.

Das erlaubt es, sich seine Ausbildung auf autodidaktischem Wege anzueignen, im Idealfall bei parallelem Learning by Doing. Um einen gut bezahlten Job im Community-Management zu bekommen, reichen nicht zertifizierte Formen der Ausbildung allerdings meist nicht aus.

Vorbildung und berufliche Vorerfahrungen

Bei nicht wenigen Jobangeboten ist ein abgeschlossenes Studium Voraussetzung für eine Einstellung. Auch wenn dieser Anspruch nicht formuliert wird, es macht sich immer gut, wenn Sie über ein erfolgreich absolviertes Studium in Kommunikationswissenschaften oder Medienmanagement verfügen.

Da Sozial-, Dialog-, Sprach- und unter Umständen auch Storytelling-Kompetenz den Nukleus des Jobs darstellen, kommt er zudem Menschen entgegen, die ein geisteswissenschaftliches Studium abgeschlossen haben.

Auch ein Studium oder eine Ausbildung auf dem Feld der Betriebswirtschaft oder des Marketings ist eine tragfähige Basis für den Berufseinstieg. Schließlich geht es beim Marketing wie beim

Community-Management darum, Beziehungen zu akquirieren und Menschen an sich zu binden.

Wer als Quereinsteiger in den Job hineinkommen will, hat gute Voraussetzungen bei Erfahrungen in einem der folgenden Sektoren:

- digitale Kommunikation,
- redaktionelle Tätigkeit,
- Servicebereich.

Das bedeutet aber nicht, dass anderweitige Berufspraxis von Nachteil wäre. Sehr hilfreich sind Vorerfahrungen wie das Managen von Kommentaren in einem eigenen Blog. Auch das Moderieren eines Vereinsforums kann als Vorstufe von Community-Management gesehen werden. Mit solch ehrenamtlichem Engagement lässt sich eine gute Referenz des Arbeitsstils hinterlegen.

Auf jeden Fall ist eine gute Allgemeinbildung notwendig. Zusammen mit lebhaftem Interesse am Zeitgeschehen ist sie Voraussetzung dafür, einen effizienten und kompetenten Dialog führen zu können. Des Weiteren sind Grundkenntnisse in Psychologie von Nutzen.

Für die schriftliche Artikulation sind einwandfreie Orthografie und korrekte Grammatik ein absolutes Muss. Schließlich repräsentieren Sie den Betreiber nach außen hin, und dem wird wohl kaum daran gelegen sein, in den Ruf von Bildungsferne zu kommen.

Sehr von Nutzen sind auch Sprachkenntnisse, zumindest im Englischen. Zum einen gibt es Communitys, die in mehreren Sprachen auftreten, zum anderen sind Informationen zu aktuellen Entwicklungen in der Social-Media-Welt oft nur in Englisch erhältlich.

Softwarekenntnisse sind gleichfalls unentbehrlich, nicht nur für die Bedienung von Web-Features. Je mehr Programme Sie beherrschen, umso besser werden Sie allen möglichen Herausforderungen des Joballtags gerecht werden können. Word und Excel sollten Sie ohnehin kennen, aber auch Erfahrungen mit den folgenden Programmen sind nützlich:

- PowerPoint,
- Bildbearbeitungsprogramme wie Photoshop,
- Videobearbeitung,
- Content-Management-Systeme wie WordPress,
- Projektmanagement-Software,
- Webanalyse-Tools.

Ausbildungswege

Potenzielle Arbeitgeber wollen meist einen Nachweis dafür sehen, dass Sie über das nötige Rüstzeug für eine kompetente Jobausübung verfügen. Das erfordert die Absolvierung eines Lehrgangs, für dessen erfolgreichen Abschluss ein aussagekräftiges Zertifikat ausgestellt wird. Dazu ist Geld in die Hand zu nehmen. Wie viel, das hängt von Dauer, Umfang und Themenangebot Ihres Lehrgangs ab.

Welche Form der Ausbildung für Sie die richtige ist, ist abhängig von Ihrer Zielsetzung. Wenn Sie ein Diplom für eine Qualifikation haben wollen, die für einen Berufseinstieg gebraucht wird, sollten Sie einen Lehrgang nehmen, der ein möglichst breites Themenspektrum abdeckt.

Generell gilt, dass Lehrgänge speziell für Community-Management eher nicht die Regel sind. Die meisten firmieren unter dem Etikett Social-Media-Management. Wenn Ihnen dies zu umfangreich ist, müssen Sie recherchieren, welche Lehrangebote auf Ihre Anforderungen zugeschnitten sind.

Menschen, die schon mindestens vier Jahre ihr Können als Community-Manager in der Praxis unter Beweis gestellt haben, haben es etwas einfacher. Sie können sich auch ohne weitere Ausbildung zertifizieren lassen, indem sie eine Prüfung beim BVCM ablegen. Die Website des BVCM ist überhaupt eine ergiebige Anlaufstelle für weiterführendes Material zur soliden Planung einer Aus- und Weiterbildung. Hier finden Sie bestimmt Hinweise darauf, welche Institute und Lehrgänge Ihren persönlichen Ansprüchen am besten entgegenkommen.

In dieser Hinsicht will ich keinerlei Empfehlungen aussprechen. Ein paar Worte zum Markt der Lehrangebote möchte ich Ihnen aber mit auf den Weg geben.

Augen auf beim Lehrgangskauf!

Ein Lehrgang ist schnell gebucht – da sollten Sie darauf achten, dass er ein gutes Preis-Leistungs-Verhältnis hat. Sie bekommen es mit einem Markt zu tun, auf dem sich eine Vielzahl von Anbietern, inklusive einiger schwarzer Schafe, tummelt. Teils bieten sie das volle Social-Media-Paket an, teils beschränken sie sich auf speziellere Sachgebiete wie beispielsweise Content-Strategie oder Community-Building.

Es gibt auch Crashkurse, die versprechen, Ihnen in ein paar Tagen alles Nötige für Social-Media- und/oder Community-Management beizubringen. In Anbetracht der großen Zahl von Themen und Wissensbereichen, die zu beherrschen sind, taugen derartige Schnelldurchgänge nicht als tragfähige Basis für eine aussichtsreiche Bewerbung. Für ehrenamtliche oder private Communitys mögen sie aber genügen, zumindest fürs Erste.

Bei so manchen Lehrgängen werden erstaunlich stolze Preise aufgerufen, besonders bei Coachings zu den neuesten Trends. Wenn wieder einmal eine neue Plattform Furore macht, schlägt die Stunde von Anbietern, die zeigen wollen, wie hierfür auf die Schnelle wirksame Strategien entwickelt werden können.

In welchem Preissegment auch immer Sie Ihre Ausbildung ansiedeln wollen: Auf Kompetenz und Renommee der Anbieter sollten Sie ein sehr genaues Auge haben. So ist bei Fernlehrgängen ein wichtiges Kriterium, ob sie von der Staatlichen Zentralstelle für Fernunterricht (ZFU) geprüft sind. Wann immer Zweifel auftauchen, ist Anlass gegeben, sich die Online-Bewertungen des Anbieters genau anzusehen.

Förderung durch die Bundesagentur für Arbeit

Die Tatsache, dass auf dem Arbeitsmarkt eine hohe Nachfrage nach Community-Managern besteht, ist natürlich auch den Arbeitsagenturen nicht unbekannt. Sie können versuchen, für Ihre Ausbildung die Unterstützung durch staatliche Institutionen in Anspruch zu nehmen.

Es besteht die Möglichkeit, finanzielle Hilfe für die Belegung von Lehrgängen zu beantragen. Nicht alle Lehrangebote werden gefördert. Daher müssen Sie im Vorfeld abklären, ob und wie viel Sie sich bezuschussen lassen können.

Weiterbildung

Community-Management ist ein Beruf, in dem man nie auslernt, denn sein Umfeld ist in ständiger Bewegung. Weiterbildung ist daher immer ein Thema. Wer nicht ins Hintertreffen geraten will, muss sich über das, was in der Social-Media-Landschaft vor sich geht, auf dem aktuellen Stand halten.

Das beginnt mit dem Beobachten der aktuellen Nachrichten über die neuesten Entwicklungen in der Branche. Hier haben vor allem amerikanische Blogs wie zum Beispiel *mashable.com* die Nase vorne. Der effizienteste Weg ist es zu recherchieren, wer die eigenen Interessen am besten bedient, und sich einen entsprechenden Newsfeed einzurichten.

Auch außerhalb der Blogosphäre können Sie auf ein reichhaltiges Angebot zurückgreifen. Es umfasst zum Beispiel Webinare, Barcamps oder Konferenzen.

Bei den Angeboten zur Weiterbildung zeigt sich auch, wie sehr das Thema Community-Management schon die Chefetagen erreicht hat. Mittlerweile gibt es Lehrgänge, die exklusiv auf Menschen aus den gehobenen Managementbenen zugeschnitten sind.

Die Weiterbildung praktizierender Community-Manager ist aber nicht nur auf Eigeninitiative hin zu betreiben, sondern sollte auch vom Arbeitgeber angeregt werden. Ein Betreiber, der seine Community up to date haben will, sollte in die fortlaufende Bildung des Managements investieren. Laut der BVCM-Studie 2018 wird die Weiterbildung meist intern vorgenommen.[19] Steht diese Möglichkeit nicht zur Verfügung, muss der Community-Manager darauf drängen, dass ihm Lehrgänge oder andere Schulungsmaßnahmen finanziert werden.

Best Practice – Ausbildung
- Sorgfältige Auswahl des Lehrgangs
- Fernlehrgänge mit ZFU-Prüfung
- Skepsis gegenüber Crashkursen
- Learning by Doing
- Autodidaktische Vervollständigung des Wissensstands durch Bücher und Blogartikel
- Studium der Managementpraxis in anderen Communitys

Teamplayer oder Einzelkämpfer?

Nach diesen vorwiegend theoretischen Erörterungen rückt nun allmählich die praktische Arbeit in den Vordergrund. Dabei richten wir den Blick zuerst auf die verschiedenen Formen von Arbeitsverhältnissen, die möglich sind. Der Beruf kann ausgeübt werden:

- in **Festanstellung** (oder auch nur über einen Projektvertrag) bei einem Unternehmen, einer Institution, einer Organisation, einer Behörde oder einer Einzelperson, entweder in alleiniger Verantwortung oder in einem Team.
- als **Angestellter einer Agentur**, wobei man für unterschiedliche Auftraggeber tätig sein kann, auch als Mitglied eines Teams.
- als **Freiberufler/in (Freelancer/in)** für verschiedene Auftraggeber.
- im **Ehrenamt** (vorwiegend bei Vereinen und gemeinnützigen Communitys).

Community-Management im Team

Ab einer gewissen Größe, die weniger von der Zahl der Mitglieder als vom Traffic-Aufkommen bestimmt wird, kann eine Community nur von einem Team geführt werden. Laut BVCM wird der Job am häufigsten in Teams ausgeübt, die aus zwei oder drei Mitarbeitern bestehen.[20] Entsprechend werden in Stellenbeschreibungen häufig bestimmte Verantwortlichkeiten im Rahmen eines Teams vorgegeben. Dies legt nahe, dass es eine teaminterne Rangabstufung geben muss. Teamarbeit erfordert ein gewisses Maß an hierarchischer Strukturierung. In dieser Hinsicht hat es sich eingebürgert, zwischen Junior- und Senior-Community-Manager zu unterscheiden.

Wer in die weisungsbefugte Position des Seniors kommt und wer Junior-Teammitglied wird, darüber bestimmen Befähigung, Kenntnisstand und Erfahrung zu den wichtigsten Anforderungen des Jobs. In einer entsprechenden Infotabelle des BVCM[21] wird vom Senior zum Beispiel erheblich mehr Wissen auf Gebieten wie Suchmaschinenoptimierung, Strategie-Erstellung und Softwarekenntnisse verlangt als vom Junior. Damit besteht bei den Seniors eine ausgeprägtere Anbindung an das Social-Media-Management.

Teamplayer sein

Wenn Sie einem Team angehören, sollten Sie nicht wie einer derjenigen arbeiten, die der irrigen Meinung sind, TEAM sei ein Akronym für *Toll, ein anderer macht's!* Wer sich nicht bei allen Aufgaben voll einbringt, disqualifiziert sich selbst.

Voll einbringen, das heißt vor allem, Verantwortung übernehmen zu können. Das bedeutet für den Junior auch, dass er wie ein Senior in der Pflicht steht, Schwachstellen und Problemfelder innerhalb des Teams aufzudecken und zur Sprache zu bringen.

Arbeiten im Solo-Modus

Sie sind nicht gerade ein Teamplayer, sondern können Ihre Kapazitäten besser entfalten, wenn Sie alleine arbeiten? Kein großes Problem: Wer Community-Management lieber als »Einzelkämpfer« ausüben will, hat gleichfalls gute Aussichten, einen interessanten und auch relativ gut bezahlten Arbeitsplatz zu finden.

Die BVCM-Studie 2018 weist aus, dass etwa 15 Prozent der Community-Manager bei der Jobausübung auf sich allein gestellt sind.[22] Es kann davon ausgegangen werden, dass dieser Wert in den nächsten Jahren steigen wird, weil viele kleine Betreiber als Nachzügler in die Welt der Communitys eintreten werden. Das dürfte auch den Markt für Freelancer und Agenturen stärken.

Im Solo-Modus lässt sich die Arbeit im Homeoffice oder als digitaler Nomade durchführen, eine Möglichkeit, von der schon viele Gebrauch machen. An Wochenenden wird es ohnehin nötig sein, anfallende Arbeiten aus dem privaten Bereich heraus zu erledigen.

Bei einem Ein-Personen-Job steht allerdings immer die Gefahr der Überforderung im Raum. Ab welcher Größe eine ordentliche Bewältigung des Arbeitspensums unmöglich wird, ist vom Wachstum der Mitgliederzahl und/oder des Traffics abhängig.

Ein Job mit Stressgarantie

Ob Sie nun in einem Team arbeiten oder Ihre Community als Alleinunterhalter führen, eines ist sicher: Es kommt ein gehöriges Maß an Stress auf Sie zu. Community-Management ist ein Job, der Ihren Lebenshorizont erweitert, aber auch enge Kreise um Ihr Leben zieht. Es ist ein Job, an den Sie gekettet sind. Daher sind die Übergänge zwischen Arbeitszeit und Privatleben eher fließend, so wie es im Leben beinahe aller kreativer Menschen der Fall ist.

Für die meisten Community-Manager stellt es kein Problem dar, die nötige Einsatz- und Leistungsbereitschaft aufzubieten und ihr Bestes zu geben, um den Job ausführen zu können. Ohne dieses Beste geht es nicht: Community-Management ist eine Arbeit mit einem fordernden bis hektischen Berufsalltag, denn andauernd herrscht Hochbetrieb.

Wenn Sie nicht bereit sind, viel Herzblut darauf zu verwenden, sind Sie darin fehl am Platze. Enthusiasmus und Leidenschaft müssen vorhanden sein – nicht unbedingt so viel, dass Sie Ihrer Arbeit das ganze Leben unterstellen, aber doch so viel, dass Sie eine vorbehaltlose Bereitschaft zur Anpassung Ihrer Lebensführung an das Arbeitspensum haben.

Gewiss kann der Beruf auch Phasen haben, in denen alles in Routine zu erstarren droht, besonders dann, wenn er anhand eines präzise kalkulierten, von Tools unterstützten Zeitplans ausgeübt wird. Aber Sie können sich dieser Routine niemals sicher sein, von einer Minute auf die andere kann sie durchbrochen werden.

Als Community-Manager wissen Sie nie genau, was in der nächsten Stunde passieren wird. Schnell ist eine Unverhofft-kommt-oft-Situation da, die Sie an Ihre Belastungsgrenze treiben kann. Dann heißt es: achtgeben und sich die Community nicht über den Kopf wachsen lassen!

Flexibilität hinsichtlich Arbeitszeiten

Mit der Einstellung *Es ist doch nur ein Job!* oder einer Alles-nach-Vorschrift-Mentalität lässt sich in den meisten Communitys nicht weit kommen. Die Arbeit kann schon deshalb nicht zu den Nine-to-five-Jobs gehören, weil die meisten User zu ebendiesen Zeiten ihren eigenen Jobs nachgehen und den Kontakt zu ihren Communitys außerhalb davon pflegen.

Zum Anforderungsprofil vieler Jobangebote gehört es daher, hinsichtlich der Arbeitszeiten flexibel zu sein. Social-Media-Plattformen schlafen niemals, sie halten Sie immer auf Trab. Sie sollten sich daher auf die Fahnen schreiben, früh aufzustehen und spät zur Ruhe zu gehen. Dafür benötigen Sie einen Plan, wie Sie Ihre Energien am rationellsten einsetzen.

Es ist zwar jedem klar, dass Sie nicht 24/7 für Ihre Community da sein können, aber es steht immer der Anspruch im Raum, alles möglichst zügig abzuarbeiten. Deshalb sollten Sie es vielleicht vermeiden, Wochenenden zu planen, die komplett ohne Arbeit sind.

Typischer Tagesablauf eines Community-Managers

	Tasklist für 15. November 2019
06:00 – 06:30	Zu Hause: Check der Posts, teils mit Beantwortung
06:30 – 07:15	Zu Hause: Ausarbeitung des Tagesplans
07:15 – 07:30	Fahrt zur Arbeit
07:30 – 08:30	Check und Beantwortung unerledigter Posts
08:30 – 09:30	Besprechung mit Content-Management
09:30 – 11:00	Aufspielen neuen Contents inklusive Begleittexte
11:00 – 12:00	Check und Beantwortung neuester Posts
12:45 – 13:30	Telefonat mit einer Kollegin (Facebook-Spezialistin)
13:30 – 14:30	Planung Anpassung neuer Facebook-Regeln
14:30 – 15:30	Check und Beantwortung neuester Posts
15:30 – 17:00	Recherche für neue Kampagne
17:00 – 21:30	Zu Hause: Check der Posts, teils mit Beantwortung

Tabelle 2.2: *Übersicht über einen typischen Arbeitstag*

Ihr Publikum wird es Ihnen übel ankreiden, wenn Sie mit den Antworten auf Posts und Anliegen bummeln. Ebenso der Betreiber: Gibt es bei ihm etwas Neues, muss es möglichst schnell gepusht werden. Wer nicht schnell reagiert, reagiert im Grunde genommen gar nicht. Sehr schnell ist (in den Augen der Mitglieder) nichts getan!

Besonders bei Beschwerden ist rasches Reagieren Pflicht, denn vier von fünf Usern, die etwas Kritisches äußern, erwarten eine Erledigung innerhalb einer Stunde. In dieser Hinsicht gucken die Menschen sehr genau hin. Daher haben Beschwerden im Rahmen der Abarbeitung von Posts die höchste Priorität.

Stressresistenz versus FOMO

Es ist kaum zu vermeiden, dass FOMO zum Lebensprinzip der Betreuer von Communitys wird. FOMO ist das Akronym für *Fear of Missing Out*, also die Angst, etwas zu verpassen – eine Zeiterscheinung, die wir tagtäglich beobachten können. Wir alle kennen zum Beispiel die Pärchen, die es nicht lassen können, selbst während eines romantischen Dates immer einmal einen Blick auf ihre Smartphones zu werfen.

Folgeeffekt von FOMO ist Stress, daher ist für Community-Manager ein hoher Grad an Resilienz und Stressresistenz notwendig. Menschen, die zu mimosenhaften Reaktionen neigen, werden den Belastungen des Jobs kaum standhalten können.

Fernbleiben von der Community über einen längeren Zeitraum ist praktisch unmöglich. Von daher ist es unabdingbar, einen verlässlichen Ersatz an der Hand zu haben, wenn der wohlverdiente Urlaub ansteht. Sicher hat jeder User Verständnis dafür, dass Sie sich gelegentlich eine Auszeit gönnen, jedoch nicht dafür, wenn Sie eine inkompetente Vertretung auf Ihren Platz setzen.

Selbstschutz

Diese Feststellungen könnten die Befürchtung erwecken, dass Community-Manager besonders anfällig für einen Burn-out sind. Doch diese Gefahr sollte nur dann aufkommen, wenn Ihnen der Spaß an der Sache verloren geht.

Das könnte vor allem dann passieren, wenn Ihnen User durch provokante, extrem negative Äußerungen zu schaffen machen, insbesondere wenn diese gegen Sie persönlich gerichtet sind. Nicht jeder ist in der Lage, sich dagegen abzuhärten. Es kann an die Nieren gehen, bei derartigen Angriffen allzu oft zwei Fäuste in der Tasche machen zu müssen.

Für solche Fälle brauchen Sie wirkungsvolle Selbstschutzmechanismen.[23] Zum Beispiel können Sie nach einem Post, der sie herunterzieht, einen Spaziergang machen. Oder Sie meditieren, machen Schattenboxen, was immer Sie in eine stabile Seelenlage zurückbringt ...

Ein Community-Manager wird umso mehr Ruhe haben, je mehr es ihm gelingt, »Menschlichkeit und Persönlichkeit zu zeigen, also authentisch zu sein«[24]. Die Qualität der eigenen Arbeit bewirkt Stressminderung: Durch Schaffung von Harmonie im Community-Leben arbeiten Sie immer auch an Ihrer Entlastung.

Zeitmanagement

Wer seinen Stressfaktor auf einem erträglichen Niveau halten will, ist gut beraten, ein effektives Zeitmanagement zu praktizieren. Community-Management ist oft Multitasking, ein Arbeiten auf mehreren Ebenen, das strukturiert durchgetaktet werden sollte.

Das Aufgabenfeld ist breit diversifiziert, daher ist Regel Nummer eins für eine optimale Nutzung der zur Verfügung stehenden Zeit, seine Prioritäten richtig zu setzen. Hierfür hat sich das simple Eisenhower-Prinzip bewährt, das darin besteht, seine Aufgaben in vier Bereiche einzuteilen:

Abbildung 2.4: Das Eisenhower-Prinzip

Es ist wohl müßig zu sagen, dass A-Aufgaben nach dem Prinzip *first things first* grundsätzlich zuerst zu erledigen sind. Meist ist es dabei nicht angebracht, die Arbeitszeit nach einem festen Zeitschema abzuwickeln. Sie sollten nicht mit zu starr fixierten Zeiten arbeiten. Präsenz ist immer dann nötig, wenn Ihre Community Sie braucht.

Feste Zeiten sollten eingeplant werden, wenn Sie genau wissen, dass der Traffic zu diesem Zeitpunkt besonders hoch ist. Auch zu Zeiten, zu denen Ihre wichtigsten und aktivsten Mitglieder für gewöhnlich posten, sollten Sie nach Möglichkeit anwesend sein.

Best Practice – Zeitmanagement
- Prioritäten im Arbeitsplan richtig setzen (Eisenhower-Prinzip)
- A-Aufgaben zuerst erledigen
- Bündelung von Aufgaben und Aktivitäten (Synergien)
- Serviceangelegenheiten zuerst abarbeiten
- Kein (zu) starres Arbeitszeitschema
- Ideen zur Zeitersparnis sammeln

Verdienstchancen

Es gibt mancherlei Motive, im Community-Management tätig sein zu wollen. Eines der interessantesten dürfte das Finanzmotiv sein. Die Kardinalfrage vieler professioneller Community-Manager ist: Wird das Einbringen meiner vielfältigen Fähigkeiten und die Aussicht auf jede Menge Stress durch gute Verdienstmöglichkeiten honoriert?

Community-Management in Festanstellung

Für einen offiziell zertifizierten Community-Manager liegt der Durchschnittswert für das Einstiegsgehalt bei etwa 2.450 Euro brutto pro Monat. Der BVCM gibt für Gehälter deutscher Community-Manager eine Bandbreite von 2.500 Euro bis 4.000 Euro pro Monat an. [25]

Es gibt Abweichungen in beide Richtungen. Wem es gelingt, in seiner Community einen schier unersetzlichen Status als Galionsfigur aufzubauen, wird für die Durchschnittswerte beim Gehalt nur ein müdes Lächeln übrig haben. Derartige Jobs mit Starappeal sind aber eher dünn gesät.

Das andere Extrem findet sich oft bei C2C-Communitys. Viele von ihnen sind aufgrund ihrer nicht profitorientierten Ausrichtung insofern problematisch, weil sie oft ihre Gehälter von Sponsorengeld zahlen. Daher sind dort unter Umständen Abstriche beim Gehalt in Kauf zu nehmen. Auch manche Start-ups können noch keine marktkonformen Gehälter zahlen, wofür dann aber oft Geschäftsanteile ausgereicht werden.

Kalkulation von Freelancern

Freiberuflich tätige Community-Manager sollten Tagessätze berechnen, die bei mindestens 400 Euro liegen, besser mehr. Der Tagessatz von 400 Euro kann allerdings nur ein grober Richtwert sein. Es ist nicht möglich, allgemeingültige Maßgaben festzulegen. Beim Thema Tagessatz spielen Aspekte wie Erfahrung, vorhandene Stammkundschaft oder Leistungsangebot in die Kalkulation hinein.

Ein Richtwert von mindestens 400 Euro pro Tag, das klingt nach viel Geld im Vergleich zu den Festgehältern, ist es aber nicht. Ungeachtet der Tatsache, dass gelegentlich ein Urlaub sein muss oder krankheitshalber nicht gearbeitet werden kann, kommt ein Freelancer bei etwa 26 Arbeitstagen im Monat (Samstage mitgerechnet) auf circa 13 bis 14 Arbeitstage, an denen er für seine Kundschaft tätig sein kann. Dieser Auslastungsgrad will aber erst einmal erreicht werden.

Den Rest der Zeit braucht er für Kundenakquise, Fortbildung und Verwaltungsarbeiten. Von seinen Einnahmen muss er eine meist hochtarife Krankenversicherung, seine Fixkosten und den Lebensunterhalt bestreiten. Will er da noch Rücklagen bilden, bleibt von den 400 Euro Tagessatz nicht mehr viel übrig.

Die Community als Unternehmen

In Communitys von Unternehmen ist Interaktion der Hebel, um eine Verbesserung der Kundenbeziehungen und damit eine Stärkung der Erlöspotenziale zu erzielen. Da liegt der Gedanke nahe, den Business-Kontext für sich selbst zu instrumentalisieren und es als Online-Entrepreneur zu versuchen.

Ob nun der Lebensunterhalt verdient werden soll oder nur ein paar Zusatzeinnahmen, Monetarisierung dürfte für viele Leser dieses Buches ein spannendes Thema sein. Das Allgemeinwissen zum Community-Management wäre daher nicht vollständig ohne eine Erörterung dessen, wie sich mit Communitys Geld verdienen lässt.

Beim Thema Monetarisierung fallen einem zuerst die teils enormen Summen ein, die sich mit YouTube-Videos verdienen lassen. Größen wie Bibi in Sachen Beauty oder Shmee auf dem Gebiet Car-Vlogging haben es damit zu Kultstatus und Millionen gebracht. YouTube ist bei Weitem nicht der einzige Weg zu Einkünften, mit denen sich der Lebensunterhalt bestreiten lässt. Das Verführerische dabei ist, dass die meisten Methoden Geschäftsmodelle mit Low Entry Costs sind. Wenn es über eine eigene Plattformlösung realisiert werden soll, lässt sich die Programmierung selbst angehen: Monetarisierungstools sind Bestandteil vieler Community-Softwarepakete.

Als Community-Business-Manager müssen Sie genaue Kenntnisse über das Geschäftsmodell haben, mit dem das Geld verdient werden soll. Zur Gründung gehört nicht nur das Wissen zu Aufbau und Pflege einer Community, sondern auch ein nach betriebswirtschaftlichen Prinzipien erstellter Businessplan.

Neun Methoden zur Monetarisierung

Abbildung 2.5: Monetarisierung von Communitys

Viele Wege führen zu einer einträglichen Community. Es gibt amerikanische Blogs, die 50 Methoden dazu aufzählen können.[26] So weit möchte ich an dieser Stelle nicht gehen, sondern Ihnen neun der wichtigsten Wege zum Unternehmen Community summarisch darstellen.

1. **Affiliate-Links** sind eine der am leichtesten zu realisierenden Methoden der Geldschöpfung. Sie müssen sich beim Affiliate-Programm eines Unternehmens anmelden und verdienen dann eine Provision für alle Käufe, die über Ihre Affiliate-Links zustande kommen.
   Ein typisches Beispiel ist ein Modeblog. Die Modebranche ist ein Metier, das von Trends abhängig ist, weshalb es immer etwas Neues zu berichten gibt. Blogger, die fashionable sind und interessanten Content daraus machen können, erfreuen sich großer Beliebtheit. Mit Affiliate-Links zu Online-Modehäusern können sie sich Provisionen erwirtschaften.
   Die Rechtslage bei der Kennzeichnungspflicht von Affiliate-Links als Werbung ist etwas diffus.[27] Best Practice scheint mir zu sein, die User von sich aus darauf hinzuweisen. Die Anbindung an Affiliate-Programme, insbesondere an Amazon, ist mittlerweile so allgegenwärtig, dass sich niemand daran stört.

2. **Direkte Werbung:** Die wohl unbeliebteste Form von Monetarisierung ist das Einschalten oder Aufblenden von direkter Produktwerbung. Hierzu kann man sich zum Beispiel an Google AdSense anbinden, wobei dann Werbung eingeblendet wird, die zwar zielgruppengerecht ist, auf die Sie aber keinen direkten Einfluss haben. Die meisten User empfinden Werbebanner oder Pop-ups als aufdringlich und nervig. Dies dokumentiert nichts besser als der vielfache Einsatz von Adblockern, was die Wirksamkeit direkter Werbung von vornherein einbremst. Communitys sind nicht unbedingt ein geeignetes Inhaltsumfeld für Ads. Wenn Sie diesen Weg der Monetarisierung einschlagen wollen, sollten Sie sicher sein, dass er bei Ihren Usern Akzeptanz findet.

3. **Anbindung eines Onlineshops:** Viele Kaufleute nutzen eine Community, um daran einen Onlineshop anzubinden. In diesem Geschäftsmodell haben der Content und die daraus hervorgehende Interaktion die Funktion eines Animationsprogramms.
   Besonders einträglich sind Custom-Made-Produkte. In einer Welt, in der die Menschen ihre Individualität aller Welt online zeigen wollen, haben Sie mit einer originellen Idee für ein Alleinstellungsmerkmal immer gute Karten.
   Sehr gut aufpassen sollte man bei dem Geschäftsmodell **Dropshipping**. Darunter versteht man Onlineshops für Waren, die man selbst

nicht auf Lager hat, sondern nach Zahlung durch den Endkunden vom Hersteller oder Großhändler aus versenden lässt. Problematisch ist hierbei vor allem das Thema Produkthaftung, denn der Dropshipper trägt hierfür als Endverkäufer die volle Verantwortung.[28]

4. **Bereitstellung von Bezahl-Content:** Den Zugriff auf exzellenten Content können Sie sich bezahlen lassen, sowohl durch pauschale Zugangsberechtigungen als auch bei Einzelabrufen. Ein sehr oft eingeschlagener Weg dafür ist es, Expertise zu vermarkten.

   Worin immer Sie über ein außergewöhnliches Wissen verfügen, können Sie dazu Tutorials, Videolehrgänge, Webinare oder schriftliche Dokumentationen anbieten. Besonders beliebt sind Lehr- und Coaching-Angebote, deren Thema wiederum darauf hinausläuft, Geld zu verdienen. Sie müssen sich allerdings darüber im Klaren sein, dass es auf YouTube oder ähnlichen Kanälen zu den meisten Themen bereits ein großes Angebot von Gratisvideos gibt. Wenn Sie dagegen antreten, müssen Sie einen sehr hohen Mehrwert bieten. Am besten dafür funktionieren Nischenthemen.

5. **Bezahlte Mitgliedschaften:** Wenn Ihre Community etwas bieten kann, das über den Rahmen dessen hinausgeht, was andernorts kostenlos zu bekommen ist, können Sie Ihre User für die Mitgliedschaft bei Ihnen zur Kasse bitten. Eine Variante dieses Modells besteht darin, eine kostenlose Basismitgliedschaft anzubieten, für erweiterte Funktionen und Dienstleistungen dann aber Geld zu nehmen. Der Gratis-Content ist der Teaser, um auf die Bezahlangebote zu locken. Betrachten wir diesen Weg der Monetarisierung anhand der kostenpflichtigen Facebook-Gruppen. Diese Gruppen haben Tools für die Funktion eines bezahlten Abos, das monatlich kündbar sein muss. Solange es nichts Illegales ist, gibt es keine weiteren Vorschriften dazu, womit das Geld verdient werden kann. Einzig Qualität und Werthaftigkeit des Angebots entscheiden darüber, ob Sie Erfolg haben.

6. **Vermarktung der User-Daten:** Es mag etwas dubios erscheinen, angesichts des Unbehagens, das Facebook durch seinen Umgang mit Nutzerdaten verbreitet, in dieser Methodenliste die Vermarktung von User-Daten zu finden. Aber sie gehört hinein, weil sie sich relativ großer Beliebtheit erfreut.

   Diese Form der Monetarisierung sollte gegenüber den Usern unbedingt offengelegt werden. Dabei ist transparent und eindeutig zu erklären, welche Daten auf welchem Weg abgeschöpft werden. Die Daten können zum Beispiel durch Umfragen im Rahmen der Community erhoben werden. Sie werden dann meist an interessierte Unternehmen weitergegeben, überwiegend zu Zwecken der Marktforschung.

7. **Sponsored Posts:** Sie können es sich bezahlen lassen, einen Artikel zu schreiben oder ein Video zu drehen, in dem Sie Stellung zu einem Produkt oder einer Dienstleistung beziehen. Voraussetzung dafür, in den Genuss von Aufträgen zu kommen, ist es, dass Ihre Stimme ein allgemein anerkanntes Gewicht hat.

   Der Reiz für Auftraggeber besteht darin, dass Communitys mit vielen Feed-Updates und einer breiten Mitgliederbasis ein gutes Ranking bei den Suchmaschinen haben. Damit ist Reichweite garantiert, und das bei der gewünschten Zielgruppe.

   Sponsored Posts (auch Advertorials genannt) müssen als Werbung gekennzeichnet werden. In welcher Form dies geschieht, ist nicht genau vorgeschrieben. In den meisten Fällen reichen Hinweise wie *Werbung* oder *Dieser Artikel wurde gesponsert von ...*

8. **Influencer werden:** Sponsored Posts kommen schon nahe an das Geschäftsmodell heran, sich mit seiner Community zum Influencer zu machen. Wer dies anstrebt, tritt auf einen Markt, für den die Marketers immer größere Budgets bereitstellen. Influencer stehen an der Spitze der Nahrungskette vom Empfehlungsmarketing.

   Es ist ein ehrgeiziges Vorhaben, seine Community als Sprungbrett für eine Karriere als Influencer zu benutzen. Als Low-Entry-Cost-Business kann man es nicht bezeichnen. Sie müssen viel Zeit und Geld investieren, ehe Ihre Community so weit gewachsen ist, dass Sie damit eine kommerziell verwertbare Meinungsführerschaft einnehmen. In dieser Zeit können Sie kaum einem Fulltime-Job nachgehen. Dafür winkt die Chance auf skalierbare Gewinne.

   Influencer können Sie auf allen Kanälen werden. Besonders wichtig sind YouTube und Instagram. Einnahmen lassen sich via YouTube-Traffic generieren, aber auch durch Gelder von Unternehmen, die Ihren Einfluss auf die User im Rahmen der eigenen Vermarktungsstrategie nutzen wollen.

   Psychologisch entscheidend für das Einflussvermögen von Influencern ist die Glaubwürdigkeit, die sie bei ihren Followern und

Abonnenten genießen. Ein wichtiges Plus ist, dass sie in der Sprache ihres Publikums sprechen und damit quasi Identifikationsfiguren darstellen. Diese Nähe zum Fan beeinflusst die Wahrnehmung einer Marke oder eines Produkts.

Dabei muss der Influencer sich davor hüten, den Reklamecharakter eines bezahlten Videos, Fotos oder Artikels zu sehr in den Vordergrund treten zu lassen. Das schadet der Glaubwürdigkeit – es sollte immer seine eigene aufrichtige Meinung sein, die er kommuniziert. Influencer sollten daher nur Kooperationen mit Unternehmen eingehen, die wirklich zu ihnen und ihrem Image passen. Man kann sich nur mit Produkten wohlfühlen, hinter denen man vorbehaltlos steht. Alles andere schadet der Integrität.

Die Eigenverantwortung für die Inhalte darf ein Influencer sich auf keinen Fall abnehmen lassen. Ihre Glaubwürdigkeit basiert auch darauf, dass sie die Kontrolle über den Content behalten, von dem die PR- und/oder Marketingbotschaften ausgehen. Fans haben ein feines Gespür dafür, wenn etwas von dieser Kontrolle abgegeben wird, und das nehmen sie ausgesprochen übel.

9. **Freiwillige Zahlungen:** Wenn Sie Ihren Mitgliedern etwas wirklich Gutes und/oder Exklusives bieten können, aber keine direkte Vermarktung anstreben, so brauchen Sie keine falsche Scham davor zu haben, um eine freiwillige Unterstützung zu bitten. Das hat mit Bettelei nichts zu tun, sondern damit, seine Leistung genau mit dem honoriert zu bekommen, was sie den Usern wert ist.

   Ob nun höchst dezent oder durch einen Call-to-Action-Button, der für einige Zeit eingeblendet wird, wenn Ihr Angebot es rechtfertigt, dürfen Sie ruhig eine *Unterstützen-, Kleine Spende-* oder *Trinkgeld-*Schaltfläche zum Einsatz bringen.

Die Frage, was mit den einzelnen Formen von Monetarisierung zu verdienen ist oder welche von ihnen die einträglichste ist, kann nicht pauschal beantwortet werden. Fakt ist: Wer damit seinen Lebensunterhalt bestreiten will, braucht schon eine sehr breit ausgebaute und hochaktive Community.

Sozial induzierte Geldschöpfung

Selbst Communitys, die sich als gemeinnützig bezeichnen, können das Thema Geldschöpfung meist nicht außen vor lassen. Ihre bevorzugte Methode besteht darin, den Mitgliedern eine virtuelle Sammelbüchse hinzuhalten.

Direkte Werbung als Einnahmequelle funktioniert in gemeinnützigen Communitys besser, weil die Mitglieder sie hier eher tolerieren. Ein oft gesehenes Beispiel ist der Sportverein, der auf einer Community-Plattform wie FanChannel via Partnerwerbung Geld für die Anschaffung von Sportgeräten oder die Finanzierung von Events auftreiben will.

Wichtig ist es, unanzweifelbare Transparenz zu schaffen, was mit den Spenden geschieht. Darüber, wo das Geld letztlich landet, besteht noch längst nicht immer Klarheit. Allzu viele unseriöse Spendensammler sind nach dem Brot-für-die-Welt-Kuchen-für-mich-Prinzip verfahren. Die logische Folge: Spenden via Internet stehen in einem zweifelhaften Ruf. In dieser Hinsicht müssen Sie vertrauensbildende Maßnahmen ergreifen, die von Ihrer Ehrlichkeit überzeugen.

Best Practice – Monetarisierung
- Ehrlichkeit und Transparenz demonstrieren
- Direkte Werbung sehr bewusst einsetzen
- Bitten um freiwillige Unterstützung
- Bezahlangebote qualitativ hochwertig halten
- Vorsicht bei Onlineshops via Dropshopping
- Profitable Nischen besetzen
- Seriöse Verwendung von Spendengeldern
- Influencer-Aufträge nur unter Wahrung der Integrität annehmen
- Offenlegung der Vermarktung von User-Daten
- Hinweispflichten beachten

KAPITEL 3

YES, YOU CAN! DIE WICHTIGEN ETAPPEN ZUR ERFOLGREICHEN COMMUNITY

Bevor Sie mit einer Community zu Einnahmen kommen können, muss sie erst einmal aufgebaut werden. Damit in die Praxis von Community-Management einzutreten, ist eine Herausforderung der speziellen Art. Ohne Erfahrungshorizont ist es ein Sprung in sehr kaltes Wasser. Doch auch für Community-Fans, die sich schon eingearbeitet haben, stellt der Aufbau einer Community eine nochmalige Erhöhung der Anforderungen dar.

In Sachen Communitys ist zwar schon ein hoher Sättigungsgrad erreicht, doch der Bedarf nach neuen Communitys ist weiterhin unvermindert. Neue Produkte, Marken, Brands, Organisationen und Institutionen müssen ihr eigenes virtuelles Diskussionsambiente anbieten. Hinzu kommen all die klein- und mittelständischen Unternehmen, Vereine und Freiberufler, die bislang noch nichts in Sachen Community unternommen haben.

Eine Community von Grund auf neu aufzubauen, das gleicht der Arbeit eines Bildhauers, der aus dem Nichts des nackten Steins seine Skulptur herausmodelliert. Das erfordert Geduld – es ist ein Marathon, kein Sprint.

Erste Schritte

Es gibt für neue Communitys nicht so etwas wie einen Welpenschutz. In der Aufbauphase werden die entscheidenden Weichenstellungen vorgenommen, und die sollten von Anfang an »sitzen«. Dafür sind Modelldenken, Initiativkraft und ästhetisches Urteilsvermögen gefragt. Etwas leichter gestaltet sich die Aufgabe, wenn sie innerhalb eines Unternehmens anfällt, das schon Communitys zu anderen Marken oder Produkten etabliert hat.

Community Building, das klingt nach Konstruktion, Architektur und auch Handwerk. Dieses Metaphernfeld lässt sich erweitern um den Begriff »Blaupause«, dem Bauplan für das Gebäude Ihrer Community.

Dabei handelt es sich um Ihre Strategie, mit deren Hilfe Sie ein organisches Wesen erschaffen, dessen Intentionalität auf die Themen ausgerichtet ist, die für den Betreiber relevant sind.

Das Building ist ein Aufgabenbereich, der ins Repertoire jedes Community-Managers gehört. Auch wer in das Management einer bereits ausgebauten, zur Zufriedenheit sämtlicher Beteiligten funktionierenden Community eintritt, benötigt trotzdem alle Kenntnisse rund um dieses komplexe Thema.

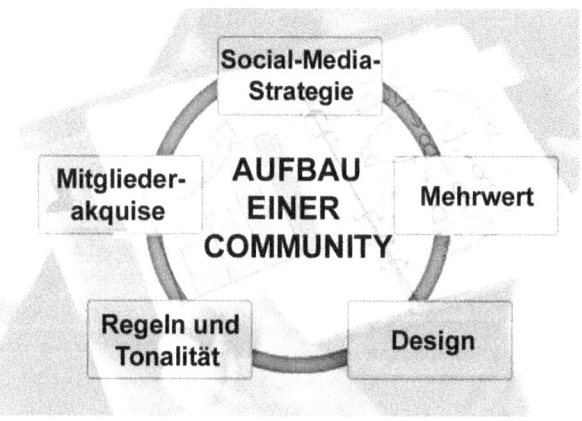

Abbildung 3.1: Community Building

Die unendliche Vielfältigkeit der Community-Landschaft macht es unmöglich, ein Modell für die systematische Gestaltung von Communitys zu erstellen, das sich überall zur Anwendung bringen ließe. Der große Bedarf hat aber natürlich dazu geführt, dass Standardlösungen entwickelt wurden. Sie erleichtern Neugründern eine Herangehensweise, die mit vorkonfigurierten Strukturen schnell zum Aufbau des Kerns ihrer Community führt. Der vielleicht bekannteste dieser Baukästen und Roadmap-Modelle ist der Community Canvas.[29]

Briefing

Wenn Ihnen der Aufbau einer neuen Community anvertraut wird, sollten Sie als Erstes ein klärendes Gespräch mit dem Betreiber führen. In diesem Briefing beziehungsweise Audit verschaffen Sie sich einen Eindruck davon, wie sein Wissensstand in Sachen Social Media und Communitys ist und mit welchem Commitment er an die Sache herangeht.

Dabei kann es passieren, dass Ihr Gegenüber die Einstellung vertritt, dass Communitys nur deshalb gegründet werden, weil das heutzutage eben so gemacht wird. Manche haben das Vorurteil, eine Community sei nicht viel mehr als ein Kanal, auf dem Content gepusht wird, flankiert von ein wenig digitalem Small Talk.

Idealerweise weiß der Betreiber genau, was er mit seiner neuen Community erreichen will, und hat dafür schon einige Vorarbeiten geleistet. Die wichtigsten sind die Bestimmung der Zielgruppe(n) und die Festlegung der Use Cases. Dazu gehören auch die genauen Zahlen für die Ausgangswerte, anhand derer die Performance Ihrer Community bemessen werden soll.

Wenn jedoch kein richtiges Bewusstsein dafür vorhanden ist, was eine Community leistet, können Sie davon ausgehen, dass so einige unprofessionelle Vorstellungen in den Köpfen der künftigen Community-Besitzer herumschwirren. Dann ist es an Ihnen, erst einmal Aufklärungsarbeit zu leisten. Das beginnt damit, die Betreiber darauf anzusprechen, ob sie wissen, was an anderen Orten im Web (zum Beispiel auf Bewertungsportalen) über sie gesprochen wird.

Auch die IT-Infrastruktur ist einer gründlichen Begutachtung zu unterziehen. Versuchen Sie herauszufinden, ob sie den Ansprüchen für den Betrieb einer Community Genüge leisten kann. Je mehr potenzielle Störfaktoren Sie im Vorfeld identifizieren, umso reibungsloser können Sie Ihre Aufbauarbeit voranbringen.

Vorgabe der Strategie

Im initialen Briefing wird sich schnell herausstellen, ob eine schlüssige Social-Media-Strategie vorhanden ist. Ihr Arbeitsaufwand als Community Builder ist um einiges niedriger, wenn dem so ist. Dann sind all die Fragen, die in den folgenden Passagen erörtert werden, bereits abgeklärt, und Sie können direkt damit beginnen, die Community mit Leben zu erfüllen.

Problematisch wird es, wenn bei vorgegebener Strategie die beiderseitigen Vorstellungen oder Philosophien nicht zusammenpassen. So kommt es zum Beispiel des Öfteren vor, dass die Strategie zu sehr von marktschreierischen Elementen durchdrungen ist – ein Fehler, den ein Community-Manager nur ungern begeht. In diesem Falle sind Sie gezwungen, permanent mit Kompromissen zu leben oder sich sogar verbiegen zu müssen. Wenn Sie dadurch gezwungen sind, zu viel von Ihrer Integrität aufzugeben, steht das Projekt von Beginn an unter keinem guten Stern (auch wenn Flexibilität die Voraussetzung dafür ist, sich überhaupt verbiegen zu können).

Social-Media-Strategie: Do it yourself

Eine Social-Media-Strategie läuft darauf hinaus, sämtliche Maßnahmen zu konzipieren, um ein Produkt, eine Dienstleistung oder eine Thematik ideeller Natur auf allen Social-Media-Kanälen in das Bewusstsein von Kunden oder Interessenten zu rücken.

Jeder Community-Manager sollte in der Lage sein, eine plausible und praxistaugliche Strategie in Eigenregie zu entwerfen. Das Basiswissen dafür gehört zur Allgemeinbildung des Jobs. Es ist kaum möglich, effizient und konsistent zu arbeiten, wenn keine Grundkenntnisse zur Strategiefindung und -anpassung vorhanden sind.

Die Community Builder bei kleineren Betreibern sind in der Mehrzahl der Fälle mit der Aufgabe konfrontiert, eine Eigenentwicklung vornehmen zu müssen. Damit kreieren sie sich selbst den Kontext, innerhalb dessen die Arbeit in ihren Kernkompetenzen verankert ist.

Im Folgenden stelle ich Ihnen die Grundzüge der Erstellung einer Social-Media-Strategie dar. Eine umfassende, alle Einzelaspekte abdeckende Darstellung des Themas soll dadurch allerdings nicht ersetzt werden.

Social-Media-Strategie in sieben Schritten

Bei der Ausformung Ihrer Strategie sind folgende drei Grundregeln zu beherzigen:

1. Arbeiten Sie nach dem KISS-Prinzip[30]: *Keep It Sweet and Simple*, indem Sie sich auf das Wesentliche konzentrieren!
2. Lassen Sie sich nicht von dem irritieren, was gerade als die neueste Hingucker-Strategie (der neueste heiße Sch***) hochgejubelt wird!

3. Kalkulieren Sie Spielraum für etwaige Erweiterungen von Zielgruppen, Zielsetzungen und/oder Themen ein!

Eine stimmige Social-Media-Strategie fundiert auf sieben Schlüsselelementen, zu denen Sie Konzepte gemäß diesem systematischen Ansatz erarbeiten müssen:

Sieben Schritte zur eigenen Social-Media-Strategie

1. Zielgruppenanalyse
- Definition nach den Kriterien Geografie, Demografie, Themengemeinsamkeit und Aktivitätsaffinität
- Erstellung von Personas (Zielgruppenavatare)
- Verortung in den Sinus-Milieus
- Recherche bei Mitarbeitern des Betreibers
- Recherche in Konkurrenz-Communitys oder Foren et cetera

2. Zielsetzungen
- Professionell durchgeführte Bedarfsanalyse
- Formulierung der Use Cases
- Feststellung der Benchmark-Werte
- Konzept zur Umsetzung der Ziele

3. Content-Strategie
- Herstellung von Mehrwert
- Orientierung an Corporate Identity
- Abstimmung mit Content in klassischen Medien
- Planung der Distribution

4. Plattform(en)
- Zielgruppengerechte Auswahl
- Social Network und/oder eigene Plattform (On-Domain)
- Plattformspezifische Anpassungen
- Maßgaben für Implementierung

5. SEO
- Keyword-Recherche

- Code-Optimierung
- Content-Pushing
- Link-Building
- Einrichtung Google Search Console

6. Erfolgskontrolle
- Definition der KPI und der dafür nötigen Messwerte
- Ausgangspunkt der Messwerte
- Hauptakzent auf Sentiment-Analyse
- Verwendung der optimalen Tools

7. Krisenmanagement
- Vorhandensein eines Krisenplans
- Besonnene Krisenkommunikation
- Strategie zur Deeskalierung
- Abklärung der Entscheidungsbefugnisse
- Korrekte Abwicklung von Löschungen

Diese sieben Punkte stellen die Minimalanforderung an eine probate Social-Media-Strategie dar. Dazu gilt es natürlich eine Menge zu wissen und zu beachten, was im Folgenden nur in Form eines knappen Abrisses dargestellt werden kann.

1. Zielgruppe(n)

Eine Community ist ein Online-Verband unter dem Dach geteilter Interessen. Das impliziert ein Gefühl von Zusammengehörigkeit, auf der Basis gemeinsamer Themen und Werte. Damit lässt sich der Kreis derjenigen, die an einer Mitgliedschaft interessiert sein könnten, eingrenzen.

Dieser Personenkreis wird als Zielgruppe bezeichnet; bei vielen Communitys werden auch mehrere Zielgruppen angesprochen.

Eine gründliche Analyse der Zielgruppe(n) unter soziografischen Aspekten sorgt für einen strukturierten Aufbau. Die erfolgreiche Strategie wird auf der Basis von geografischer Herkunft, Einordnung innerhalb des demografischen Spektrums, Themen- und Interessengemeinsamkeiten sowie Affinität bei den bevorzugten Aktivitäten entwickelt. Durch die Brille der bei der Zielgruppenanalyse gewonnenen Erkenntnisse lässt sich sehen, wie die Community gestaltet werden sollte.

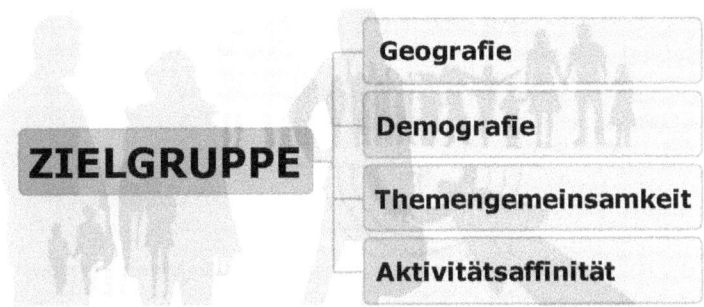

Abbildung 3.2: Bestimmung der Zielgruppe

Es zeigt strategischen Weitblick, wenn Sie sich zu Beginn Ihrer Arbeit Klarheit darüber verschaffen, ob die Social-Media-Strategie auf die anfänglich festgestellte(n) Zielgruppe(n) beschränkt bleiben soll. Wenn der Betreiber später neue Zielgruppen erschließen und umwerben will, ist deren Profil in die Planungen einzubeziehen.

Je nachdem, in welchem Unternehmen Sie mit dem Community-Aufbau betraut werden, lassen sich differenzierte Informationen zu den Zielgruppen in diesen Abteilungen einholen:

- Marketingabteilung,
- Außendienst-Mitarbeiter,
- Service- und Support-Mitarbeiter.

Durch weiteres Material aus dem Web, zum Beispiel aus Foren oder auch von konkurrierenden Communitys, wird Ihre Recherche vervollständigt.

Um die gewünschten Ergebnisse zu erhalten, ist gezieltes Arbeiten notwendig. Eine große Hilfe dabei sind die sogenannten Sinus-Milieus. Anlaufstelle dafür ist die Website https://www.sinus-institut.de/.

Die Sinus-Milieus bieten eine Aufschlüsselung unserer Gesellschaftsstruktur anhand soziologischer Kriterien, in Verbindung mit der Webaffinität der einzelnen Milieus. Daraus wurde eine grafische Darstellung abstrahiert, die eine komplette Übersicht des demografischen Spektrums enthält. Auch Ihre Zielgruppe(n) werden Sie darin wiederfinden. Es ist jedem ernsthaften Community-Manager anzuraten, sich mit diesem Modell vertraut zu machen.

Es gehört zu den Standardaufgaben der Zielgruppenanalyse, sich individualisierte Vertreter zu erschaffen, die sogenannten **Personas**.

Darunter versteht man avatarhafte Figuren, die repräsentativ für die Zielgruppe(n) gesetzt werden, als virtuelle Stellvertreter der Menschen, um die sich in Ihrer Community alles drehen wird. Im Allgemeinen sollte es reichen, wenn Sie etwa fünf Personas bilden.

Personas werden mit Namen, Gesicht, Alter, Beruf, Interessen, Bildungsweg, Hobbys, Lifestyle, bevorzugten Aktivitäten und ihrem Verhalten im Web als konkrete Menschen definiert. Der letzte Schritt zu ihrer Charakterisierung ist eine möglichst exakte Konturierung ihrer Erwartungshaltungen und Bedürfnisse. Je mehr Informationen und Daten Sie hierzu sammeln können, umso differenzierter können Sie Ihre Strategie ausformen. Personas statten die anonyme Masse der Nutzer mit realistischen Verhaltens- und Persönlichkeitsmustern aus. Das hilft, die unterschiedlichen Anforderungen an eine Community zu identifizieren. Personas ermöglichen es, sich in den Lebenskontext von Nutzern zu versetzen und auf deren Ansprüche zu fokussieren. Zudem unterstützen sie die wichtige Zielsetzung, Beiträge und Content nicht an den Zielgruppen vorbei zu produzieren.

Zur Entwicklung von Personas stehen Ihnen aus dem Web eine Menge an Vorlagen zur Verfügung. Die folgende Tabelle zeigt nur eine kleine Auswahl:

Webseiten zum Thema Personas

https://www.netspirits.de/blog/personas-erstellen/
https://www.fuer-gruender.de/wissen/unternehmen-fuehren/
  marketing/marketingkonzept/personas/vorlage/
https://www.dirico.io/blog/content-boutique-persona-template/
https://content-fuechsin.de/deine-persona-erstellen-mit-vorlage/
https://www.chimpify.de/marketing/buyer-persona/

2. Zielsetzungen

Es kann keine sinnvolle Annäherung an das Thema Zielgruppe stattfinden, wenn keine Zielsetzungen formuliert sind. Das ist Sache des Betreibers. Optimal ist, wenn er eine differenzierte, professionell durchgeführte Bedarfsanalyse vorlegen kann.

Kommt Ihnen die Aufgabe zu, Zieldefinitionen vorzunehmen, können Sie sich an den Ausführungen in der Bitkom-Studie *Social Media in deutschen Unternehmen*[31] orientieren.

Wenn die Zielsetzungen vom Betreiber erarbeitet wurden, sollten sie in Form einer tabellarischen Übersicht vorliegen. Die angestrebten Use Cases bilden die Richtschnur für Bestimmung und Analyse der Key Performance Indicators (KPI). Mit diesem betriebswirtschaftlichen Begriff sind die Kennzahlen für die Erfolgsmessung auf Unternehmens- wie auf Community-Ebene gemeint (siehe hierzu den Abschnitt *Monitoring* im nächsten Kapitel).

Verschaffen wir uns einen Eindruck, wie typische Use Cases aussehen. Unser Beispiel geht von zwei Modedesignerinnen aus, die mit einer eigenen Kollektion eine kleine Boutique und einen Onlineshop eröffnen wollen. Zusätzlich sollen zugekaufte Modeartikel verkauft werden. Der Weg in die Selbstständigkeit soll durch eine selbst gemanagte Community unterstützt werden. Geplant sind folgende Implementierungen: eine On-Domain-Community (in die Website integriert), eine Fanpage bei Facebook und ein YouTube-Kanal. Die Use Cases könnten zum Beispiel so aussehen:

Beispiel für Use Cases

Fashion-Start-up	
BRAND	
Aufbau von Brand Awareness	
Erschließung neuer Zielgruppen	
Verbesserung des Suchmaschinen-Rankings	
Anteil des Onlineshops am Gesamtumsatz	**35 %**
Steigerungsrate Umsatz pro Quartal	**5 %**
COMMUNITY	
Schneller Aufbau einer Fanbase	
Akzent auf Promotion des Onlineshops	
Erkenntnisse über neue Trends	
Ideenfindung für neue Kollektionen	
Steigerungsrate Mitgliederzahl pro Quartal	**20 %**
Steigerungsrate Weiterempfehlung pro Quartal	**10 %**

Tabelle 3.1: *Exemplarische Use-Cases-Übersicht*

Wie aus dieser Tabelle deutlich wird, sind zwei Typen von Zielsetzungen zu unterscheiden:

- qualitative Ziele = allgemein gehaltene Zielsetzungen,
- quantitative Ziele = Zielsetzungen mit präzisen Werten.

Sehr wichtig ist es, zusammen mit der Definition von quantitativen Zielen eine Feststellung von deren Ausgangswerten vorzunehmen. Diese Zahlen sind der Maßstab für Überwachung und Erfolgskontrolle.

3. Content-Strategie

Der nächste Schritt ist die Bestimmung dessen, mit welchem Content die Erfüllung der Zielsetzungen erreicht werden soll. Eine entsprechende Strategie beinhaltet alle Maßnahmen zur Konzeption, Erstellung und Verteilung von medialen Inhalten.

Die Aufgabe, adäquaten Content zu konzipieren, hat in vielen Unternehmen eine eigene Abteilung. Sie bildet dann zusammen mit dem Social-Media- und dem Community-Management eine Art Matrix-Management. Wenn Sie aber Ihr eigener Content-Manager sein können, treten Sie an, um die Allround-Verantwortung für die Performance Ihrer Online-Gemeinschaft zu übernehmen.

Der Content stellt den Magnetismus eines Social-Media-Auftritts her. Er ist es hauptsächlich, der bei Besuchern den Wunsch nach regelmäßiger Rückkehr zu Ihrer Community erweckt und wachhält. Content muss den Mehrwert haben, den es braucht, damit Besucher sich eine konstante Beziehung zu Ihnen wünschen und zu Fans werden.

In Sachen Content ist eine Orientierung am Wertekanon und an den Leitgedanken der Corporate Identity zwingend notwendig. Diese Identität kommt bereits in den Inhalten zur Darstellung, die der Betreiber auf anderen Kanälen verbreitet. Das können Fernsehen, Radio, Print-Werbung, Plakatanzeigen et cetera sein. Der rote Faden im Konzept bei den Offline-Medien muss beim Web-Content erhalten bleiben.

Diese knappen Bemerkungen sollen vorläufig genügen. Im sechsten Kapitel wird das Thema Content-Strategie und dessen zentrales Element, das Storytelling, differenziert ausgeleuchtet.

4. Plattform(en)

Sobald Zielgruppe(n), Zielsetzungen und Content-Strategie ausgearbeitet sind, können Sie darangehen zu evaluieren, auf welchen Plattformen Ihre strategischen Leitlinien mit der höchstmöglichen Wirkungskraft umgesetzt werden können.

Die grundsätzliche Überlegung besteht darin, ob die Community einen eigenständigen Auftritt bekommt oder aber in einem oder mehreren der großen Social Networks aufgesetzt werden soll. Ebenso gut möglich ist die Implementierung in beiden Formen. Community ist immer die Gesamtheit der Mitglieder auf allen Plattformen.

Die wichtigste Entscheidungsgrundlage für die Festlegung der Plattform(en) ist die Zielgruppenanalyse. Zu jeder Persona gehört eine Einschätzung, in welchen sozialen Netzwerken sie sich bevorzugt tummelt und welches Verhalten sie dabei an den Tag legt. Jedes Social Network hat seine spezielle Nutzerbasis. Deswegen ist es logisch, dass Ihre eigene Präsenz in die Netzwerke gehört, die bei Ihrer Zielgruppe die größte Beliebtheit genießen.

Wenn Sie sich für das Aufsetzen bei einer Meta-Community entscheiden, stehen Sie vor einer riesigen Auswahl, von generalistischen bis hin zu hoch spezialisierten Social Networks. Die Vielfalt des Angebots können Sie anhand der Infografik auf der Webseite https://ethority.de/social-media-prisma ermessen.

Je mehr Plattformen sie bespielen, umso besser stehen Ihre Chancen auf Sichtbarkeit. Diese naheliegende Schlussfolgerung sollte aber nicht dazu verleiten, nun unkritisch auf allen größeren Hochzeiten tanzen zu wollen. Es macht zum Beispiel wenig Sinn, mit Themen, die textlastigen Content brauchen, auch noch auf Instagram präsent sein zu wollen.

Wenn Sie sich für eines oder mehrere Netzwerke entschieden haben, sind Überlegungen anzustellen, wie deren Potenzial(e) voll ausgeschöpft werden können. Viele machen den Fehler, wenn sie auf mehreren Plattformen vertreten sind, die eine oder andere mit einer gewissen Nachlässigkeit zu betreuen, etwa weil hier Mitgliederzahl und/oder Traffic geringer sind. Das ist ein No-Go, alle Auftritte müssen mit dem gleichen Engagement gepflegt werden.

Zur Plattform-Strategie gehört auch ein Konzept dafür, wie die Implementierung vorgenommen werden soll. Auf die Taskliste gehören:

- Formulierung von aussagekräftige(r) Profilseite(n),
- Schreiben der Texte, die auf einer Social-Network-Fanpage/in einer Gruppe das eigene Unternehmen und dessen Angebot beschreiben,
- Auswahl des Bildmaterials,
- Testen der Funktionalitäten,
- Ermittlung und Kontaktierung möglicher Influencer.

5. SEO

SEO ist die Abkürzung für *Search Engine Optimization*. Vereinfacht gesagt bezeichnet der Begriff alle Maßnahmen, die geeignet sind, eine Website im Ranking der Suchmaschinen, also vor allem bei Google, auf die erste Seite der Suchergebnisse zu bringen, und dort möglichst weit oben. Auch wenn die zweite Seite eigentlich immer noch recht gut ist, so bringt es der Sichtbarkeit doch kaum etwas, weil die meisten Web-User sie gar nicht erst aufrufen.

Suchmaschinenoptimierung ist ein sehr komplexes Gebiet, bei dem – etwas zugespitzt ausgedrückt – der Erfolg davon abhängt, sich dem aktuellen Algorithmus von Google anzupassen. Das Problem dabei ist, dass dieser permanent angepasste Algorithmus mit angeblich über 200 Parametern unter strengster Geheimhaltung steht. Sie sind hierbei also auf Mutmaßungen und Spekulationen angewiesen.

Ein Grundsatz ist immer gültig: Was Ihren vielen Fans gefällt, das gefällt auch Google. Viel rezipierter Content, der zudem noch lebhaft diskutiert, gelikt, geshart und kommentiert wird, bringt Sie im Ranking nach vorne.

Es würde den Rahmen dieses Buches sprengen, auf die SEO so einzugehen, dass Sie aufgrund dieser Lektüre rasch in der Lage wären, wirkungsvolle Resultate zu erzielen. Einen guten Einstieg verschaffen Sie sich, indem Sie den SEO-Startleitfaden von Google studieren.[32]

Wenn Sie die SEO danach immer noch selbst in Angriff nehmen wollen, ist diese Minimal-Aufgabenliste abzuarbeiten:
- Einrichten der Google Search Console,[33]
- Keyword-Recherche,
- Überschriften und Text mit Keywords ausstatten,
- Link-Building,
- HTML-Code für die Indexierung optimieren,
- Reaktionen auf Werteveränderungen vorplanen.

Die kostenlose Google Search Console ist nahezu unverzichtbar. Hier bekommen Sie nicht nur Daten darüber, wie oft Ihre Site in den Suchergebnissen bei welchen Keywords aufgetaucht ist. Sie meldet Ihnen auch Probleme mit Ihrer Site, zum Beispiel Hacker-Angriffe. Hier erfahren Sie zudem, ob Google Sie mit Sanktionen belegt hat, etwa weil Sie nicht erlaubte Optimierungen vorgenommen haben.

Alternativ kann Ihre Strategie einfach darin bestehen, dass Sie festlegen, von wem Sie die SEO erledigen lassen. Diese überaus wichtige Aufgabe ist bei einem Profi oft in den besseren Händen.

Wenn kein Outsourcing-Budget zur Verfügung steht, lohnt es sich, dafür zu kämpfen. Das ausgegebene Geld bekommt man zurück in Form der Zeit, die zu investieren wäre, um die SEO selbst professionell durchzuführen. In vielen Fällen kommt durch Anfängerfehler verlorenes Geld und Verschwendung von Zeit und Energie hinzu.

6. Erfolgskontrolle

Erfolgskontrolle steht zunächst nur als theoretischer Punkt auf der Agenda der Strategie-Erstellung, denn die Aufnahme entsprechender Messwerte macht erst nach einiger Zeit wirklich Sinn. Diese Überwachung von Kennzahlen und Performance wird als Monitoring bezeichnet.

Auch wenn die Praxis nicht sofort beginnt, ist die Erfolgskontrolle ein eminent wichtiger Punkt. Wenn Sie sich bei der Leistungsmetrik Versäumnisse leisten, wird im Rahmen der Community zwar viel geredet, als Ganzes aber bleibt sie stumm – ein unhaltbarer Zustand, verschenktes Potenzial, die Community verfehlt ihren Sinn.

In Ihrem Strategie-Exposé sind Form und Art der Parameter vorzuplanen, anhand derer Sie die Performance Ihrer Community überwachen, bemessen und analysieren wollen. Dafür sollten mindestens folgende Zahlen enthalten sein:

* Null-Zustand Ihrer Messwerte = Benchmark-Werte,
* Use Cases als Basis des Minimal-Sets für die Messwerte,
* optional: Vergleichswerte der Konkurrenz.

Einheitliche, auf alle Communitys anwendbare Maßgaben existieren nicht. Die Festlegung der nötigen Kennzahlen ist daher eine schwierigere Sache, als es auf den ersten Blick scheint. Welche Kennzahl bemisst zum Beispiel qualitative Ziele wie eine Erhöhung der Brand Awareness? Eine Verbesserung des Service? Oder eine Ausweitung der Diskussion über Ihre Produkte? Oder Forcierung der Innovationsprozesse?

Wie bei der SEO kann das Outsourcen des Monitorings eine kostengünstige und vor allem verlässliche Alternative darstellen. Der Profi ist am ehesten in der Lage zu beurteilen, wie Sie an die wertvollsten Informationen über Ihre Community kommen.

7. Krisenmanagement

Letztes Kernelement Ihrer Strategie sind die Richtlinien zu Krisenkommunikation und -management. Hierunter fallen sämtliche Verhaltensregeln zur Wahrung von Reputation und Image.

Es sollte eindeutig festgelegt sein, welche Maßnahmen im Fall einer Krisensituation getroffen werden und wie die Abstimmungsprozesse dabei sind. Wenn nötig, müssen Sie sich vom Betreiber Entscheidungsbefugnisse für die Bewältigung aller möglichen Arten von Problemen geben lassen. Wird es besonders turbulent, wie etwa bei einem Shitstorm, muss meist schnell reagiert werden. Da ist es hilfreich, nicht erst lange Rückfragen vornehmen zu müssen.

Changemanagement

Im initialen Briefing haben Sie sich einen Eindruck davon verschaffen können, mit welchem Commitment die Betreiber an die Gründung der Community herangehen. Eventuell haben Sie Aufklärungsarbeit hinsichtlich der Konsequenzen dieses Schrittes geleistet. Diese Aufgabe könnte sich nach Ende der Strategiefindungsphase noch ausweiten.

Prozesse im Bereich Social Media müssen in die anderen Prozesse im Unternehmen des Betreibers integriert werden. Wenn dabei nicht alle am gleichen Strang ziehen, wird nur unkoordiniertes Stückwerk herauskommen. Zu einem guten Gelingen gehört es daher, die Mitarbeiter des Betreibers mit ins Boot zu nehmen.

Changemanagement nennt sich die Aufgabe, bei ihnen all das zur Sprache zu bringen, was eine Community an Veränderungen im Unternehmen zur Folge hat. Dabei könnten Sie damit konfrontiert sein, dass erhebliche Zweifel an der Sinnhaftigkeit der Community-Gründung bestehen. Diese

Skeptiker, womöglich sogar »Social-Media-Legastheniker«, müssen für die Konsequenzen und neuen Abläufe, die sich aus dem Engagement in den Social Media ergeben, erst einmal sensibilisiert werden.

Changemanagement kann sehr viel Arbeit mit sich bringen. Es ist zum Beispiel möglich, dass längere Unterweisungen oder sogar Schulungen notwendig sind. Besonders stressig kann es werden, wenn Sie dafür mehrere Standorte bereisen müssen. Hinzu kommt die Erstellung von Informationsmaterial und Präsentationen.

Kollegen-Netzwerk aufbauen

Wenn Sie noch kein Netzwerk aus Kollegen, Freunden, Social-Media- und Community-Experten und anderen hilfreichen Web-Bekanntschaften haben, wird es in der Planungsphase höchste Zeit, es aufzubauen. Gehen Sie davon aus, dass man von jedem etwas lernen kann, und Sie werden brauchen, was Sie mithilfe Ihres Netzwerks lernen können.

Sicher lesen Sie in der Aufbauphase Bücher und Blogartikel, die für Ihr Projekt hilfreich sind. Das Wertvollste für Ihren Lernprozess aber können die Tipps und Know-how-Brocken sein, die Sie von Praktikern aufschnappen. Im Austausch mit Kollegen fällt in dieser Hinsicht immer etwas ab. Mit einem gut ausgebauten Netzwerk haben Sie die Nase stets im Wind aktueller Entwicklungen. Nehmen Sie Fremderfahrungen in sich auf und teilen Sie im Gegenzug die eigenen Erfahrungen mit anderen Social-Media- und community-affinen Menschen.

Ihre Community bekommt ein Gesicht

Die Strategie ist ausgearbeitet, Ihr Lineup an Plattformen steht fest – nun kann es an die praktische Arbeit gehen. Sie beginnt mit der Konzipierung des äußeren Erscheinungsbilds. Dabei müssen Sie Rücksicht auf die Corporate Identity nehmen, auf das Bild, das der Betreiber schon von sich in die Welt gesetzt hat. Sie ist wie eine Gussform, in der die Identität der Community vorgeprägt ist.

Beim Design sollten Sie sich neben der Corporate Identity an den Standards orientieren, die in Ihrer Branche beziehungsweise bei Ihren

Zielgruppen etabliert sind. Das bedeutet nicht, dass Ihr Auftritt keine unkonventionellen Züge haben dürfte. Doch es ist nur selten angebracht, einen völlig aus dem Rahmen fallenden Auftritt hinlegen zu wollen. Das kann zwar durchaus in die Erfolgsspur führen, besonders bei Nischenthemen und speziellen Zielgruppen, aber bei eher mainstreamartigen Themen kann es riskant sein. Wenn Sie beim Design auf der sicheren Seite sein wollen, erscheint es besser, Vorbilder anzuerkennen, die andernorts die gleiche(n) Zielgruppe(n) zur Zufriedenheit bedienen.

Anschauungsunterricht bei der Konkurrenz

Es gibt kaum noch Themen, bei denen eine neue Community an die Öffentlichkeit gehen kann, ohne dass schon Konkurrenz existiert. Daher sollten Sie sich ein genaues Bild davon verschaffen, was sich in Ihrer Nische am Markt tummelt.

Es hat nichts mit billigem Abkupfern zu tun, sich Anregungen bei anderen Communitys zu holen, vielmehr ist es pragmatische Analysearbeit. Sie besteht in der Hauptsache aus der Identifikation von Qualitäts- und Alleinstellungsmerkmalen. Beantworten Sie sich die Frage: Was hat die Nutzer veranlasst, eine Beziehung mit gerade dieser Community einzugehen?

Finden Sie heraus, welche strategischen Leitlinien hinter den wichtigsten und zugkräftigsten Features stehen – sie alle wurden unter dem Aspekt Schaffung von Mehrwert für den User konzipiert. Das Augenmerk ist zu richten auf:

- Präsentation der Community (Eyecatcher et cetera),
- Art des zur Verfügung gestellten Contents,
- Frequenz der Einstellung neuen Contents,
- Intensität des Meinungsaustauschs,
- Qualität der Beiträge.

Von entscheidender Bedeutung ist es, Erfolgsrezepte zu identifizieren. Was Usern anderer Communitys gefällt, können Sie zumindest in Grundzügen übernehmen, anpassen und verbessern. Ebenso wichtig ist es, Dinge zu diagnostizieren, die weniger gut anzukommen scheinen.

Design und Usability

Das Design der virtuellen Schaubühne Community gehört zur Oberflächenästhetik der Selbstdarstellung des Betreibers. Das verlangt Rücksichtnahme auf den Präsentationsstil der Corporate Identity, insbesondere in Sachen Farben, Schriften und Emblematik. Mit anderen Worten: Ihr Community-Auftritt ist wie eine Visitenkarte. Das Plattform-Design kann daher nicht mit allzu freier Hand angegangen werden. Abgesehen davon gibt es bei den großen Social Networks hinsichtlich des Designs ohnehin plattformspezifische Einschränkungen.

Zudem muss das Design auf die Erkenntnisse der Zielgruppenanalyse abgestimmt werden. Hier ist Kompatibilität notwendig: Eine Community, die eine vorwiegend jugendliche Zielgruppe anziehen will, wird kaum mit einem konservativen Auftrittsstil punkten können.

Spontan-Beitritte sind eher selten. Daher ist die Startseite so zu gestalten, dass ein Erstbesucher zumindest in Stimmung dafür kommt, seinen Besuch zu wiederholen. Es ist wie im analogen Leben: Der erste Eindruck ist entscheidend. Die Optik sollte die Interessenten ansprechen und signalisieren, dass ein Beitritt eine Bereicherung für sie darstellt. Im Rahmen des Digital Marketing ist dabei oft von »Impression Management« die Rede.

User Interface

Das User Interface ist intuitiv und benutzerfreundlich zu gestalten. Auch in puncto Barrierefreiheit sollten Sie alles Machbare unternehmen, damit Ihre Plattform ohne Einschränkungen nutzbar ist. Ein Interessent, der sich durch eine komplizierte Bedienung genervt oder sogar überfordert fühlt, wird in Ihrer Community nicht heimisch und sich zugänglicheren Angeboten zuwenden.

Jedes Mittel zur Erhöhung des Wohlfühlfaktors ist recht. Das Ideal ist, die Community zu einer virtuellen Komfortzone auszugestalten. Neu Angemeldete werden bleiben wollen, wenn sie Ihre Community als Terrain empfinden, auf dem sie gut aufgehoben sind, akzeptiert und gerne gesehen, ernst und wahrgenommen werden. Wer sich willkommen fühlt, ist umso bereitwilliger, zum Austausch innerhalb der Community beizutragen.

Zu einem guten Design gehört auch, Rücksicht auf die Gewohnheiten der User zu nehmen. Communitys sind Websites, die für den User immer in Reichweite sind. Virtuelle Stippvisiten werden häufig »zwischendurch« gemacht, und viele User nehmen ihre Community(s) mit ins Bett. Die Community-Site muss daher für alle möglichen Geräte tadellos adaptiert sein. Responsives Design ist heutzutage eine Selbstverständlichkeit, inklusive Befolgung des Prinzips *Mobile First!*, also die Fokussierung auf einfache Bedienung via Mobile Devices.

Der Trend zur mobilen Community-Nutzung wird sich mit Einführung der 5G-Technologie weiter verstärken. Je nach Größe der Community ist sogar die Programmierung einer Mobile App notwendig.

Call-to-Action

Besondere Aufmerksamkeit verdient das Gebiet Call-to-Action (CTA). So werden die anklickbaren Elemente bezeichnet, mit denen der User sofort in Interaktion mit Ihnen oder dem Betreiber treten kann. Dies können unter anderem sein:

- Aufforderung zur Mitglieder-Registrierung,
- Aufforderung zum Abonnieren eines Newsletters,
- Aufforderung zum Kauf,
- Aufforderung zum Besuch einer Landing Page,
- Aufforderung zur Installation eines Newsfeed.

CTA-Buttons sind im direkt sichtbaren Bereich von Display oder Screen zu platzieren. Der User darf keinesfalls zum Scrollen gezwungen sein, um sie sehen zu können.

Nicht zu empfehlen sind die sogenannten Shame-CTAs. Darunter versteht man Pop-ups, auf denen zwei alternative Buttons angezeigt werden. Die zweite Option soll meist ein Gefühl von Ignoranz suggerieren, wie etwa bei dieser Kombination: erster Button = Abonniere hier unseren aktuellen Newsletter!, zweiter Button = Nein danke, ich kann auf erstklassige Informationen verzichten!

Registrierung

Bei den meisten Communitys ist für neue Mitglieder eine Anmeldung vorgesehen. Es gehört zu den elementaren Dingen der Usability, den Prozess der Registrierung so leicht wie möglich zu machen.

Eine wichtige Festlegung ist, ob die User sich einen Nickname zulegen können. Wer sich hinter einem Inkognito verstecken kann, agiert oft anders – und mit anders meine ich unangenehmer –, als er es unter seinem realen Namen tut. Aber es empfiehlt sich trotzdem nicht, die Angabe des korrekten Namens zur Pflicht zu machen. Viele Interessenten bevorzugen die Pseudonymität, und Sie verschenken Potenzial, wenn Sie ihnen dies verwehren.

Wenn Sie befürchten, dass sich Spam-Bots bei Ihnen anmelden, können Sie sich durch Einrichtung eines CAPTCHA davor schützen. Darunter versteht man eine etwas verzerrt typografierte Reihe von sechs bis zehn Buchstaben oder Zahlen, die zum Abschluss der Anmeldung in ein Eingabefeld einzutippen sind. Eine Alternative sind Bilder, zu denen Fragen wie »Wie viele Ampeln sind in dem Bild zu sehen?« gestellt werden. Erst die richtige Beantwortung schließt den Anmeldeprozess ab. Allerdings sind beide Spamschutzmethoden bei den Usern unbeliebt.

Social Log-in

Sie sollten von vornherein einen Social Log-in zur Verfügung stellen. Darunter versteht man, dass den Usern ermöglicht wird, sich über ihre eigenen Accounts in sozialen Netzwerken bei Ihnen anzumelden. Damit ersparen Sie Ihren Usern die kompliziertere Anmeldung über ihre E-Mail-Adresse.

Der Trend geht ganz klar in die Richtung Social Log-in. Laut einer Studie bewirkt er einen regelrechten Push: Die Mitgliederzahl steigt im Durchschnitt um ein Drittel, die Verweildauer auf der Community-Site um mehr als die Hälfte.[34]

Best Practice – User Experience
- Einfaches und intuitives User Interface
- Responsive Design
- Augenfällige Platzierung von Share-, Like- und CTA-Buttons
- Unkomplizierte Registrierung
- Leicht bedienbare Kommentarfunktionen
- Social Log-in

Sicherheit und Privatsphäre

Die Web-User werden bei sozialen Netzwerken zusehends sensibler hinsichtlich Sicherheit und Privatsphäre. Zum Vertrauen darin, in Ihrer Community Gleichgesinnte zu finden, muss die Vertrauenswürdigkeit Ihrer Site kommen. Sie schaffen ein gewichtiges Argument für den Verbleib, wenn Sie die Mitglieder davon überzeugen können, dass sie bei Ihnen eine integre Sicherheitskultur und informationelle Selbstbestimmung vorfinden.

Es ist schon deshalb sehr wichtig, ein hohes Maß an gefühlter Sicherheit herzustellen, um den Mitgliedern jeden Vorbehalt zu nehmen, sich im Rahmen ihrer Interaktion zu öffnen. Communitys bringen umso bessere Ergebnisse hervor, je mehr die User bereit sind, etwas von sich preiszugeben.

Ihre Richtlinien für die Datensicherheit gehören daher an prominenter Stelle hervorgehoben. Es ist wichtig, klar zu kommunizieren, dass auf diesem heiklen Gebiet bei Ihrer Community keine negativen Überraschungen drohen. Sprechen Sie also von sich aus an, wie mit den Daten der Mitglieder umgegangen wird. Dies geschieht am besten im Rahmen einer separaten Seite mit Security-FAQs. Hierauf ist alles zu erläutern, was Sie in Sachen Datenschutz und Wahrung der Privatsphäre unternehmen.

Viele User sind mit den Einstellungen von Sicherheitsfeatures nicht richtig vertraut. Diese Mitglieder werden Ihnen dankbar sein, wenn Sie ihnen eine Online-Hilfe zur Verfügung stellen, in der erklärt wird, wie die gewünschten Konfigurationen vorzunehmen sind.

Best Practice – Privatsphäre
- Keinen Missbrauch mit den Nutzerdaten anstellen
- Offenlegung der Security-Regeln
- Seite mit Security-FAQs anbieten
- Hilfe zur Konfiguration von Sicherheitsfeatures

Plattform-Management

Das Thema Sicherheit bleibt allerdings ein Problem, wenn die Plattform Ihrer Community in dieser Hinsicht einen zweifelhaften Ruf hat, wie es beim Paradebeispiel Facebook der Fall ist.

Bei Zielgruppen mit hoher Sensibilität in Sachen Datenschutz müssen Sie damit rechnen, dass Ihnen einiges User-Potenzial entgeht, wenn Sie sich für eine Plattform mit suspekter Datenpolitik entscheiden. Jüngere Zielgruppen betrifft dies weniger: Untersuchungen haben ergeben, dass Sicherheitsbedenken bei ihnen weniger ausgeprägt sind.[35]

Grosse soziale Netzwerke nutzen

Es ist, oberflächlich betrachtet, relativ einfach, eine Facebook-Fanpage aufzusetzen oder eine Facebook-Gruppe ins Leben zu rufen. Auch bei Instagram, Twitter, Pinterest, LinkedIn und den vielen anderen Generalisten scheinen die ersten Schritte nicht weiter schwierig zu sein. Wenn Sie sich dann aber die Features einer Plattform genauer ansehen, werden Sie feststellen, dass es eine große Menge an Feinheiten gibt. Damit müssen Sie sich auseinandersetzen, um die Möglichkeiten des Networks Ihrer Wahl so weit wie möglich ausschöpfen zu können.

Es gibt eine Unmenge an Literatur zur Gestaltung plattformspezifischer Community-Auftritte. Die Fülle der Einzelaspekte ist so umfangreich, dass es ganze Bücher braucht, um sie alle zu erklären. Daher kann ich an dieser Stelle nur den Rat geben, sich auf den Hilfeseiten der gewählten Plattform zu informieren oder sich Spezialliteratur zu jeder für Sie relevanten Plattform zu Gemüte zu führen.

Zwischen den einzelnen Plattformen bestehen atmosphärische Unterschiede, worauf Rücksicht zu nehmen ist. Bei den Usern bildet sich eine Gewöhnung an Funktionalität, Bedienung und Abläufe auf einer Plattform aus. Ihr Auftritt muss daher auf die Konventionen in Sachen Design, Content, Medium und Tonalität abgestimmt sein. Um hierbei keine Fehler zu machen, ist eine eingehende Beschäftigung mit der strategischen Ausrichtung einer Plattform erforderlich.

Zudem gilt für alle Netzwerke, dass sie andauernd Änderungen an ihren Features und Nutzungsbedingungen vornehmen. Da auch Ihr Auftritt davon betroffen sein könnte, ist es unabdingbar, sich in dieser Hinsicht auf dem Laufenden zu halten.

Von Beginn an ist ein genaues Auge auf die Social-Media-Landschaft zu haben. Sie ist in ständiger Bewegung, weil sie modischen Strömungen ausgesetzt ist. Ihre Entwicklungsdynamik ist exemplarisch für die Schnelllebigkeit unserer Zeit. Es sind vor allem die jugendlichen Nutzer, die die Trends auf dem Markt der Plattformen bestimmen. Da müssen

Sie immer am Ball bleiben und anpassungsbereit sein, gemäß der Devise: Wer nicht mit der Zeit geht, geht mit der Zeit.

Ein typisches Beispiel für diese Modeabhängigkeit ist der Aufstieg von Snapchat, der dann aber ziemlich rasch an seine Grenzen gestoßen ist. Auch ein Abfall in die relative Bedeutungslosigkeit, wie er bei Google+ zu beobachten ist, ist ein markantes Beispiel für die Wankelmütigkeit der Publikumsgunst. Strategische Fehlentscheidungen auf diesem Sektor können sehr viel Geld kosten.

Niemand kann sagen, was im Social-Media-Bereich *the next big thing* sein wird und wie lange es en vogue bleibt. So hat in letzter Zeit die Video-Plattform TikTok stark an Bedeutung gewonnen. Wenn sich auf dem Markt der Plattformen etwas bewegt, sollten Sie analysieren, ob Sie darauf reagieren müssen. Derzeit ist zum Beispiel Google dabei, mit Shoelace eine neue Social-Media-Plattform ins Leben zu rufen. Der Misserfolg von Google+ ist kein Grund dafür, diesen Neuanfang zu ignorieren.

Aktuell sind es die Messenger-Dienste, die zunehmend als Plattform genutzt werden. Diese Entwicklung lässt sich als Nachweis dafür interpretieren, dass die Personalisierung von Community-Dialog weiter auf dem Vormarsch ist.

Eigene Plattform

Es spricht nichts dagegen, neben Auftritten in den etablierten Netzwerken eine eigene Plattform zu implementieren. Im Gegenteil: Wer sich von den Abhängigkeiten und Beschränkungen lösen will, die die Anbindung an einen der Generalisten mit sich bringt, muss auf eine Stand-alone-Plattform bauen. Bei vielen Lösungen wird die Community auch in die Website des Betreibers integriert.

Das Thema Abhängigkeit von einem etablierten Social Network darf nicht auf die leichte Schulter genommen werden. Wenn eine Ihrer Plattformen glaubt, bei Ihrem Auftritt etwas entdeckt zu haben, das gegen die Richtlinien und Geschäftsbedingungen des Networks verstößt, kann sie Ihre Seite einfach schließen, und das wäre fatal!

Auch die Änderung von Features kann gravierende Auswirkungen haben. Im Laufe dieses Jahres haben Facebook und Instagram damit experimentiert, die Anzahl der Likes nicht mehr anzuzeigen. Mit dieser Maßnahme sind viele Community-Betreiber überhaupt nicht einverstanden.

Manche Influencer sehen sogar eine Gefährdung ihres Geschäftsmodells, sollte das Verbergen der Likes tatsächlich durchgeführt werden.

Derlei Änderungen kommen oft ohne Vorwarnung, und Ihre Plattform stellt Sie vor vollendete Tatsachen. Unter Umständen stehen dann enorme Werte auf dem Spiel. Von daher ist empfehlenswert, über einen eigenen Content Hub[36] in Form einer eigenständigen Plattform zu verfügen. Das ist allerdings mit einem höheren Arbeitsaufwand verbunden. In einer Studie von *Community1x1* wird festgestellt:

>»Was alle On-Domain Community Manager eint: Sie sind für die strategische Planung zuständig. Damit ergibt sich für sie eine wesentlich weitreichendere Aufgabenstellung als für Community Manager auf externen Plattformen.«[37]

Wer eine eigene Plattform aufsetzen will, dem stehen eine Menge guter Softwarelösungen zur Verfügung. Stellvertretend für die vielen hervorragenden Softwareprodukte seien hier drei prominente Adressen dieses Marktes genannt:

Software-Pakete für Community-Plattformen	
Ning	Über 2.000.000 Plattformen; verfügt über Monetarisierungstools (Kosten bei bis zu 1.000 Mitgliedern = 25 Dollar pro Monat)
Yammer	Microsofts Lösung für interne und externe Unternehmenscommunitys
Jostle	Spezialisiert auf Intranets, Kosten: 3,25 Dollar pro Beschäftigtem im Monat (Preisnachlass für Gemeinnützige/Lern-Communitys)

Tabelle 3.2: *Software zur Erstellung einer eigenen Plattform*

Die Programmierarbeit für eine On-Domain-Plattform gehört nicht direkt zum Berufsbild Community-Management. Entsprechende Kenntnisse sind aber sehr hilfreich.

Wer schon mit WordPress oder einem vergleichbaren Content-Management-System arbeitet, kann seine individuelle Lösung mit Plug-ins realisieren.

Identität wahren

Die herausragende Rolle der Corporate Identity wurde schon angesprochen. Diese Identität ist eine plattformübergreifende Angelegenheit. Wenn eine Community sich über mehrere Plattformen verteilt, sollte bei Image und Atmosphäre der einzelnen Auftritte ein Wesenskern erkennbar sein, ein Community-Charisma aus einem Guss.

Die Anforderung, sich bei Nutzung mehrerer Plattformen den unterschiedlichen Stilen anpassen zu müssen, kann die Identität einer Community kompromittieren. Es wäre ein Fehler, die Einheitlichkeit des Gesamtkonzepts den Eigenheiten von etablierten Netzwerken zu opfern. Mitunter ist es besser, auf die Präsenz auf einer eher ungeeigneten Plattform zu verzichten.

Das Gebot der Einheitlichkeit bedeutet aber nicht, dass auf allen Kanälen der identische Content publiziert werden kann. In dieser Hinsicht ist Anpassung des Mediums an die spezifischen Eigenheiten eines Networks Pflicht.

Best Practice – Community-Plattformen
- Plattformspezifische Eigenheiten beachten
- Nutzungsbedingungen einer Plattform respektieren
- Einheitliches Konzept bei mehreren Plattformen (Wahrung der Identität)
- Technologie up to date halten
- Anpassung an neue Trends und Features

Rechtliche Rahmenbedingungen

Das nächste Thema ist extrem wichtig, aber ich muss es wegen seiner Umfänglichkeit gewissermaßen im Schnelldurchgang abhandeln: Online-Recht. Da ich keine Juristin bin, dürfen Sie von mir keine Rechtsberatung erwarten.

Es ist eine der prekärsten organisatorischen Aufgaben, dafür Sorge zu tragen, dass in Ihrer Community alles mit juristisch korrekten Dingen zugeht. In erster Linie sind Sie dafür zuständig, dass sämtliche rechtlichen Vorgaben unanfechtbar umgesetzt werden. Das beginnt mit Ihrem Impressum und endet ... eigentlich nie.

Recht ist dünnes Eis: Juristische Abgefeimtheiten wie haarspalterische Abmahnungen hat man sich sehr schnell eingefangen. Das sind höchst ärgerliche Kosten, deshalb sollten Sie es so weit gar nicht erst kommen lassen. Das bedeutet nicht, dass es Ihr Job ist, hieb- und stichfeste juristische Expertisen abzugeben. Aber Sie müssen in der Lage sein, die Bereiche und Themen zu ermitteln, bei denen ein Rechtsexperte hinzuzuziehen ist.

Der Anspruch, Rechtssicherheit zu wahren, schließt ein, sich über Veränderungen in der Rechtssituation auf dem Laufenden zu halten. Dadurch könnten Anpassungen bei Ihren Nutzungsbedingungen notwendig werden. Ein Beispiel dafür wurde Anfang 2019 durch die vom EU-Parlament beschlossene Urheberrechtsreform gegeben. Es fällt in Ihren Verantwortungsbereich, derlei Änderungen korrekt und termingerecht durchzuführen.

Urheberrecht

Urheberrecht ist in allen Arten von Communitys ein weites Problemfeld. Beiträge von hoher fachlicher oder wissenschaftlicher Qualität können sehr viel Geld wert sein. Das Gleiche gilt für Content, den ein Mitglied erstellt hat und den Sie auf all Ihren Plattformen nutzen wollen.

In jedem Fall empfiehlt es sich, eindeutige Klarheit zu schaffen, welche Urheberrechte dem Verfasser eines Beitrags vorbehalten bleiben. Wer User Generated Content (siehe hierzu das sechste Kapitel) im Rahmen der gesamten Community verwenden will, ist verpflichtet, sich vom Produzenten des Contents die Nutzungsrechte übertragen zu lassen.

Darüber hinaus müssen Sie sich vergewissern, ob das Mitglied, welches Content zur Verfügung stellt, selbst das Nutzungsrecht dafür besitzt. Zu klären ist auch, wie verfahren wird, wenn jemand aus einer Community ausscheidet und verlangt, dass der von ihm beigesteuerte Content von der Plattform gelöscht wird.

Strafrechtlich relevante Inhalte

Eine weitere wichtige juristische Pflichtübung besteht darin, von Ihren Plattformen all das zu entfernen, das strafrechtlich relevant ist. Dazu zählt alles, was unter den Paragrafen Beleidigung fällt. Persönliche Bedrohungen gehören ebenso gelöscht wie Diffamierungen, rassistische Äußerungen oder Posts, die den Tatbestand der Volksverhetzung erfüllen. Notfalls ist schnellstens ein Rechtsbeistand einzuschalten.

Zum Prozedere gehört auch, das Mitglied über die Löschung seines Beitrags zu informieren. Dies sollte mit einer sachlich gehaltenen Begründung verbunden sein, warum die Löschung erfolgte. Zu der Erklärung des Verstoßes gehört eine höflich, aber bestimmt vorgebrachte Bitte um künftige Unterlassung.

Wird der Eindruck erweckt, jemanden zensieren zu wollen, sind heftige Gegenreaktionen vorprogrammiert. Daher sollten Sie dem Mitglied, dessen Beitrag entfernt wurde, kommunizieren, dass dies nichts damit zu tun hat, Zensur ausüben zu wollen.

Rechtliche Belange
- Im Zweifelsfall immer Rechtsbeistand hinzuziehen
- Rechtssichere Nutzerbedingungen erstellen
- Urheberrechte beachten
- Nutzungsrechte von User Generated Content abklären
- Copyright-Hinweise korrekt setzen
- Hinweis auf Cookies geben
- Entfernung von strafrechtlich relevanten Inhalten

Den Stein ins Rollen bringen ...

Wenn all die strategischen Dinge abgeklärt sind, die in den vorangegangenen Abschnitten erörtert wurden, und wenn das Design Ihrer Plattform(en) steht, haben Sie die Planungsphase abgeschlossen. Ihre Community kann ans Licht der Webwelt treten, indem Sie die ersten Inhalte einstellen.

Damit sind wir endgültig bei den Aufgabenbereichen angelangt, für die Sie als Community-Manager eigenverantwortlich Konzepte und Ablaufstrukturen entwickeln müssen. Das braucht eine gewisse Zeit: Community Building ist ein evolutionärer Prozess. Erst in seinem Verlauf kristallisieren sich die Vorgaben für die optimale Kalibrierung der einzelnen Arbeitsfelder heraus.

Nach dem Launch besteht die Hauptpriorität darin, möglichst schnell möglichst viele und die passenden Mitglieder zu gewinnen. Dazu müssen Sie offensiv ein Manko kompensieren, das alle neuen Communitys in die erste Phase ihrer Existenz hineintragen: Zunächst gehen aus ihrer Entwicklungsdynamik noch nicht viele Impulse zum Mitmachen hervor. Das ist ein Problem, denn Sie mussen den Menschen, die Ihre Community erstmals besuchen, beim begutachtenden Scannen Ihrer Site zwei fundamentale Fragen beantworten:
1. Welchen Nutzen bietet der Content?
2. Welchen Nutzen bietet das Netzwerk?

Haben Sie erst wenige Mitglieder, traut der Interessent Ihrem Netzwerk nichts zu. Für viele ist das ein Grund, sich woanders hinzuwenden, wo ein größerer Netzwerknutzen zu erwarten ist. Soll das Network als Beitrittsanreiz dienen, ist eine kritische Masse an Usern erforderlich. Deshalb muss die Mitgliederzahl schnellstens auf einen Wert gepusht werden, der ein akzeptables Gemeinschaftspotenzial suggeriert.

Promotion

Doch was lässt sich tun, damit Ihr Newcomer in der Community-Szene schnell Zulauf bekommt? Popularität schafft sich nicht von selbst, auch wenn ein Grundstock an Mitgliedern schnell aufgebaut ist: Menschen aus dem Umfeld des Betreibers, deren Freunde und Bekannte und vielleicht noch einige Kunden, die auf eine Ankündigung reagiert haben.

Diese frühen Mitglieder sollten Sie auf jeden Fall bitten, Ihre Community überall zu empfehlen. Aber das genügt natürlich nicht, vielmehr müssen Sie so viel Promotion wie möglich machen, auf allen Kanälen des Betreibers. Geeignete Werbemaßnahmen seitens des

Community-Betreibers sind Teaser auf seiner Homepage, Ads, Pop-up-Banner sowie Hinweise auf die Community in Mails und Korrespondenz. Zudem lässt sich der eigene Auftritt in themenverwandten Communitys promoten. Dort streuen Sie gehaltvolle Beiträge in die Diskussion ein, in denen Sie auf Ihre Community aufmerksam machen. Achten Sie dabei aber darauf, dass dies in einer dezenten, niemanden nervenden Weise geschieht. Optimal ist, seine Selbst-Promotion in Absprache mit den Managern der benutzten Communitys betreiben zu dürfen.

Erste Posts und Content-Einstellungen

Alle Maßnahmen zur Promotion werden Ihnen nicht viel bringen, wenn Sie die Interessenten nicht von der Werthaltigkeit Ihrer Community überzeugen. Neben dem anziehenden Erscheinungsbild, wie wir es besprochen haben, müssen auch Ihre ersten Posts einen besonders guten Eindruck machen.

Das Wichtigste dabei ist ein Begrüßungspost, in dem Sie die Ziele der Community in kurzen, wohl abgewogenen Worten beschreiben. Lassen Sie in diesem Post zum Ausdruck kommen, was Sie den Usern geben und welche Erwartungen Sie erfüllen wollen. Alle Vorteile einer Mitgliedschaft bei Ihnen sollten in diesem Post ersichtlich werden.

Auch in den weiteren Posts gehört zunächst die Darstellung Ihres Leistungsspektrums und Repertoires in den Vordergrund. Diese Posts sollten Sie möglichst früh mit den ersten Einstellungen von Content verbinden. Interessenten schauen fast immer zuerst auf den Unterhaltungsfaktor, und hierbei müssen Sie überzeugen!

Mehrwerthaltiger Content ist immer von entscheidender Bedeutung für das Standing einer Community, aber in der ersten Phase ihrer Existenz noch einiges mehr. Wenn Sie so richtig durchstarten wollen, sollte Ihr Content von Beginn an rocken. Interessenten wollen erobert werden, und das wird nicht gelingen, wenn Ihr neuer Stern am Community-Himmel keine Glanzlichter setzt. Das kann nur Neugier erweckender Content sein, vergleichbar mit dem Pilot einer neuen Fernsehserie.

Mehrwert

Sie kennen diese Psychologenphrase: »Das ist ein Schrei nach Beachtung!« Sie kommt immer dann zum Einsatz, wenn jemand ein auffälliges Verhalten an den Tag legt. Im Web wäre dieser Satz andauernd angebracht, denn hier wird geschrien, was das Zeug hält. Die Aufmerksamkeit der Web-User ist ein höchst umkämpftes Gut. Der Kampf darum wird mit etwas geführt, das als Mehrwert bezeichnet wird. Was bei Immobilien »Lage, Lage, Lage« ist, das ist »Mehrwert, Mehrwert, Mehrwert« in den sozialen Medien.

Bereitstellung von Mehrwert steht mithin im Mittelpunkt aller Bemühungen um das Interesse potenzieller Mitglieder wie auch um die Erhaltung der Gunst bestehender Mitglieder. Keine Darstellung des Berufsbilds kommt ohne vielmalige Verwendung dieses Begriffs aus; er wird in einem geradezu inflationären Ausmaße benutzt.

Mehrwert ist ein schillernder Begriff, ein vielseitig verwendbarer, damit abnutzbarer Wortfetisch. Er taucht als Lockwort bei allem auf, was mit Webpräsenzen zu tun hat, ganz gleich, ob es sich um die Planung einer Website oder die Selbstdarstellung in den sozialen Medien handelt. Dabei soll der Mehrwert von Content repräsentativ für den Mehrwert stehen, den ein Produkt oder eine Marke bietet.

Was bedeutet Mehrwert nun im Zusammenhang mit Communitys? In diesem Kontext wird der Begriff am besten anhand des englischen Ausdrucks *Value Proposition* aufgefasst. Er sagt, dass die Mitglieder durch Akzeptanz oder Nicht-Akzeptanz bestimmen, ob tatsächlich ein Mehrwert gegeben ist.

Mehrwert bei einer Community bedeutet – ganz pauschal formuliert –, Mitgliedern oder Interessenten für ihren Aufwand an Zeit und Aufmerksamkeit mehr zu bieten als andere Communitys. Er ist all das, was Ihrem Auftritt den Wow-Faktor gibt, um die Szene aufzumischen, in der sie sich ansiedeln will. Der Anspruch ist, Einzigartigkeit mit Raffinesse herzustellen, ein ganz spezielles Flair mit Coolness-Kick – in der Masse durch Klasse auffallen!

Wie viel Mehrwert ist überhaupt möglich?

Der Anspruch, Mehrwert bieten zu müssen, hat den Anschein, als müsse das Rad jedes Mal neu erfunden werden. Das kann aber allenfalls in kleinen, am besten weitgehend unbesetzten Nischen funktionieren. Daher sollte bei den Selbstansprüchen in puncto Mehrwert die Kirche im Dorf gelassen werden. Für Newcomer dürfte es schwer bis unmöglich sein, die Communitys von Betreibern zu überbieten, die erstens größer und zweitens schon länger auf dem Markt sind.

Erschwerend kommt hinzu, dass der Aufwand, der betrieben werden müsste, um die Konkurrenz zu übertrumpfen, oft den Rahmen des Budgets sprengen würde. Meist hat sie schon einen so großen Vorsprung, dass sie kaum ausgestochen werden kann, zumindest nicht aus dem Stand.

Einen eminent wichtigen Faktor von Mehrwert haben Sie allerdings selbst in der Hand: Ihre Dialogführung. Content und Dialog zusammen machen das Charisma einer Community aus. Daher ist Ihre Lenkungsarbeit, besonders Ihre Interaktionsregie, eine entscheidende Komponente für den Mehrwert, den Sie bieten müssen.

Best Practice – Mehrwert
- Zündender, origineller Content mit brillantem Storytelling
- Überbieten des Konkurrenzangebots
- Exzellente Moderation
- Erzeugung von User Generated Content anregen
- Optional: Gamification

Ungated Content anbieten

In den Anfängen ist es primär Sache Ihres Contents, den Mehrwert zu schaffen. Der Attraktionsfaktor Dialog fällt aufgrund der noch geringen Zahl an User-Beiträgen weitgehend weg. Dieses Defizit lässt sich kaum anders als durch hochgradig wirkungsvollen und interessanten Content ausgleichen.

Viele Interessenten brauchen eine Weile, um mit Ihrer Community warm zu werden. Diesen Prozess unterstützen Sie, indem Sie ihnen etwas geben, wofür sie keinerlei Gegenleistung bringen müssen. Daher sollte das Content-Angebot in diesem frühen Stadium in einer Form bereitgestellt werden, die jeder Besucher nutzen kann, ohne dass er sich erst bei Ihnen registrieren muss. Solche allgemein zugänglichen Inhalte werden als Ungated Content bezeichnet.

Mit anderen Worten: Wenden Sie die klassische Methode des Schnupperangebots an. Dafür eignet sich alles, was repräsentativ für die

Qualität Ihres Produkts oder Ihrer Dienstleistung steht. Besonderes Gewicht kommt dabei dem **Cornerstone Content** (auch Flagstone Content genannt) zu. Darunter sind Inhalte zu verstehen, die die Corporate Identity des Betreibers in besonders hervorstechender Manier zum Ausdruck bringen.

In diesem Zusammenhang sollten Sie es sich von Beginn an zur guten Gewohnheit machen, Abwechslung in die Präsentation Ihrer Beiträge hineinzubringen. Es wirkt langweilig, wenn Sie Ihren Content in einem Einheitslayout ausspielen. Bei Facebook können Sie zum Beispiel aus etwa 30 unterschiedlichen Beitragsarten auswählen.

Überschriften

Die Wichtigkeit der Überschriften in Ihren Posts können Sie gar nicht überbewerten.[38] Sie sind ein fundamentales Marketing-Tool, mit dem Sie die Neugierde auf das Lesen des ganzen Posts oder das Ansehen eines ganzen Videos erst wecken.

Die beste Wirkung erzielen Sie mit plastischen Reizwörtern. Lassen Sie es bei Ihren Headlines an Zugkraft fehlen, hat Ihr Post bei vielen Nutzern schon keine Chance mehr, überhaupt zur Kenntnis genommen zu werden. Aber es ist auch Fingerspitzengefühl nötig, denn wer es zu sehr übertreibt, fällt unangenehm auf. Sie müssen einen guten Kompromiss zwischen Eyecatching und Clickbaiting finden.

Zudem ist davon auszugehen, dass Überschriften im Google-Algorithmus eine sehr hohe Gewichtung haben. Damit bedienen sie das Ranking-Denken und sollten deshalb gründlich SEO-bearbeitet sein.

Timing von Beiträgen

Timing is a bitch, sagt man in den USA. Das gilt auch für das Timing der Einstellung von Posts und Content. Fehler auf diesem Gebiet lassen Ihre Beiträge im Leeren verpuffen. Daher wird eine Timeline benötigt, auf der die Zeitpunkte definiert sind, zu denen die besten Chancen auf sofortige Erreichbarkeit der Mitglieder bestehen.

Für die meisten Plattformen gilt: Erstveröffentlichung von neuen Inhalten nie zu Zeiten vornehmen, von denen die Statistik nachweist, dass dann nur wenige Mitglieder aktiv sind. Wenn ein Status-Update nicht innerhalb der ersten Viertelstunde abgerufen wird, dann sinken seine Chancen, überhaupt noch wahrgenommen zu werden, rapide.

Auch auf saisonaler Ebene sind gewisse Timing-Komponenten zu berücksichtigen. Besonders wichtig sind: Weihnachten und andere Feiertage, Urlaubszeit und lange Wochenenden mit Brückentagen. In solchen Phasen hat die Einstellung neuen Contents meist keine Priorität, da zu wenige Rezipienten erreicht werden können.

Wird die öffentliche Diskussion von bestimmten Ereignissen dominiert, zum Beispiel der Fußball-WM, ist es empfehlenswert, sich dem anzupassen. Das betrifft zum einen die Einspeisung neuer Inhalte, die nicht zu einem Zeitpunkt erfolgen sollte, an dem sich die allgemeine Aufmerksamkeit auf das aktuelle Geschehen konzentriert. Auf thematischer Ebene empfiehlt es sich, das weltbewegende Ereignis aufzugreifen.

Ein weiterer gewichtiger Faktor sind aktuelle Neuigkeiten und Events rund um den Community-Betreiber. Es sollte selbstverständlich sein, Content-Produktion und -Distribution hierauf abzustimmen.

Was das Timing auf Tagesebene angeht, so ist es an Ihnen zu ermitteln, wann der Traffic in Ihrer Community seine Stoßzeiten hat. Sie selbst können sich an das bestmögliche Timing herantasten, indem Sie mit den Zeitpunkten experimentieren, zu denen Sie Beiträge einstellen. Die Zeitfenster, in denen es besonders häufig zu Reaktionen der Mitglieder kommt, sind optimal.

Wenn Ihre Community auf einer Standardplattform aufgesetzt ist, können Sie die dort angebotenen Statistik-Tools zu Hilfe nehmen. Bei Facebook gibt es zum Beispiel unter den *Gruppen-Insights* die Punkte *Beliebte Tage* und *Beliebte Zeiten*.

All diese Aspekte des Timings sollten Sie in einem minuziösen Zeitschema synchronisieren. Dazu ist die Ausarbeitung eines Redaktionsplans sinnvoll. Hierauf komme ich im nächsten Kapitel zurück.

Social Sharing anregen

Ihr Content und Ihre Posts sind sogenannte Shareable Assets, also Inhalte, die gelikt, geshart und kommentiert werden können. Auf allen Plattformen ist dafür Sorge zu tragen, dass die Shareable Assets ganz einfach geteilt werden können. Damit wird die Entstehung von Netzwerkeffekten unterstützt. Sharen und Liken ist auch für die SEO wichtig: Viel geteilter Content bringt das Ranking nach oben.

Für optimale Shareability sind diese Maßnahmen erforderlich:
* sofort sichtbare Platzierung von Sharing- und Like-Buttons,

- leicht bedienbare Kommentarfunktion,
- Definition von Hashtags,
- Anbieten eines RSS-Feeds.

Hashtags

Wo immer es Sinn macht, sollten Sie für Ihren Content und Ihre Posts relevante Hashtags benutzen. Einige Networks zwingen förmlich dazu, bei Twitter und Instagram geht nichts ohne Hashtags.[39] Sie sind ein sehr effizientes Mittel zur Erhöhung der Reichweite.

Im Rahmen der Zielgruppenanalyse ist zu ermitteln, welche Hashtags bei Ihren Usern favorisiert werden. Dabei können Sie sich von Tools unterstützen lassen, die Ihnen die Hashtags auflisten, die in Ihrer Zielgruppe gerade en vogue sind. Sehr beliebte Tools sind zum Beispiel hashtagify.me oder hashtagsforlikes.co.

Bei der Verschlagwortung gilt es, einige einfache Regeln zu beachten. Prinzipiell ist zu unterscheiden zwischen:

- allgemeinen Hashtags,
- spezifischen Hashtags.

Bei allgemeinen Hashtags werden gebräuchliche Begriffe verwendet, wie beispielsweise #umweltschutz oder #dieselgate. Dazu zählen auch Hashtags, die auf der Basis aktueller Ereignisse oder Themen erstellt wurden, wie #metoo.

Bei spezifischen Hashtags wird ein Bezug zum Community-Betreiber hergestellt, zum Beispiel #sapbusinessbydesign. Bei ihrer Erstellung ist darauf zu achten, dass keine Verwechslungsgefahr mit anderen Brands besteht.

Kurze Hashtags sind klar zu bevorzugen: Sie prägen sich den Usern am besten ein und sind schnell eingetippt. Mit der Anzahl sollten Sie es nicht übertreiben; mehr als fünf Hashtags sind selten angebracht. Wenn es relativ viele sind, kommen die wichtigsten an vorderste Stelle.

Es ist ein No-Go, sich mit einem ungeeigneten Beitrag an einen gerade populären Hashtag anzuhängen. Dergleichen wird als Spamming aufgefasst. Solche Verstöße können negative Rückwirkung auf Ihre Reputation haben.

Und es gibt noch eine Gefahr: unwissentlich einen Hashtag zu nehmen, dem ein sensibles Thema zugrunde liegt. Hierzu sei an den

Aurora-Fauxpas von 2012 erinnert: Der Textilhändler Celeb Boutique bewarb eine gleichnamige Kleidungslinie mit #Aurora, aber der Hashtag bezog sich auf eine Kinoschießerei mit vielen Toten in Aurora, Colorado.[40]

Neue Mitglieder

Die erste Fühlungnahme mit Ihnen kann auf vielerlei Weisen zustande kommen. Bei großen Unternehmen weiß jeder, dass es eine Community gibt, da stellt sich der Erstkontakt schnell her. Bei kleineren Betreibern kann der Besucher durch eine Google-Suche auf Sie gestoßen sein, vielleicht aber auch durch eine Verlinkung oder einen Hashtag, ein anderer ist durch Zufall bei Ihnen gelandet und wieder ein anderer ist einer Empfehlung für Ihre Community gefolgt – Sie wissen es nicht.

Jedenfalls bringt ein neu angemeldetes Mitglied »frisches Blut« in die Community. Zunächst befindet es sich in der Situation einer Eingewöhnungsphase. In diesem Stadium ist bei Neulingen oft noch eine gewisse Unentschiedenheit vorhanden, ob sie sich dauerhaft bei Ihnen engagieren wollen. Es ist Ihre Aufgabe, die ersten Bindungskräfte herzustellen, indem Sie Newbies mit einer Willkommensinitiative entgegenkommen.

Die Herstellung von Gegenseitigkeit ist meist ein Prozess, in den Sie Zeit investieren müssen. Am Anfang Ihrer Bemühungen sollte die Vermittlung eines Gefühls von Dazugehörigkeit stehen. Kommunizieren Sie dem Neuling: »Die Community soll dir gefallen, denn du gefällst der Community!« Noch besser ist es, wenn Sie ihm eine Belohnung oder sogar ein Onboarding-Paket zukommen lassen können.

Beispiel Willkommenspost
Liebe Christine, herzlichen Dank für deine Anmeldung in meiner Community!
Ab sofort erwarten dich hier spannende, exklusive Inhalte (natürlich kostenlos), aktuelle Informationen und eine Menge netter Menschen, die nur darauf warten, sich mit dir auszutauschen.
Ich freue mich sehr, schon bald von dir zu hören!
Deine Sandra

In den ersten Wochen ist der Wertschätzung für das neue Mitglied durch weitere direkte Ansprachen Ausdruck zu geben. Dabei sollten Sie jedoch vermeiden, den Anschein von Aufdringlichkeit zu erwecken. Es genügt, sich gelegentlich in Erinnerung zu rufen. In diesen Direktansprachen zeigen Sie dem Neuling, dass er bei Ihnen eine freundliche Atmosphäre und angenehme Umgangsformen vorfindet. Zusätzlich sollten Sie ihm Hinweise zur optimalen Nutzung der Community geben.

Darüber hinaus ist alles zu tun, was dem Newbie dabei hilft, seine Rolle innerhalb der Community zu finden. Die stärkste Bindungsenergie kommt zustande, wenn Sie ihn mit Mitgliedern zusammenbringen, die auf gleicher Wellenlänge liegen könnten. Zu diesem Zweck sind regelmäßige Vorstellungsrunden von Neuzugängen hilfreich.

Best Practice – Umgang mit Newbies
- Welcome-Post (eventuell mit Onboarding-Paket)
- Ermutigungen zum Mitmachen
- Hinweise auf optimale Nutzung der Community
- Bekanntmachen mit anderen Mitgliedern
- Vorstellungsrunde neuer Mitglieder

Was veranlasst Mitgliedschaften?

Die Motive, aus denen Menschen einer Community beitreten, sind vielfältig: Die einen suchen Wissen, Informationen, Zerstreuung oder eine Form von Hilfe, andere wollen ein Bedürfnis nach zwischenmenschlichem Kontakt befriedigen. Wiederum andere melden sich, oft ohne feste Vorstellungen, aufgrund einer Empfehlung bei Ihnen an.

Das Bedürfnis nach Unterhaltung steht sicherlich im Vordergrund. Gemäß der 90-9-1- beziehungsweise 70-20-10-Regel hat nur eine Minderheit der User ein Artikulationsbedürfnis. Auch wenn der Dialog für viele ein Teil der Unterhaltung ist, gilt für die Hauptmotivation der meisten User der alte Spruch: Content is King.

Die Nutzer, die eine aktive Beteiligung zeigen, suchen Freundschaften auf Interessens- und/oder Gesinnungsebene, wollen mithin ein Gefühl von Gemeinschaft. Insofern ist die Teilnahme am Austausch ein Akt der Sozialisierung. Für manche sind Communitys eine Art Zufluchtsort.

Die hier entstehenden persönlichen Bezugssysteme haben für viele Menschen sogar eine Lebenssinn stiftende Funktion. Zugehörigkeit zu einer Community wird als Erweiterung des Ichs gesehen, und so sind viele Posts als Verlängerung von Selbstgesprächen aufzufassen.

Aber auch Menschen, deren Antrieb nicht sozialisierender Natur ist, gibt es in Communitys zuhauf. Oft stehen narzisstisch geprägte Motive hinter einem Beitritt. Wir leben in einer Zeit sich immer weiter verstärkender Ich-Zentriertheit; ein Trend, der in der Selfiemanie geradezu exzessive Formen angenommen hat. Communitys erlauben es, mit einem geschönten Selbstbild an die Welt heranzutreten. Bei Menschen mit virtueller Profilneurose ist die Beteiligung an Community-Diskussionen oft nur ein Punkt auf ihrem Selbstdarstellungsprogramm.

Auf einer psychologisch ähnlich problematischen Ebene sind Mitglieder zu sehen, die in einer Community in eine andere Identität schlüpfen. Dabei werden oft auch Rollenspiele ausgelebt, zum Beispiel durch Annahme eines anderen Geschlechts.

Nicht zuletzt entsteht so manche Mitgliedschaft aus dem profanen Antrieb, daraus einen materiellen Nutzen ziehen zu wollen. Die von geldwerten Vorteilen Angezogenen fliegen der Community bei Wettbewerben oder Ähnlichem zu. Ihr Interesse hat sich hinterher oft schnell verflüchtigt, und Sie haben eine große Kontakthalde voller Karteileichen.

Problematische Mitglieder

Viele Neulinge sind Ihnen beim Aufbau der Community eine Hilfe, einige wenige bauen nur eines auf: Spannungen. Leider will ein kleiner Prozentsatz Mitglied werden, um mit Ihrer Community Missbrauch zu treiben. Sie suchen nach einem Ventil zur Abreaktion von Affektstaus. Communitys sind ein ideales Terrain für sie, und dass sie gerade bei Ihnen gelandet sind, kann purer Zufall sein.

Bei solchen Querköpfen, Hatern oder gar Trollen kommt häufig der Aspekt Anonymität ins Spiel. Unsichtbarkeit erleichtert es, die dunklen Seiten einer Persönlichkeit auszuleben. Daher ist die Gefahr, dass es in einer Community zu antisozialem, destruktivem Verhalten kommt, deutlich größer, wenn die Nutzungsbedingungen Nicknames und Inkognitos zulassen. Mit ihren realen Namen äußern Mitglieder sich meist so, wie sie es auch in einer Face-to-Face-Begegnung tun würden.

Interview: Markus Edelberg, Social-Media-Manager (DACH/ EMS Dental)

Bitte stellen Sie sich kurz vor. Welchen beruflichen Hintergrund haben Sie und wie kamen Sie zu der Position als Community-Manager?
Oh – mein Lebenslauf ist extrem durchwachsen: Vom Polizeibeamten über 15 Jahre im Rettungsdienst ging es über die Fotografie ins Medien-Design und rein ins Online- und Social-Media-Marketing. Zur jetzigen Position kam ich durch mein nonlineares Denken – also einen gewissen Freak-Faktor.

Welche besonderen Erfahrungen haben Sie als Social-Media-Manager gemacht?
Jede Erfahrung ist eine besondere Erfahrung. Da zu priorisieren ist schwer – am praktischsten ist das Learning, wann ich wie weit gehen kann (ich stichle unglaublich gerne).

Warum ist Community-Management wichtig und welche Plattformen nutzen Sie?
Unternehmensseiten in den sozialen Netzwerken sind wichtig – die zielführende Arbeit findet aber in Fachgruppen und Foren statt. Ohne einen persönlichen *social trust* ist es schwer, wirklich zu punkten (solange ich keine Marke wie Coca-Cola hinter mir habe).

Wie verbinden Sie als Community-Manager Unternehmensziele und die Interessen der Zielgruppe?
Durch gute Planung und der wichtigsten Fähigkeit bei der Umsetzung: dem Zuhören. Wenn man zuhört, bekommt man das Wie, Wann und Wo frei Haus geliefert.

Wie bauen Sie ein Vertrauensverhältnis zur Community auf?
Transparenz (wenn ich für das Unternehmen spreche, kennzeichne ich dies immer in einer Vorstellung), Selbstreflexion und

Zuverlässigkeit. Wenn ich einen Ball (beispielsweise Kritik am Unternehmen) aufnehme, dann ist das mein Ball – ich bin dafür verantwortlich, dass die Kette bis zum Ende läuft und bestenfalls das »Vielen Dank – Problem gelöst« wieder bei mir aufschlägt.

Welche Fähigkeiten sollte ein Community-Manager besitzen?
Nervenstärke – wer glaubt, dass es keine dummen Fragen gibt, ist noch nie in Fachgruppen unterwegs gewesen. Aber ansonsten: Selbstkritik, Servicewillen und Zuverlässigkeit.

Mit welchen Mitteln setzen Sie die Netiquette innerhalb der Community durch?
Unterm Strich ist es einfach eine Konsequenz. Gelöscht wird nur innerhalb möglicher strafrechtlicher Gefahren. Ansonsten gilt »Lob und Dank öffentlich, Kritik wird aus der Öffentlichkeit herausgehalten«.

Wie gehen Sie mit Hate Speech beziehungsweise einer Krisensituation um?
Sehr entspannt: Planung ist das halbe Leben. Wir haben Alarmketten entsprechend der Shitstorm-Skala von Schwede und Graf[41] eingerichtet, festgelegte Kommunikationswege und -abläufe, mehrere Personenkreise aller Abteilungen. Wir können einem möglichen Shitstorm und Hate Speech gelassen entgegenblicken. Das Gleiche gibt es auch für Candy-Storms, um den bestmöglichen Nutzen daraus zu ziehen. Alle Planungen werden aber ständig modifiziert und an Veränderungen angepasst.

Welche Situation war für Sie als Community-Manager bisher die schwierigste?
Zahnmedizinisch fachliche Themen sind immer ein gewisses Problem. Ich komme aus der Notfallmedizin und bin hier nicht firm. Wenn es hier also auf fachlicher Ebene Probleme gibt und ich auf keine unserer Dentalhygienikerinnen zurückgreifen kann, wird es schnell problematisch.

Was war das schönste Kompliment, das Sie als Community-Manager bekommen haben?
Lob über die Arbeit von einem absoluten »Gegner« unserer Marke.

Welche Methoden zum Community Building und Engagement sind Ihrer Meinung nach die vielversprechendsten?
Zuhören, zuhören und zuhören.

Wie sieht Ihre Zusammenarbeit mit dem Social-Media-Management und Content-Management konkret aus? Haben Sie bei der Content-Erstellung Mitspracherecht, sind Sie alleinverantwortlich zuständig, gibt es Reibungen und Überschneidungen?
Dies wird alles in meiner »Schweizer Bürowoche« in Meetings erledigt. Termine abgleichen, Planungen et cetera– wir machen die Baseline gemeinsam. Für den lokalen Markt habe ich die Freiheit, selbst zu planen und die Planung umzusetzen.

Beherrschen Sie Storytelling-Theorie und -Techniken?
Wenn ich hier »Nein« sagen würde, hätte ich vermutlich etwas falsch gemacht. Es ist nur aufgrund der täglichen Dynamik schwer, hier konsequent zu bleiben.

Welche Aspekte Ihres Berufes schätzen Sie am meisten und welche Tipps haben Sie für Neueinsteiger im Community-Management?

Lernt zuzuhören und selbst zu denken. Vertraut auf euch und setzt euch durch. Lasst euch nicht irritieren, wenn viele Vorgesetze noch im alten Marketing denken, und sollte eine Idee nicht angenommen werden: ab in die Schublade damit. Wenn sie gut ist, kommt ihre Zeit – wenn nicht, habt ihr Zeit, sie zu verbessern.

Komfortzonen-Appeal schaffen

Es ist immer ein Erfolg, wenn ein Besucher sich bei Ihnen als neues Mitglied registriert. Ob das aber dazu führt, dass der Neuzugang eine dauerhafte Bindung zu Ihrer Community eingeht, das steht auch nach einigen Welcome-Posts und Integrationsversuchen auf einem ganz anderen Blatt.

Der Web-User hat eine unendliche Vielfalt von Möglichkeiten, sich im Web zu engagieren und zu artikulieren. Da gibt sich niemand mit dem Erstbesten zufrieden. Neu Angemeldete werden wohl kaum zu treuen und aktiven Usern, wenn sie bei Ihnen nicht die prosoziale Atmosphäre vorfinden, die eine dauerhafte Beziehung wünschenswert erscheinen lässt.

Abbildung 3.3: Atmosphäre einer Community

Ein schickes User Interface ist die eine Seite Ihres Appeals, das Klima, das Ihre Community ausstrahlt, die andere. Beides muss zusammenwirken, ein stimmiges Gesamtbild ergeben und ein starkes Statement über die Kultiviertheit Ihrer Community machen. Attraktive Wohnlichkeit ist schon deshalb so eminent wichtig, weil sich viele Menschen, besonders die Jüngeren, in Communitys wohler fühlen als in ihrem realen Umfeld.

Es sieht schlecht um Ihre Anziehungskraft aus, wenn auf Ihrer Site Streitereien, Pöbelklima, belanglose Diskussionen und Content von minderwertiger Qualität zu finden sind. Abschreckend wirkt auch ein zu dichtes Auffahren von Werbegeschützen. Sie sagen dem Besucher, dass es Ihnen nicht wirklich um seine Interessen und Belange geht.

Die Kunst ist, sich als Sweet Spot im Leben der User zu profilieren. Ein niveauvolles, kultiviertes Klima, in dessen Zentrum die Ansprüche der Nutzer stehen, stellt sicher, dass sie den Besuch bei Ihrer Community genießen können. Wer sich mit einem guten Gefühl ausloggt, wird mit positiver Energie wiederkehren.

Regeln festlegen

Jedermann weiß, wie miserabel es um die Umgangsformen in vielen Ecken des Webs bestellt ist. Auf derlei Niveau wollen Sie als ernsthafter Community-Manager nicht abrutschen. Deshalb ist es eine vordringliche Aufgabe, alles zu bekämpfen, das Wohlbehagen und Karma Ihrer Community in Gefahr bringen könnte. Dafür müssen Sie Regeln festlegen, eine Aufgabe, die auch Community Compliance genannt wird.

Ihre Regeln haben gegen den Umstand anzukämpfen, dass viele Menschen im virtuellen Raum ein anderes Verhalten an den Tag legen als in der analogen Welt. Die Grenzen dessen, wo eine Äußerung oder Handlung ein Gefühl von Scham nach sich zieht, sind verschoben. Die Hemmschwellen im Web sind einfach zu niedrig: Nicht viele von denen, die im Netz ihre niederen Triebe ausagieren, würden sich ein derartiges Verhalten auch in der realen Welt erlauben.

Geregelte Umgangsformen und ein klares Protokoll ergeben den Ordnungsrahmen, der Ihrer Community Stabilität verleiht. Ohne ein gewisses Maß an sozialer Normierung, die den kommunikativen Spirit festlegt, kann eine Community kein positiv konturiertes Profil gewinnen.

Ihre Bemühungen hierzu müssen auf definierten Vorgaben für Common Sense und Netiquette beruhen. Regeln, Richtlinien und Nutzungsbedingungen für den communityinternen Umgang sind zur allgemeinen Kenntnisnahme »auszuhängen«. Präsentieren Sie sie in (mindestens) einer dieser Formen:

- auf der Startseite (schlagwortartig),
- auf einer gut sichtbar verlinkten Extraseite,
- in Form eines PDF-Downloads.

Bei der Formulierung ist darauf zu achten, dass alles in einer präzisen, eindeutigen Sprache abgefasst ist. Wer sich bei der Festlegung der Regeln Nachlässigkeiten zuschulden kommen lässt, der öffnet Tore für eine Schädigung der Atmosphäre.

Der Dialog beginnt ...

Ihre Community ist online, der erste Content ist live, Sie haben Ihre ersten Posts eingestellt, und nun kommen die ersten Reaktionen – der Dialog beginnt. Dabei hat alles noch einen herantastenden Charakter, und Sie sollten genau abwägen, was Sie in den Raum stellen und wie Sie es tun – das Internet vergisst nichts, und eine Community ist eine Porzellanschüssel auf dem Präsentierteller des World Wide Webs.

All das, was Sie in dieser Launch-Phase unternehmen, ist unter dem Aspekt *die Community eingrooven* zu sehen. Die vordringliche Zielsetzung dabei ist, gut in den Dialog hineinzukommen und einen Stil zu entwickeln, der allgemeine Akzeptanz findet.

Exemplarischen Charakter dafür hat der Begrüßungspost, den Sie auf der Startseite platzieren sollten. Einige nette Worte herzlichen Willkommens gehören hier hinein, und grundsätzliche Äußerungen zu Themen und Zielen Ihrer Community. Dieser Begrüßungspost sollte zudem einen wichtigen Aspekt abklären: Die Anrede darin sollte in eindeutiger Form signalisieren, ob in Ihrer Community *Du* oder *Sie* zueinander gesagt werden soll.

Anrede der Mitglieder

Wenn nicht durch einen Begrüßungspost, dann ist auf der Startseite anderweitig klar erkennbar zu machen, wie die Anrede-Förmlichkeit bei Ihnen gehandhabt wird. Es empfiehlt sich allerdings nicht, daraus eine Regel ohne jede Ausnahme zu machen. Auch wenn auf Ihrer Bühne nahezu alle einander duzen, so ist es für Sie und die Mitglieder unangebracht, dies zu tun, wenn ein Dialogpartner offensichtlich ein *Sie* bevorzugt. Jeder soll die Distanz wahren können, die er gewahrt sehen will.

Die Anrede eines Mitglieds ist stets so vorzunehmen, wie es seiner Präferenz entspricht. Missachtung dieses Grundsatzes wird, mit Recht, als inakzeptable Respektlosigkeit aufgefasst. Umgekehrt steht es Ihnen nicht zu, ein *Du* zu verweigern, wenn es nicht völlig aus dem Rahmen der allgemein akzeptierten Umgangsformen fällt. Auf ein beleidigend gemeintes Du muss natürlich niemand eingehen.

Tonalität und Sprachniveau

Communitys funktionieren auf Dialogebene wie Echokammern: So wie Sie hineinrufen, so schallt es heraus. Daher steht am Anfang die Einstimmung der Tonalität im Vordergrund. Der Begriff meint die Einjustierung des allgemein vorherrschenden Tonfalls und der darin liegenden Schwingungen.

Ihre ersten Posts und Beiträge haben Vorbildcharakter für die Tonalität. In dieser Hinsicht übernehmen Sie eine geradezu erzieherische Funktion: Tonangebende Sprachlenkung besteht aus Vorleben der gewünschten Interaktionskultur.

Zunächst ist darauf zu achten, dass die Tonalität der jeweiligen Plattform angepasst ist. Auf XING wird nicht getwittert, und auf Instagram sollten Sie sich kürzer fassen als auf einer Blogging-Plattform.

Alleine haben Sie die Einstimmung der Tonalität nicht in der Hand, denn die Nutzer prägen sie sehr stark mit. Wenn Sie zum Beispiel in einem etwas fortgeschrittenen Alter sind, Ihre Community aber vorwiegend User unter 20 Jahren hat, bleibt Ihnen nichts anderes übrig, als deren Tonalität zu übernehmen und sich berufsjugendlich zu geben. Hierauf sollten Sie schon durch die Zielgruppenanalyse vorbereitet sein.

Sprachliche Tabuzonen sind klar zu definieren. Kommt es zu verbalen Verwilderungen in Form von völlig unsachlichen, aggressiven oder ordinären Kommentaren, womöglich sogar unter der Gürtellinie, ist konsequentes Eingreifen unerlässlich. Sie wollen ja schließlich nicht, dass Ihre Community wegen Erregung öffentlichen Ärgernisses in ein schlechtes Licht gerät.

Bei der Einstimmung der Tonalität ist darauf zu achten, dass Sie keine sprachlichen Hürden errichten. Verständlichkeit ist Grundvoraussetzung von Zugänglichkeit, daher sind potenziell ausgrenzende Ansprüche an die Sprache ein No-Go.

Hochgestochenes Gerede, intellektuelle Profilierungsartistik oder zu viel Fachchinesisch vergraulen Mitglieder. Sprachniveau und Vokabular sind so anzusetzen, dass die größtmögliche Zahl von Usern damit zurechtkommen kann. Das bedeutet meistens, dass es nicht allzu hoch angesiedelt werden sollte, was keineswegs despektierlich gemeint ist.

Dialogstil

Community-Dialog ist eine Kunst für sich. Wer glaubt, das sei doch nur ein bisschen digitaler Small Talk, der sieht nur die Oberfläche. Er ist die Achse, um die eine Community sich dreht, und das erfordert eine unvoreingenommene, gut organisierte Herangehensweise mit sprachlichem Feingefühl.

In der Aufbauphase besteht Ihr Dialog hauptsächlich aus Posts, die an die ganze Community gerichtet sind. Hierbei sind sieben Haupttypen (mehr dazu im fünften Kapitel) zu unterscheiden:

1. News und Aktuelles
2. Grundsätzliches
3. Hilfe ersuchen
4. Fazit
5. Kuratierung
6. Humor
7. Cliffhanger

Zu Anfang werden Sie wohl hauptsächlich mit den ersten beiden Typen operieren, wobei aber der Einsatz von anderen nicht auszuschließen ist.

Nach Möglichkeit sollte in jedem dieser frühen Posts eine Aufforderung zur Interaktion und Diskussion untergebracht werden. Eine Bitte um Kommentierung ist gut, direktes Fragen nach der Meinung der User ist besser. Fragen, die nur mit Ja oder Nein beantwortet werden können, sind dabei zu vermeiden. Geben Sie den Mitgliedern das Gefühl, dass es vor allem ihre Meinung ist, die für Sie zählt.

Dialog mit einzelnen Mitgliedern

Der Dialog mit einzelnen Mitgliedern ist die schwierigere Form von situativem Kontext. Ihre Interaktion muss individualisierte emotionale Gehalte transportieren können, sobald die Äußerung eines Users auf der Gefühlsebene angesiedelt ist.

Für einen akkurat personalisierten Dialogstil braucht es Erfahrung mit den Nutzern. Tonalität und ein gewisses Grundklima sind relativ schnell etabliert, aber es vergeht einige Zeit, ehe die Basis für eine adäquate Kommunikation mit einzelnen Usern aufgebaut ist.

Grundsätzlich gilt: Legen Sie Ihre Worte immer zuerst auf die Goldwaage – und das unter zwei Aspekten: zur Erfüllung der Ansprüche der Mitglieder ebenso wie der des Betreibers. Jede Ihrer Äußerungen steht im Brennpunkt der Außendarstellung des Arbeitgebers. Damit sind Sie wie ein Politiker, der auf Parteilinie zu bleiben hat. Kein Blatt vor den Mund zu nehmen, das kann karriereschädigend sein!

Authentizität und Empathie

Für Ihr dialogisches Rollenverständnis sind zwei Grundwerte von ausschlaggebender Bedeutung: Authentizität und Empathie. Mit diesen Eigenschaften bauen Sie Vertrauen auf und sprechen die Gefühlsseite an. Intensivierung des Kontakts und damit Bindung an Ihre Community setzen voraus, dass Ihr Dialog eine situationsgerechte emotionale Grundierung hat.

Authentizität bedeutet: sein wahres, ursprüngliches, unverfälschtes Selbst aufzuführen, sich echt zu geben, ein Original zu sein. Alles Scheinhafte, Künstliche beziehungsweise Erkünstelte sollte aus Ihrer Selbstdarstellung entfernt sein.

Empathie ist einfühlende, empfindsame Reagibilität, die aus dem genauen Hineinhören in die Äußerungen Ihrer Gesprächspartner erwächst. Sie drückt sich in Zuspruch aus, in der Bekundung von Verständnis und Solidarität.

»Authentizität« und »Empathie« sind vielschichtige und auch ambivalente Begriffe, die Ihre Philosophie und Herangehensweise entscheidend prägen. Ihrer Erörterung wird im fünften Kapitel breiterer Raum gewidmet.

Autorität durch Respekt

Authentizität und Empathie fußen auf Respekt, und der muss beiderseitig sein. Es ist ganz entscheidend, in der ersten Phase eine Atmosphäre gegenseitigen Respekts und guter gemeinschaftlicher Stimmung aufzubauen und gegebenenfalls zu verteidigen.

Wieder beginnt es bei Ihnen! Respekt ist ein Wert, den Sie vorleben müssen. Niemals dürfen Sie den Anschein erwecken, ein Mitglied nicht ernst oder sogar nicht für voll zu nehmen. Wenn ein Nutzer eine Äußerung macht oder eine Frage stellt, die objektiv als dumm oder nervend bezeichnet werden könnte, rechtfertigt dies noch lange keine pampige oder spöttische Antwort.

Best Practice ist: immer freundlich bleiben, auf Augenhöhe kommunizieren und nichts Bloßstellendes tun. Es ist ganz schlechter Stil, sich über ein Mitglied lustig zu machen oder es auf andere Weise in eine Ecke zu drängen. Selbst wenn Sie wissen, dass dies bei anderen Mitgliedern gut ankommt, dürfen Sie sich derlei nicht erlauben.

Mitglieder können miteinander in Konflikt geraten. Dann besteht Ihre Aufgabe darin, die Rolle des Vermittlers einzunehmen. Das setzt Wahrung einer Position der Neutralität voraus. Ein bissiger oder sogar aggressiver Tonfall, der das Streitgehabe von Mitgliedern anheizt, ist deplatziert. Bei manchen Mitgliedern mögen Sie damit durchaus punkten, aber derlei einzelne Erfolge fallen irgendwann auf Sie zurück.

Autorität aufbauen

Autorität ist auch eine Form von Moderation. Die Anforderung, Autorität ausüben zu müssen, dürfte relativ schnell auf Sie zukommen, sobald Ihre Community ihren Wirkungskreis vergrößert hat. Es ist unwahrscheinlich, dass Sie davon verschont bleiben, auch einmal rote Linien ziehen und virtuelles Rückgrat zeigen zu müssen.

Wer die allgemein akzeptierten Umgangsformen missachtet, kann die Community als Ganzes diskreditieren. Bei allem grundsätzlichen Willen zur Compliance: Wer es darauf anlegt, Konflikte zu säen, der gehört in die Schranken gewiesen. Toleranz und Empathie sind dann keine Tugenden, sondern ein Fehler. Verbale Übergriffigkeiten oder sogar Mobbing sind Erscheinungen, bei denen nur eine Einstellung helfen kann: Wehret den Anfängen!

Auf keinen Fall dürfen Sie sich verunsichern lassen, vielmehr müssen Sie klipp und klar sagen, dass Sie die Funktion der Exekutive innehaben. Mitgliedern, die ein inakzeptables Benehmen zeigen, gehören die

Leviten gelesen. Die Selbstherrlichkeit, die viele an den Tag legen, wenn sie Autorität ausüben, ist dabei aber zu vermeiden.

Es ist verfehlt, sofort die »Keule« herauszuholen. Die Maßregelung eines Mitglieds, dass sich auf unangenehme Weise in Szene gesetzt hat, sollte mit höflichen Bitten um Wahrung der Netiquette beginnen. Eine Entgleisung kann schon einmal unterlaufen; das sind Harmlosigkeiten, solange es im Rahmen des Zumutbaren bleibt.

Erst wenn alle Mittel der Freundlichkeit ausgeschöpft sind, ist es angebracht, härtere Saiten aufzuziehen. Dann dürfen Sie nicht davor zurückscheuen, eine Zurechtweisung auszusprechen, notfalls mit energischem Nachdruck. Dieser Schritt ist notwendig, um unmissverständlich zu zeigen, dass Sie sich keinesfalls auf der Nase herumtanzen lassen.

Verwarnung eines Mitglieds

Mitglied: Wann verschont User XY uns endlich von seinen linksversifften, saudoofen und völlig irrelevanten Kommentaren?

Antwort: Aufgrund des beleidigenden Charakters deines Posts haben wir von unserem Recht zur Löschung von Beiträgen Gebrauch gemacht. In dieser Community werden nur Kommentare zugelassen, die sich an das unter zivilisierten Menschen übliche Mindestmaß von gegenseitigem Respekt halten.

Zur Vermeidung eines Ausschlusses muss ich dich bitten, zukünftig einen freundlichen, toleranten und sachlichen Umgangston zu wahren!

Sicherlich ist es keine angenehme Aufgabe, Mitglieder zur Räson zu rufen, doch Sie müssen es können. Keine Community bleibt von Störenfrieden verschont. Demonstrationen Ihrer Autorität sind schon deshalb notwendig, weil Sie verhindern müssen, bei den Mitgliedern, die sich gesittet verhalten, in ein schlechtes Licht zu geraten. Das schlägt auf den Betreiber zurück – Sie sind auch immer Kontrollinstanz im Sinne seiner Interessen.

Neun Schritte zu Ihrer eigenen Community

PLANUNGSPHASE

1. Entwicklung einer Social-Media-Strategie
- Zielgruppenanalyse
- Bestimmung der Zielsetzungen für die Community
- Konzeption von mehrwerthaltigem Content
- Wahl der Plattform(en) und Implementierung
- Maßnahmen für die SEO
- Festlegung der Parameter für die Erfolgskontrolle
- Krisenmanagement

2. Planung des User Interface
- Analyse von Konkurrenz-Communitys
- Bestimmung Ihrer Alleinstellungsmerkmale
- Entwicklung eines attraktiven Designs
- Festlegung der Sicherheitsstandards

3. Herstellung von Rechtssicherheit
- Einhaltung aller gesetzlichen Vorschriften
- Nutzungsrechte wahren und abklären
- Rechtswidrige Beiträge von Plattform(en) entfernen

LAUNCH-PHASE

4. Promotion der neuen Community
- Bewerbung auf allen Medienkanälen (besonders Website des Betreibers)
- Schaltung von Bezahlwerbung
- Hinweise in Mail und Korrespondenz des Betreibers

5. Einstellung der ersten Posts
- Begrüßungspost mit Erläuterung der Community-Ziele
- Regelmäßige Neueinstellungen
- Redaktionsplan ausarbeiten

6. Einstellung des ersten Contents
- Rockende erste Inhalte erstellen
- Ungated Content bevorzugen (besonders Cornerstone Content)
- Social Sharing anregen (Hashtags et cetera)

GESTALTUNGSPHASE

7. Maßnahmen zur Gewinnung neuer Mitglieder
- Welcome-Post oder Onboarding-Paket für Neuangemeldete
- Wiederholtes Ansprechen neuer Mitglieder
- Hinweise zur optimalen Nutzung der Community
- Bekanntmachen mit anderen Mitgliedern

8. Schaffung eines Wohlfühlklimas
- Regeln für Netiquette erstellen (Community Compliance)
- Herausstellen von Regeln und Nutzerbedingungen
- Festlegung der Anredeform
- Einpendeln der Tonalität
- Allgemeinverständlichkeit herstellen

9. Konturierung Ihres Management-Stils
- Kultiviertes Community Engagement einregeln
- Demonstration von Authentizität und Empathie
- Profilierung als Respektsperson
- Neutralität und Objektivität wahren
- Netiquette-Verletzungen sofort maßregeln

Kapitel 4

Optimale Pflege Ihrer Community

Sie haben es geschafft: Ihre ehemals so menschenleere Community hat Zulauf bekommen, Ihr Content-Angebot erweckt Begeisterung, die Mitglieder schätzen Sie als Ansprech- und Dialogpartner und es findet ein lebhafter und interessanter Meinungsaustausch statt.

Dieses pulsierende Community-Leben will erhalten werden. Communitys sind fragile Organismen, deren Lebensfunktionen ständiger Energiezufuhr bedürfen. Je stärker ihr Kraftzentrum, umso besser ist es um ihre Vitalität bestellt. Dieses Kraftzentrum sind Sie!

In der Aufbauphase haben Sie den Hauptakzent auf die Schaffung allgemein akzeptierter Kommunikationsstrukturen gelegt. Hat Ihre Community sich mit einer soliden Zahl von Mitgliedern eingegroovt, wird der Schwerpunkt darauf verlagert, diese Strukturen zu einem dauerhaft fruchtbaren Arbeiten zu bringen. Der Anspruch an Ihr Management besteht dann im Wesentlichen darin, alles dafür zu tun, dass die Atmosphäre gut bleibt und die Community expandieren kann.

Wie bei so vielem gilt auch für Communitys die Maxime: Stagnation ist Rückschritt. Eine Community reicht nur so weit, wie sie von ihren Mitgliedern getragen wird. Sie ist ein Beziehungsgeflecht, an dem permanent zu weben ist.

Für das, was oft unter die Begriffe »Community Care« oder »Community Maintenance« gefasst wird, hat der Besitzer der Wochenzeitung *Der Freitag*, Jakob Augstein, die Metapher der Gartenpflege[42] gesetzt: Wer nicht bereit ist, sich dieser Arbeit permanent mit all seiner Energie und Leidenschaft zu widmen, der wird seinen Garten nicht blühend und fruchtbar erhalten können.

Ich benutze für die Struktur der Arbeitsfelder bei der Community-Pflege gerne den Vergleich mit Sportarten, bei denen es eine Pflicht und eine Kür gibt. Unter Pflicht verstehe ich die vielen Routinetätigkeiten, die ich in diesem Kapitel durchsprechen werde. Die Kür, das sind die Aufgaben, bei denen Sie Ihre Kreativität einbringen können. Das betrifft auf jeden Fall Ihre Dialogführung und meist auch den Content. Diese beiden Themen sind Gegenstand des fünften und sechsten Kapitels.

Die vier Phasen einer Community

Wenn Sie Ihre Community nicht selbst aufgebaut haben, sollten Sie zu Beginn Ihrer Arbeit eine Feststellung treffen, in welcher Phase ihrer Existenz sie sich befindet. Hierzu können Sie sich an dem Vier-Phasen-Modell für die Lebenszyklen einer Community[43] orientieren, das Julia Tanasic und Cordula Casaretto in ihrem Buch *Digital Community Management* vorgestellt haben.

Abbildung 4.1: Vier-Phasen-Lebenszyklus einer Community

Die Gründungs- und Gestaltungsphasen, in denen die Community in ihren Flow gebracht wird, wurden im vorangegangenen Kapitel besprochen. Ist Ihre Community bereits über diese Stadien hinaus, befindet sie sich in der Wachstumsphase, möglicherweise sogar schon in der Reifephase. Das würde bedeuten, dass Sie eine baldige Splittung der Community auf dem Schirm haben müssen.

Jede Community läuft auf eine Auflösung zu, entweder weil sie an Bedeutung verliert oder weil sie weiterhin so stark wächst, dass sie sich in Fraktionen aufteilt, sogenannte Subcommunitys. Schlussendlich führt die Bildung von Subcommunitys zur Aufspaltung, und die

Lebenszyklen beginnen von Neuem. Auf diesen Prozess werde ich am Ende dieses Kapitels zurückkommen.

Routineaufgaben

In welchem Lebenszyklus sich Ihre Community auch befindet, am hohen Arbeitsaufkommen ändert das nichts. Alle Aufgaben, die im letzten Kapitel skizziert wurden, fallen auch beim Management einer etablierten Community an. Mancher Akzent ist dabei etwas verschoben, neue Tasks wie das Monitoring oder das Abhalten von Offline-Events kommen hinzu.

Das Ideal von Community-Pflege ist ein ergiebiger kommunikativer Workflow, in dem die vielen Stimmen ohne Reibungsverluste ineinanderwirken. Die wichtigsten Aufgabengebiete dabei sind:

* dialogische Betreuung der Mitglieder,
* Distribution von Content (eventuell Konzeption und Produktion),
* Akquise neuer Mitglieder,
* Maßnahmen zur Mitgliederbindung,
* Trends und Meinungsströmungen herausfiltern,
* Identifikation häufig diskutierter Themen,
* Organisation von Offline-Events,
* Planung von Aktionen, Kampagnen, Umfragen et cetera,
* Vertretung der Community-Interessen gegenüber dem Betreiber,
* Erfolgskontrolle (Monitoring),
* angemessenes Reagieren in Problem- oder Krisensituationen.

Diese breit gefächerte Palette von Aufgaben erfordert, immer rührig zu sein – Sie dürfen sich nie auf Ihren Lorbeeren ausruhen! Das, was Sie tun, um Ihre Community gegenüber der Konkurrenz attraktiv zu halten, ist einer ständigen Neubewertung zu unterziehen. Das schließt eine selbstkritische Hinterfragung dessen ein, wie Sie von den Usern wahrgenommen werden.

Was die Strategie betrifft, sollten Sie diese, angesichts der Schnelllebigkeit unserer Zeit, bei einer Veränderung der Verhältnisse anpassen. Meißeln Sie nichts in Stein, sondern halten Sie sich an eine alte Weisheit unter Lego-Fans: Klebe nie die Bauklötze fest!

Bei Anzeichen von Änderungen in der Social-Media-Landschaft ist über strategische Alternativen nachzudenken. Noch besser ist es, von vornherein einen Plan B oder C und so weiter parat zu halten. Communitys und ihr virtuelles Umfeld geraten nie in einen Ruhezustand, sie sind immer im Fluss. Für sie gilt der Satz: Erwarte das Unvorhersehbare! Nichtsdestotrotz ist vieles am Day-to-Day-Management reine Routine. Dabei sollte Routine nicht als etwas Negatives aufgefasst werden. Regelmäßig wiederkehrende Arbeiten bleiben interessant, wenn Sie verstehen, die Feinheiten des Jobs zu erkennen und daraus zu lernen.

Designpflege

Beginnen wir unsere Erläuterungen zur Pflege von Communitys mit ihrer Außendarstellung. Hier tut sich immer einmal Handlungsbedarf auf. Auch wenn die Menschen sich nicht gerne umgewöhnen, ein allzu statischer Auftritt ist nicht ratsam.

In puncto Webdesign kommen und gehen die Moden. Wer nicht bereit ist, bei der Gestaltung seiner Oberfläche mit der Zeit zu gehen, verscherzt es sich mit den trendbewussten Mitgliedern. Daher wird gelegentlich ein Makeover fällig, eventuell sogar ein komplettes Redesign. Insbesondere bei Zustrom von Mitgliedern aus neuen Zielgruppen dürfte Anpassung und Aufwertung des User Interface erforderlich werden.

Für technologische Weiterentwicklungen gilt das Gleiche wie für das Aufkommen neuer Designtrends: Die User erwarten einfach, dass Innovationen adaptiert werden. Sie müssen zwar nicht jedes neue Gimmick haben, aber zumindest das Notwendige tun, um nicht den Eindruck zu erwecken, rückständig zu sein.

Newsletter und Download-Angebote

Zur Routine gehört auch die Bereitstellung von Informationsangeboten. Diese fallen unter den Punkt »Schaffung von Mehrwert«, der die Mitglieder motivieren soll, Ihnen mit schöner Regelmäßigkeit einen Besuch abzustatten. Hier sind Newsletter und Download-Angebote besonders effektiv.

Newsletter sind ein vielfach unterschätztes Mittel zur Information der Mitglieder. Schreiben Sie darin in gleichbleibenden Zeitabständen und in rechtssicherer Form[44] über all das, was sich während der letzten Wochen oder Monate in Ihrer Community abgespielt hat.

In einem Newsletter sollten alle Themen Ihrer Community zumindest angetippt werden. Mitgliedern, die längere Zeit nicht zu Besuch waren, rufen Sie sich mit einem Newsletter zumindest für einen kurzen Moment in Erinnerung.

Download-Angebote sind für alles verfügbar zu machen, an dem Mitglieder interessiert sein könnten, es dauerhaft in Form einer Datei zu besitzen. Ein Hauptgrund dafür ist, dass Content oft zeitversetzt konsumiert wird, beispielsweise ein Podcast auf dem Weg zur Arbeit. Wie alle Gratisangebote ist downloadbarer Content ein überzeugendes Argument dafür, Ihrer Community die Treue zu wahren.

Redaktionsplan

In der Liste der Skills, die der Community-Manager für seinen Job braucht, habe ich Organisationstalent aufgeführt. Neben den allgemeinen Arbeiten zur Verwaltung der Community ist ein durchgeplantes, gut abgestimmtes Timing beim Ausspielen von Beiträgen und Content der wichtigste Einsatzbereich für dieses Organisationstalent.

Content und Posts können nicht nach Lust und Laune eingestellt werden. Ihre Mitglieder wollen Verlässlichkeit beim Timing, und auch die Suchmaschinen honorieren sie. Zudem nehmen die Algorithmen der Social Networks es positiv zur Kenntnis, wenn Sie Ihren Feed mit akkurater Regelmäßigkeit beschicken.

Das macht eine klare Linie beim Agendasetting unerlässlich. Daher gehört ganz oben in dein Pflichtenheft die Erstellung und Befolgung eines präzise durchstrukturierten Redaktionsplans. Darin sollte all das enthalten sein, was dafür relevant ist, Beiträge immer zum optimalen Zeitpunkt zu präsentieren.

Für die Erstellung eines übersichtlichen Redaktionsplans genügt in vielen Fällen eine Excel-Tabelle. Der Redaktionsplan für das kleine Modeunternehmen, das wir im Zusammenhang mit der Besprechung von Use Cases kennengelernt haben, könnte zum Beispiel so aussehen:

	KW	Feier-/Gedenktag	Task	Aktion	Verant-wortlich	On-Domain	Facebook	YouTube
			Redaktionsplan Mai 2019					
1 Mi	18	1. Mai	Ankündigung T-Shirt-Aktion		Susanne	✓	✓	✓
2 Do			Video Cool-Touch-Kleider		Susanne	✓	✓	✓
3 Fr			Planung Gewinnspiel		alle			
4 Sa			Blogart. Punk Chic: Muss ich dabei sein?		Jasper	✓	Link	
5 So				Aktion Online-Shop:				
6 Mo	19		Planung Newsletter		Jasper			
7 Di			Video Galon-Hosen	Gratis-T-Shirt bei Bestellung	Susanne	✓	✓	✓
8 Mi			Blogart. Modetrends Sommer 2019	aus Sommer-Kollektion	Jasper	✓	Link	
9 Do			Ankündigung Aktionsende + Incentivierung	(Bestellwert über 100€)	Susanne	✓	✓	
10 Fr			Ankündigung und Aufspielung neues Gewinnspiel		Jasper	✓	✓	
11 Sa			Sichtung Syndicated Content		alle			
12 So								
13 Mo	20		Content-Einspielung gemäß Sichtung 11.		Susanne	✓	✓	✓
14 Di			Workshop Instagram-Strategie	Gewinnspiel	alle			
15 Mi			Post Vorankündigung für Messe X-Stadt		Jasper	✓	✓	
16 Do			Video Vorbereitungen für X-Stadt (Impro)	10 Gutscheine 150€ bei	Susanne	✓	✓	
17 Fr			Blogart. Blick auf letztjährige Messe	Einsendung Gewinncode	Jasper	✓	Link	
18 Sa			Vorbereitung Messe	(erhältlich für Käufe	alle			
19 So				im Online-Shop bis 19.5.)				
20 Mo	21		Content-Einspielung gemäß Sichtung 11.		Jasper	✓	✓	✓
21 Di			Video Messestand und Einrichtung (Impro)		Susanne	✓	✓	✓
22 Mi			Video Messe-Eröffnung (Impro)		Susanne	✓	✓	✓
23 Do			Einrichtung Live-Stream vom Messestand		Susanne	✓	✓	✓
24 Fr			Blog-Art. Messe-Trends 1		Jasper	✓	Link	
25 Sa			Video mit Interviews von der Messe		Susanne	✓	✓	✓
26 So			Video Zwischenbericht (Impro)	Messe	Susanne	✓	✓	✓
27 Mo	22		Blog-Art. Messe-Trends 2	X-Stadt	Jasper	✓	Link	
28 Di			Video Zwischenbericht (Impro)		Susanne	✓	✓	✓
29 Mi			Workshop Instagram-Strategie		Jasper			
30 Do	Chr. Himm.		Video mit Interviews von der Messe		Susanne	✓	✓	✓
31 Fr			Sichtung Syndicated Content		Jasper			

Abbildung 4.2: Redaktionsplan (Monatsübersicht)

Mit dem im Plan vorkommenden Begriff »Syndicated Content« sind zukaufbare oder auch tauschbare mediale Inhalte gemeint, die mehrfach verwendet werden. Das erspart die kostspielige Produktion eigener Videos, Texte oder Bilder. Qualität und Exklusivität des Materials bestimmen den Preis für Syndicated Content.

Bei der größere Zeiträume umfassenden Planung Ihrer Beiträge sollten Sie Ideen zur Rationalisierung finden können. Es ergeben sich zum Beispiel Synergieeffekte, wenn Sie Beiträge zu denselben oder verwandten Thematiken veröffentlichen wollen. Deren Erstellung können Sie dann in einem Aufwasch erledigen, was viel Zeit sparen kann.

Redaktionspläne für alle Zeitfenster

Je nach Größe Ihrer Community ist mindestens eine Zweiteilung des Redaktionsplans vorzunehmen. Zum einen benötigen Sie eine Jahresübersicht, zum anderen eine Synopse der einzelnen Monate. Bei größeren Communitys muss dann auch noch ein Wochenplan dazukommen. Im Web lassen sich einige sehr brauchbare Muster-Spreadsheets zum Gratis-Download[45] finden. Wenn es komplexer wird, kann es sich lohnen, sich in eine Projektmanagement- oder ähnliche Software[46] einzuarbeiten.

Plattformspezifische Timing-Komponenten haben wir schon bei der Besprechung des Themas Erster Content angeschnitten. Brancheninterne Veranstaltungen, Ereignisse von Allgemeininteresse oder saisonale Termine gehören ebenso auf Ihren Redaktionsplan wie die Kampagnen oder Wettbewerbe, die Sie gerade am Start haben.

Auf die Jahresübersicht eines Redaktionsplans sollten Sie alle wichtigen Events in Ihrer Branche setzen. Dort werden Sie eventuell präsent sein müssen. Wie im nächsten Kapitel noch näher ausgeführt wird, ist die Teilnahme an Offline-Events wie Konferenzen oder Messen ein Teil des Jobprofils von Community-Management.

Ein Redaktionsplan ist jedoch nichts, an das Sie sich sklavisch halten müssen. Sie brauchen eine Marge für Flexibilität, um auf aktuelle, unvorhergesehene Entwicklungen reagieren zu können.

Zudem sollten Sie es sich zur Regel machen, einige Beiträge in Reserve zu halten. Damit schaffen Sie sich ein Sicherheitsnetz für den Fall, dass es mit einer geplanten Veröffentlichung einmal nicht nach Plan läuft.

Wie bekomme ich möglichst viele Fans?

In der Aufbauphase dürfte die Gewinnung neuer User die wohl spannendste Aufgabe sein. Eine steigende Nutzerzahl ist die augenfälligste Form von Anerkennung für Arbeit und Engagement, die Sie in das Building investiert haben.

Mit der Zeit dürfte sich die Begeisterung für das Hochtreiben dieser Zahl etwas abschleifen, weil die Akquise neuer Mitglieder zur Routine wird. Gleichwohl darf solch eine Entwicklung nicht dazu führen, dass die Bemühungen um Zuwachs nachlassen.

Fetisch Mitgliederzahl

Die Anzahl der Follower und Fans ist in der Welt der Social Media die wichtigste Kennziffer. Deshalb wird ihr aktueller Stand für gewöhnlich gut sichtbar auf der Startseite »ausgehängt«. Sie wird von aller Welt als Maßstab für Erfolg oder Misserfolg wahrgenommen, mithin ist sie in der Welt der Communitys das Statussymbol schlechthin.

Dies erklärt, warum so viele versuchen, ihr Image durch gekaufte Fans aufzupolieren. Doch auch wenn eine möglichst große Mitgliederzahl fast schon ein Fetisch ist, eines sollten Sie niemals tun: sie durch dubiose Maßnahmen aufblähen. Solche Manipulationen fallen in der Regel irgendwann auf und fügen Ihrem Image enorme, wenn nicht irreparable Schäden zu.

Wie wir noch sehen werden, hat die Mitgliederzahl (wie alle Statussymbole) nur eine eher äußerliche Bedeutung. Über die inneren Qualitäten einer Community sagt sie nur bedingt etwas aus. Nichtsdestotrotz ist der Kampf um neue Mitglieder ein Dauerthema. Und ein Kampf ist es, denn die meisten Newbies müssen von anderen Communitys abgeworben werden. Menschen können nur in einer begrenzten Zahl von Communitys Mitglied sein, weshalb ein Verdrängungswettbewerb stattfindet.

Lockmittel

Besucher können über eine Suchmaschine, eine Werbeanzeige oder die Verlinkung auf einer anderen Seite auf Ihre Community stoßen. Für den eher zufällig Vorbeikommenden ist Ihre Community-Site zunächst nur eine von vielen Seiten, die er zur Kenntnis nimmt.

Dabei sind Sie mit Ihrer Community in einer ähnlichen Situation wie ein Ladengeschäft oder ein Restaurant, das Menschen zum Eintreten bewegen will. Ausgangspunkt Ihrer Bemühungen um Anziehungskraft ist es, so zu denken wie jemand, der vor Ihrem Geschäft steht. Es besteht für ihn nur dann Grund zum Näherkommen, wenn er einen unwiderstehlichen Vorteil erkennen kann.

Also müssen Sie es schaffen, dass der Besucher hinter Ihrem virtuellen Schaufenster einen Erlebnisraum wahrnimmt. Dafür braucht es ein Versprechen, inklusive eines sofort ersichtlichen Nachweises, dass Sie Ihr Versprechen halten können. »Hier bekommst du ...«, »... wird dein Leben interessanter machen ...« oder »Es lohnt sich!« sind nur drei beliebige Beispiele für Catch-Phrases, die in allen Phasen des Community Life Cycle wirken.

Mit leisen Tönen werden Sie meist nicht weit kommen. Sie brauchen vor dem Gebrauch starker Wörter nicht zurückzuschrecken. Hier nur eine kleine Auswahl: »wertvoll«, »faszinierend«, »außerordentlich«, »inspirierend«, »begeisternd«, »garantiert«, »beeindruckend«, »bereichernd«, »außergewöhnlich« und so weiter. In unglaubwürdige Maßlosigkeit darf es aber nicht ausarten. Vokabeln wie »einzigartig« oder »unvergleichlich« klingen denn doch allzu sehr nach dem Blauen vom Himmel.

Materielle Anreize sind (unter Wahrung der Rechtsvorschriften) immer ein gutes Lockmittel. Ein Satz wie »Trete unserer Community bei und sichere dir ...« verfehlt fast nie seine Wirkung. Das *sichere dir* können Sie in Form von Gewinnspielen oder Gutscheinen einlösen.

Hier ist allerdings Vorsicht geboten: Besteht der Anreiz zur Anmeldung ausschließlich in dem Versprechen eines persönlichen Vorteils für den User, ist die Gefahr groß, dass sich Besucher nur anmelden, um davon zu profitieren. Eine Teilnahme am Community-Geschehen ist dann nicht zu erwarten. Solche neuen User melden sich ebenso schnell ab, wie sie sich angemeldet haben.

Sockenpuppen

Irgendwann werden Sie Mitglieder haben, die im Webjargon Sockenpuppen genannt werden. Darunter versteht man User, die unter verschiedenen Nicknames mit mehreren Accounts operieren. Viele Sockenpuppen streuen sich widersprechende Beiträge in laufende Diskussionen ein. Bei YouTube werden Sockpuppets-Accounts gegründet, um damit den Traffic eigener Videos zu pushen.[47]

Es ist anzuraten, die Selbstdarstellung als Erlebnisraum durch kognitive Leichtigkeit zu unterstützen. Ein Besucher sollte auf einen Blick erfassen können, ob die Themen Ihrer Community mit seinen Interessen harmonieren.

Netzwerkeffekte

Ein Gutteil des Wachstums der Mitgliederzahl beruht auf der Eigendynamik Ihrer Community. Wo sich ein allgemein als mehrwertig empfundenes Klima herausgebildet hat, sorgen Netzwerkeffekte dafür, dass immer ein gewisser Zulauf vorhanden ist. Zu einem Netzwerkeffekt kommt es, wenn Empfehlungen zufriedener Mitglieder den Instinkt für den Herdentrieb erwecken, also den Wunsch, bei etwas mitzumachen, weil andere es tun. Sie müssen alles Mögliche in die Wege leiten, um diese Netzwerkeffekte anzustoßen.

Aber Achtung, die selbstverstärkende Dynamik von Netzwerkeffekten kann auch nach hinten losgehen. Wenn jemand, und das muss keines der auffällig aktiven Mitglieder sein, aus Ihrer Community austritt, dann ist die Gefahr groß, dass die Absetzbewegung Kreise zieht. In den meisten Fällen schließen sich viele Freunde des Abtrünnigen, seien sie nun Freunde im realen Leben und nur auf der virtuellen Ebene, dem Abgang an.

Ein Problem bei der Entwicklung einer Strategie zur Forcierung von Netzwerkeffekten ist es, dass es nicht ohne Weiteres ersichtlich ist, ob sich ein neues Mitglied aufgrund der Empfehlung eines Freundes angemeldet hat. Sie können also nicht letztgültig beurteilen, ob Ihre Maßnahmen zur Schaffung von Netzwerkeffekten die gewünschte Wirkung haben. Wenn Sie dies herausfinden wollen, brauchen Sie eine Abfrage bei der Anmeldeprozedur.

Vom Mitglied zu den 10 Prozent Aktiven

Schritt eins hat der Besucher gemacht und sich angemeldet. Mit Erreichen dieses Etappenziels tun sich drei Möglichkeiten auf: Das neue Mitglied schließt sich der schweigenden Mehrheit an, es macht gelegentlich einen Beitrag oder aber es wird zu einem Aktivposten Ihrer Fanbase.

Wie kann es nun gelingen, einen Newbie zu bewegen, aus der Masse der stummen Mehrheit heraus- und in den Kreis der aktiven Nutzer einzutreten? Ihn womöglich dazu zu bringen, zu einem Power-User zu werden?

Wenn ein Newbie nach einiger Zeit noch keine Aktivität entwickelt hat, wird es schwierig. Weiteres Ansprechen im Stile der Welcome-Initiative können Sie sich sparen, wenn Sie nicht als nervig wahrgenommen werden wollen. Sie können eigentlich nur hoffen, dass der User irgendwann aus eigenem Antrieb Engagement entwickelt. Auch Nicht-Engagement verdient Respekt, und ein inaktives Mitglied ist immer noch wertvoller als ein abgemeldetes.

Reaktivierung von »Schläfern«

Anders sieht die Sache bei den Mitgliedern aus, die sich sporadisch oder sogar phasenweise relativ rege beteiligt haben, dann aber über einen längeren Zeitraum nichts von sich haben hören lassen. Solche User, die vielfach als »Schläfer« bezeichnet werden, bieten einen Ansatzpunkt für eine neuerliche persönliche Ansprache.

Es kann sich lohnen, Versuche zur Reanimierung von Schläfern zu machen. Viele von ihnen sind keine Abtrünnigen, sondern wollen eventuell einfach nur ein wenig hofiert werden. Nicht wenige werden es zu schätzen wissen, wenn Sie ihnen ab und zu eine »Wir haben schon länger nichts von dir gehört«-Nachricht zukommen lassen. Wenn Schläfer sehen, dass Sie sich um sie bemühen, werden manche aus ihrem Schattendasein zurückkehren.

Sie wissen ja nie, weshalb ein Mitglied schweigt: Es war vielleicht im Ausland unterwegs, krank oder hat andere interessante Communitys gefunden, was nicht heißt, dass es dauerhaft verloren ist. Ein Zeichen dafür, dass Sie Wert auf den Verbleib bei Ihnen legen, kann da schon Wunder wirken.

Community-Engagement

Eine Community ist das, was die Gesamtheit der Mitglieder daraus erwachsen lässt. Die Hauptaufgabe im Alltagsbetrieb ist es daher, die Bahnen, in denen die Community läuft, durch strukturiertes Dirigieren der Fanbase in die gewünschte Richtung zu lenken beziehungsweise darin zu halten.

Community-Engagement wird all das genannt, das Ihre Community in einen produktiven Flow bringt. Der Begriff meint die Herbeiführung und Aufrechterhaltung einer möglichst hohen Frequenz von Posts und Kommentaren, sowohl mit Ihnen als auch bei der Interaktion unter den Mitgliedern, die sich ohne Ihr Zutun entwickelt.

Abbildung 4.3: Lenkung einer Community

Ihr zentraler Beitrag zum Community-Engagement sind Dialogführung und Bereitstellung von interessantem Content. Diese beiden Arbeitsbereiche, die Kür Ihres Jobs, sind stets unter dem Aspekt der Anregung und Steuerung von Aktivität, neudeutsch Incentivierung genannt, zu sehen.

Aktivität anregen

Jeder User hat Potenzial – er muss nur dazu gebracht werden, dass er es auch in den Dienst der Community stellt. Manche tun es von sich aus, weil es ihnen in Ihrer Community so gut gefällt, bei der Mehrzahl der Mitglieder ist jedoch Incentivierung notwendig, denn die große Masse – siehe das eingangs dargelegte 70-20-10- beziehungsweise 90-9-1-Prinzip – übt sich in Passivität.

Viele Community-Manager bedienen sich dafür eines Mittels, das für manche einen faden Beigeschmack hat: Sie gründen ein oder mehrere Fake-Profile, von denen aus sie den Dialog anteasern. Dieses Vorgehen soll hier keineswegs empfohlen werden, aber es mag für Situationen angemessen sein, in denen man ohne die Einstellung, dass der Zweck die Mittel heiligt, nicht weiterkommt.

Wie auch immer Ihre Vorgehensweise ist: In Sachen Aktivierung von passiven Usern sind Sie in der Position von jemandem, der in Gesellschaft alles daransetzt, dass weder peinliches Schweigen noch belangloses Geschwätz aufkommt.

Qualität schaffen

Es ist nicht leicht, eine rein konsumptive Einstellung auf Aktivität zu polen. Sie werden kaum jemanden dazu bringen, sich zu beteiligen, indem Sie ihn dazu auffordern, doch auch einmal einen Beitrag zur Diskussion zu leisten. Der ausschlaggebende Anreiz zum Mitmachen ist meist die Qualität und Intensität der Diskussion.

Je vielstimmiger das Community-Engagement ist, umso besser. Im Prinzip stimmt das zumindest, wenn es auf dem wünschenswerten produktiven Niveau stattfindet. Viele Posts sind aber einfach nur weißes

Rauschen, nichtssagend und voller Wiederholungen. Es wäre eine gefährliche Entwicklung, das allgemeine Niveau durch langweilende Redundanzen verflachen zu lassen.

Interessante Diskussionen sind selten Selbstläufer – bloßes Abnicken von beliebigen, austauschbaren Posts und Tweets hat nichts Animierendes und führt nicht zu qualitativ ansprechenden Threads. Dafür braucht die Dialogmaschine Schmierung.

Dieser Anspruch verlangt Akkuratesse: Regulierende Eingriffe sind so vorzunehmen, dass Sie nicht das Gefühl vermitteln, Sie wollten sich übermäßig in den Vordergrund spielen. Dazu braucht es einiges Fingerspitzengefühl; schnell ist der Eindruck erweckt, dass Sie nur zu allem »Ihren Senf abgeben« wollen.

In den Posts, die der Qualitätssicherung dienen sollen, ist ein schulmeisterhaftes Rollenverständnis oder sogar Besserwisserei fehl am Platze. Wenn Sie schon Belehrungen erteilen wollen oder müssen, dann in einer unaufdringlichen, unterhaltsam verpackten Art und Weise, gerne auch mit etwas Humor.

Best Practice – Community-Engagement
- Erzeugen eines Wir-Gefühls
- Gesprächsanregenden Content bereitstellen
- Aufrechterhaltung eines positiven Diskussionsklimas
- Qualitätsstandard sichern
- Wettbewerbe, Aktionen und Kampagnen
- Organisation von Offline-Events
- Anregung der Diskussion durch Umfragen
- Bitten um Verbesserungsvorschläge
- Öffentliche Belobigung von besonders guten Beiträgen

Alles ist eine Antwort wert

Der Anspruch, dass die Diskussion Qualität haben soll, darf nicht dazu verleiten, User-Beiträge einfach zu ignorieren. Voraussetzung dafür, den Respekt seiner Mitglieder zu gewinnen und zu behalten, ist es, alle Posts ernst zu nehmen. Jede Äußerung hat etwas Exemplarisches und damit Auswertbares – sie beinhaltet den Willens des Konsumenten. Wenn jemand seine Meinung artikuliert, und sei sie noch so kritisch, dann verdient das Wertschätzung und umgehende Rückmeldung als Mindestanspruch an den Cyber-Anstand.

Das gilt in besonderem Maße für Support-Angelegenheiten. Gibt es bei einem Produkt des Betreibers Anlass zu Klage oder Reklamation, machen die User aus ihrem Herzen keine Mördergrube. Hierbei melden sich dann oft auch die Nutzer zu Wort, von denen ansonsten nie etwas zu hören ist.

Als Moderator müssen Sie auf Beiträge mit Reklamationen unaufgeregt reagieren. In solchen Fällen besteht Empathie einfach nur darin, eine verbindliche Antwort zu geben. Missachtung und Schweigen hingegen sind keine Option, sondern ein Sündenfall. Als Community-Manager dürfen Sie sich nie verstecken!

Beispiel Service-Post
Q.: *Mein Notebook XXX, vor 2 Monaten bei euch gekauft, läuft unheimlich langsam. Was kann ich tun?*
A.: *Tut uns leid, dass dein Notebook so langsam ist. Das darf natürlich nicht sein, aber wir werden das in den Griff kriegen. Meist laufen zu viele Programme im Hintergrund (Virenscanner). Guck mal bitte zuerst danach, sonst melde dich noch mal! Viel Erfolg!*

Auf keinen Fall darf der Eindruck erweckt werden, dass ein Mitglied untergebuttert werden soll. Sie dürfen nie Ungeduld oder gar Herablassung durchklingen lassen, und seien die Posts, auf die Sie reagieren müssen, noch so banal, unqualifiziert oder unausstehlich. Jeder hat halt seine eigene Art von Poesie.

Was immer aufs Tapet gebracht wird, Sie stehen in der Pflicht, alles dafür zu tun, dass eine zufriedenstellende Lösung gefunden wird. Schließlich kann Ihr Publikum (in vielen offenen Communitys sogar die ganze Welt) sehen, wie Ihre Auffassung von Rückmeldekultur ist.

Es ist ein Kardinalfehler, Beschwerdeführer mit einem lapidaren Hinweis auf eine Hotline-Nummer oder eine Service-Mail-Adresse abzuspeisen. Diese Vorgehensweise wird als Abwimmeln empfunden. Auch bei extrem negativen Äußerungen – solange sie sich an die Netiquette halten – ist immer in demonstrativ kooperativer Manier zu reagieren. Zu jeder Antwort, bei der an eine andere Abteilung verwiesen werden muss, gehören ein paar nette, optimistische Worte.

Wenn Sie sich dabei ein Versäumnis zuschulden kommen lassen, untergräbt das Ihre Position sehr schnell. Hingegen hilft es dem Community-Engagement enorm, wenn Sie sich das Image schaffen, dass man bei Ihnen sofort wirksame Hilfe bekommt. Geschickte Steuerung von Serviceangelegenheiten kann sogar dazu führen, dass die Servicekosten gesenkt werden. Wenn es Ihnen gelingt, entsprechende Fäden zu knüpfen, können Sie die Mitglieder dazu bringen, sich gegenseitig zu helfen.

Vorsicht bei politischen Themen!

Eine gravierende Einschränkung ist bei der Forderung nach verbindlicher Beantwortung aller Posts allerdings zu machen: Kommt es dazu, dass ein Thread sich in ein politisches Thema verhakt, so ist höchste Vorsicht angebracht. Politische Positionierungen können sehr dünnes Eis sein, auf dem schon viele vorher harmonische Beziehungen eingebrochen sind!

Für solche Fälle braucht es Geschicklichkeit, um sich ohne Anecken durch den Dialog zu lavieren. Im Allgemeinen verfahren Sie am besten, indem Sie um heikle Themen diplomatische Schleifen drehen.

Rituale und Traditionen

Community-Engagement basiert nicht zuletzt auf Ritualen und Traditionen. Wie bei allen Formen von sozialem Zusammenwirken entwickeln sich auch in einer Community im Laufe der Zeit Traditionen, Rituale, Running Gags, Memes und Insider-Symbole.

Hierbei kommt wieder der Aspekt der virtuellen Kompensation ins Spiel. Soziologie und Psychologie konstatieren seit Längerem einen Rückgang von gesellschaftlichen Ritualen.[48] Daraus resultiert ein Gefühl von fehlender Gemeinschaftlichkeit, für das Ersatz gesucht wird, ob nun bewusst oder unbewusst. Eines der Terrains, auf denen gesucht wird, ist dann die Welt der Online-Gemeinschaften.

Ihre Aufgabe besteht darin, ritual- und traditionsbildende Elemente in eine Richtung zu lenken, auf die die Mehrheit vorbehaltlos einschwenken kann. Solche Rituale und Traditionen können sein:

- Herausstellung verdienstvoller Mitglieder,
- Vorstellungsrunde neuer Mitglieder,
- fest terminierte Diskussionsrunden,
- regelmäßige Wettbewerbe,
- Wahl des besten Beitrags,
- Wochenrückschau (Community Weekly).

Derlei Sitten und Gebräuche sind Teil der Statik einer Community, aber sie können auch etwas Zwanghaftes bekommen – Rituale schleifen ab, Traditionen fallen der Ignorierung anheim.

Die Community als Ganzes hat eine konsensbildende Kraft, der Sie sich besser nicht entgegenstellen. Lassen Sie der Mehrheit ihren Willen. Das gilt in beide Richtungen: Findet unter den Mitgliedern etwas allgemeinen Beifall, lassen Sie dem Ganzen am besten seinen Lauf. Umgekehrt ist es wohl besser, nicht auf Konventionen bestehen bleiben zu wollen, die abgewählt wurden.

Massnahmen gegen die Routine

Communitys bilden ihre Routinen heraus. Das ist zunächst nichts, das irgendwie negativ zu sehen wäre, aber es darf nicht zugelassen werden, dass der ganze Betrieb in langweiliger Routine erstarrt. Von daher ist es nötig, immer wieder einmal etwas Außergewöhnliches oder sogar Spektakuläres zu bieten, das aus dem Rahmen der eingespielten Alltäglichkeit herausfällt.

Überraschungselemente können sehr dabei helfen, Ihre Community in der Erinnerung der Mitglieder zu verankern und sie zu veranlassen, regelmäßig bei Ihnen vorbeizuschauen. Zu viel Routine schadet der dafür notwendigen Neugierde, da der User nicht mehr sicher sein kann, von Ihnen etwas Neues präsentiert zu bekommen.

Ihre Mitglieder werden umso treuer und anhänglicher sein, je mehr es Ihnen gelingt, bei ihnen ein FOMO-Gefühl zu erwecken. Am besten ist es, wenn Ihr Angebot gar nicht erst den Gedanken aufkommen lässt, woanders etwas noch Besseres finden zu können.

Experimente bei den Themen

Community-Engagement lässt sich nicht zuletzt dadurch fördern, dass Sie des Öfteren mit etwas aufwarten, das völlig aus dem Rahmen fällt. Der Anspruch, Neues zu präsentieren, setzt Sie unter einen gewissen Druck. Das hat aber auch den positiven Aspekt, dass sich Spielräume für Experimente mit neuen, unverbrauchten Inhalten auftun.

Sie eröffnen die Chance, den Horizont der Community durch neue Themen zu erweitern, natürlich nur im Rahmen dessen, wofür der Betreiber die Freigabe erteilt. Neues stellt immer ein Gesprächsthema dar – das ist zunächst das Wichtigste!

Experimentieren schließt die Möglichkeit des Scheiterns in sich ein. Daher sind Sie gut beraten, wenn Sie den Mitgliedern erklären, dass etwas Neues ausprobiert wird. Eine Bitte um direktes Feedback gibt Experimenten einen basisdemokratischen Anstrich. Bei einem Misslingen des Experiments gehört den Feedback-Gebern ein Wort des Dankes dafür ausgesprochen, dass sie zu der Erkenntnis des Fehlschlags beigetragen haben.

Interview: Denise Henkel, Community Managerin

Bitte stellen Sie sich kurz vor. Welchen beruflichen Hintergrund haben Sie und wie kamen Sie zu der Position als Community-Manager?

Ich bin Denise Henkel und seit über zehn Jahren im professionellen On-Domain-Community-Management tätig. In den letzten fünf Jahren habe ich das Community-Team rund um die Sex- und Erotik-Community JOYclub aufgebaut. Seit 2018 bin ich nebenberuflich selbstständig, halte Vorträge und Workshops zum Thema Community-Management.

Dazu gekommen bin ich durch eine Mischung aus Verzweiflung und glücklichem Zufall: Mit dem Abschluss meines Studiums im Sommer 2008 wusste ich nicht so wirklich, was ich als Nächstes tun sollte, und war mit meinen uninspirierten Bewerbungen dementsprechend erfolglos. Ich entschied mich dann, erst mal ins Ausland zu gehen und im Kundendienst für ein Online-Rollenspiel zu arbeiten.

Dort gab es auch eine Abteilung Community-Management, ein Berufsfeld, das ich bis dahin gar nicht kannte. Ich war sofort begeistert, denn Online-Communitys waren zu diesem Zeitpunkt mein größtes Hobby. So beschloss ich, mein Hobby zum Beruf zu machen, und bin bis heute drangeblieben.

Warum ist Community-Management wichtig und welche Plattformen nutzt du?
Community-Management ist wichtig, weil es die Menschen in den Mittelpunkt rückt, auf ihre Wünsche und Ängste eingeht, ihre Talente erkennt und sie dazu befähigt, über sich hinauszuwachsen. Welche Werbebotschaft kann das schon?! Mein Fokus liegt auf On-Domain-Communitys, das heißt, die Plattform liegt auf dem eigenen Webspace. Lithium und vBulletin sind zwei Forensoftwares, die man auf der eigenen Plattform einbinden kann und mit denen ich gearbeitet habe. Beim JOYclub ist alles Marke Eigenbau.

Wie verbindest du als Community-Manager Unternehmensziele und die Interessen der Zielgruppe?
Ich überlege mir, wie die Community zum Unternehmenserfolg beitragen kann, wie sich dies in den Handlungen der Mitglieder ausdrückt. Danach überlege ich, wie ich die Mitglieder dazu motivieren kann, diese Handlungen auszuführen. Du kannst niemanden zu etwas zwingen, die erwünschten Handlungen müssen also im Naturell der Mitglieder liegen. Jemanden, der sich gut fühlt, wenn er anderen helfen kann, kann ich genau dazu motivieren. Für Kundendienst-Communitys ist das Gold wert.

Wie baust du ein Vertrauensverhältnis zur Community auf und welche Fähigkeiten sollte ein Community-Manager besitzen?
Ein Vertrauensverhältnis zur Community baue ich auf, indem ich mir die Zeit nehme, sie kennenzulernen, den Leuten zuhöre und so selber Teil der Community werde. Beziehungsaufbau ist hierbei der Schlüssel. Die wichtigsten Fähigkeiten hierbei sind Kommunikation, Diplomatie, Empathie und Psychologie.

Mit welchen Mitteln setzt du die Netiquette innerhalb der Community durch und wie gehst du mit Hate Speech beziehungsweise einer Krisensituation um?

Ich setze auf gute Vorbilder und stärke die Nutzer, die sich vorbildlich verhalten, anstatt meine ganze Energie in das Bekämpfen von problematischem Verhalten zu stecken. Der Mensch ist ein Nachahmer und wenn ich dafür sorge, dass in meiner Community vorbildliches Verhalten präsent ist, passen sich die Mitglieder diesem Verhalten an.

Mit Hate Speech muss man kurzen Prozess machen, da diskutiere ich nicht lange, da wird gelöscht und gesperrt.

Bei einer Krise ist zunächst wichtig, dass die Mitglieder gut informiert sind, sie einen zentralen Anlaufpunkt haben, wo sie die aktuellen Informationen abrufen können.

Außerdem stelle ich sicher, dass die Diskussion nicht aus den Fugen gerät, weil sie zu emotional aufgeladen ist. Das erreiche ich, indem ich Verständnis zeige und Fragen stelle mit dem Ziel, die Mitglieder besser zu verstehen. Sobald sie feststellen, dass ihnen jemand zuhört, werden sie ruhiger und sachlicher.

Welche Situation war für dich als Community-Manager bisher die schwierigste?

Wenn hinter den Kulissen nicht alle an einem Strang ziehen und die Community darunter leiden muss, ist das sehr schwer für mich. Beispielsweise bei technischen Änderungen, die die Community nicht nachvollziehen kann, ihnen das dann noch verkaufen zu müssen, geht an die Substanz.

Welche Methoden zum Community Building und -Engagement sind deiner Meinung nach die vielversprechendsten?

Bevor du eine Community aufbaust, musst du sichergehen, dass sie den Nerv deiner Zielgruppe trifft. Sie braucht eine Mission, auf die alle hinarbeiten, die allen Aktivitäten den nötigen Fokus gibt. Die Mission sollte der Zielgruppe dabei helfen, ihre Träume zu erreichen und/oder ihre Probleme zu lösen. Wenn du das hast, ist der Rest ein Kinderspiel.

Community-Engagement sollte sich ebenfalls an der Mission der Community ausrichten und dabei abwechslungsreich sein. In meinem CHAI-Modell habe ich vier Elemente identifiziert, die in den Aktivitäten einer dauerhaft lebendigen Community enthalten sein sollten: Creativity, Helpfulness, Affirmation und Inspiration, zu Deutsch: Kreativität, Hilfreiches, Bestätigendes und Inspirierendes. Je nachdem, welches Ziel deine Community hat, wird einer der Aspekte dominieren. Eine Community für Lehrer, welche das Ziel hat, sich über die besten Lehrmethoden auszutauschen, wird den Fokus eher auf hilfreiche und inspirierende Inhalt legen als auf Kreatives.

Wie sieht deine Zusammenarbeit mit dem Social-Media-Management und Content-Management konkret aus? Hast du bei der Content-Erstellung Mitspracherecht, bist du alleinverantwortlich zuständig, gibt es Reibungen und Überschneidungen?
Ich habe überhaupt keine Berührungspunkte mit Social-Media-Management, da ich die Community auf der eigenen Plattform betreue und dort für alle Aspekte der Community-Betreuung eigenverantwortlich zuständig bin.

Beherrschst du Storytelling-Theorie und -Techniken?
Ja, ich habe schon immer kreative Texte geschrieben, spiele in meiner freien Zeit Theater, habe ein eigenes Blog und wurde im Storytelling geschult. Es liegt mir sehr und macht mir Spaß.

Welche Aspekte deines Berufes schätzt du am meisten und welche Tipps hast du für Neueinsteiger im Community-Management?
Am meisten schätze ich, dass ich eine Kultur des Miteinanders erschaffen kann. Etwas, was in unserer stark individualisierten und digitalisierten Welt zunehmend verloren gegangen ist.

Neueinsteigern empfehle ich, den Fokus zu bewahren bei all den vielen Möglichkeiten zur Gestaltung der Community. Der Fokus liegt auf den Menschen und den Beziehungen zu ihnen, die Community sollte deren Bühne sein und nicht die Bühne des Community-Managers.

Mitgliederbindung

»Kultur des Miteinanders« ist ein schönes Stichwort – es bezeichnet die Form von Kultur, die das Wir-Gefühl Ihrer Fangemeinschaft auf ein solides Fundament stellt.

Dauerhafte Beziehungen entstehen nicht über sporadische Kontakte, sondern über erfolgreiche Interaktionen. Die Bindung an eine Community ist meist emotionaler Natur, und besonders intensiv bei den Usern, die sich aktiv an den Diskussionen beteiligen.

Ihre Initiativen zur Förderung des Community-Engagements sind darauf anzulegen, die Gefühlswerte herbeizuführen und intakt zu halten, die Grundlage einer dauerhaften Bindung sind. Tun Sie in dieser Hinsicht zu wenig, werden viele User zu Communitys abwandern, wo ihre emotionalen Bedürfnisse besser bedient werden. Geben Sie den Usern also immer das Gefühl, dass Sie sie kennen und ihnen zuhören. Lassen Sie sie spüren, dass ihre Wünsche und Interessen im Vordergrund Ihrer Arbeit stehen, indem Sie individualisierte Maßnahmen zur Stärkung der Bindungskräfte ergreifen. Das kann zum Beispiel sein:

- Mitglieder auf Events hinweisen, die sie interessieren könnten,
- Mitglieder auf Websites hinweisen, die ihren Interessen entgegenkommen.

Mitglieder vernetzen

Mitglieder binden sich oft deshalb an eine Community, weil sie hier die richtigen Bekanntschaften zu finden hoffen. Es ist wie bei einem Fußballfan, der sich auf die Tribüne setzt, auf der die Fans seiner Mannschaft versammelt sind.

Nun kann nicht davon ausgegangen werden, dass Mitglieder, die sich etwas zu sagen haben könnten, immer von sich aus zueinanderfinden – da müssen Sie nachhelfen. Dazu ist es Ihre Aufgabe, Affinitäten und Wesensgleichheiten unter den Mitgliedern zu identifizieren. Sie haben den besten Einblick, welche Nutzer miteinander in ergiebige und gehaltvolle Interaktion treten könnten – das verpflichtet!

Sobald Sie solch eine Affinität entdeckt haben, sollten Sie alles dafür tun, diese User miteinander zu vernetzen. Sie werden dieses virtuelle Bekanntmachen als hervorragenden Service empfinden und Ihnen dankbar sein. Jeder freut sich, einen der Menschen kennenzulernen, mit denen man viele gemeinsame Interessen hat.

Multiplikatoren

Wie schon mehrmals erwähnt, zeigt nur eine Minderheit der User permanente Aktivität. Die erfolgreiche Kommunikation mit diesen Power-Usern ist ein Schlüsselelement für das Standing Ihrer Community. Diese hochaktiven Mitglieder müssen Sie hofieren.

User, die sich rege an Diskussionen und Beisteuerung von Content beteiligen, sehen die Community oft als psychosozialen Kompensationsraum. Offensichtlich hat es in ihrem Leben eine gewisse Priorität, viele Beiträge zu leisten. Ob hinter dieser Form von Exponierung nun Eitelkeit oder ein edleres Motiv steht, muss Sie nicht weiter interessieren. Der entscheidende Aspekt ist, dass diese Mitglieder Ihrer Community Struktur und Attraktivität verleihen.

Power-User erwarten eine Vorzugsbehandlung. Diese besteht vor allem darin, ihre besondere Stellung vor der gesamten Community hervorzuheben. Dadurch bekommt ihre Stimme bei der passiven Mehrheit ein hohes Gewicht – Power-User sind die, deren Meinung die Masse hören will und an sich heranlässt.

Meinungsführer als Multiplikatoren

Als Community-Manager haben Sie zwar eine gewisse Autorität, aber das bedeutet noch lange nicht, dass Sie damit automatisch auch die Meinungsführerschaft beanspruchen können. Diese liegt vielmehr in den Händen von Power-Usern, die zu Multiplikatoren geworden sind. Der Begriff bezeichnet Mitglieder, die durch ihre qualitativ ansprechenden und meinungssicheren Aktivitäten Einfluss auf andere Mitglieder ausüben können.

Multiplikatoren bilden Meinungen durch Lufthoheit bei ihren Themen. Das macht sie zu Trendsettern oder sogar zu Influencern, nur dass sie nicht auf eigene Rechnung influencen, sondern unentgeltlich als Markenbotschafter und Promoter fungieren.

Die Multiplikatoren mit ihrem starken Antrieb zur Mitgestaltung des Community-Lebens sind eine der wichtigsten Komponenten dessen, was von der passiven Mehrheit als Mehrwert wahrgenommen wird. Jedes Ihrer Power-Mitglieder stellt mit seinen Bemühungen im Dienste Ihrer Community eine indirekte Schwächung Ihrer Konkurrenz dar.

Für die Mühe, sich voller Engagement in die Diskussion einzubringen und eventuell sogar User Generated Content (siehe hierzu Genaueres in Kapitel 6) beizusteuern, erwarten Multiplikatoren mit Recht eine öffentlich sichtbare Herausstellung. Mangelnde Anerkennung oder sogar Vernachlässigung wirken demotivierend auf sie, und schließlich werden sie sich verärgert aus ihrer Rolle zurückziehen.

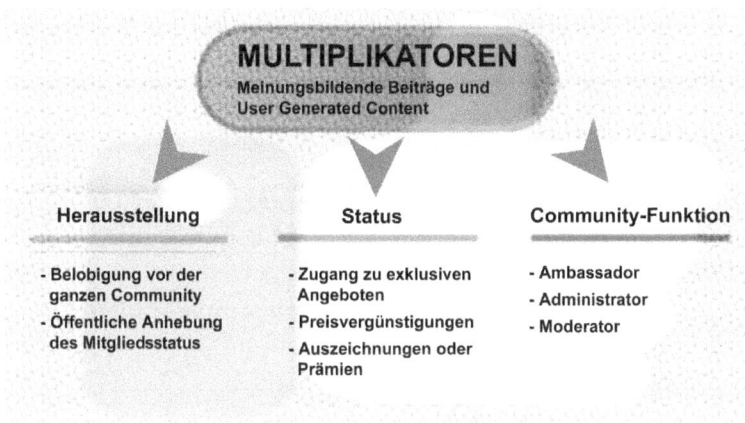

Abbildung 4.4: Multiplikatoren

Im Zuge eines Rückzugs können sie einen sehr schädigenden Einfluss nehmen, Stichwort »Netzwerkeffekt«. Ihre Abwanderung ist mit einem Imageverlust verbunden, der sich negativ auf die Mitgliederzahl auswirkt. Das zu verhindern, ist Ihr Job, indem Sie Ihre Multiplikatoren ins Rampenlicht stellen und ihnen sozusagen digitale Verdienstmedaillen verleihen. Jeder freut sich, wenn ihm für seine Leistungen öffentlich Rosen gestreut werden.

Die Würdigung von profilierten Mitgliedern gehört zu den Ritualen einer Community. Dazu sollten Sie einige persönliche Sätze finden, in denen Sie den Dank der Community im Namen aller aussprechen. Aus dieser kleinen Laudatio soll auch herausklingen, dass Sie hoffen, noch viele weitere exzellente Beiträge des Mitglieds zu sehen.

Mit solch einer Herausstellung (oft als Shoutout bezeichnet) erhöhen Sie den Bekanntheitsgrad des Mitglieds, was eine Spirale der weiteren Aufwertung in Gang setzen kann. Die Honorierung verleiht seiner Stimme ein noch größeres Gewicht, was seinen Einfluss auf andere User ausweitet.

Beispiel Belobigungspost
Lieber X, ich spreche nicht nur für mich, wenn ich dir für deine tollen, immer lesens- und sehenswerten Beiträge ein herzliches »Dankeschön!« sage.
Du siehst ja am Feedback, wie wertvoll dein Input für uns alle ist! Ich freue mich darauf, noch viele interessante Beiträge von dir zu sehen!

Schaffung von Multiplikatoren

Eine Belobigung macht noch nicht unbedingt einen Multiplikator, denn nicht alle, die diese Rolle ausfüllen könnten, streben sie auch an. Es stellt sich die Frage, ob Sie als Community-Manager Einfluss darauf nehmen können, geeignete Mitglieder dazu zu bringen, sich als Meinungsführer und Multiplikator zu profilieren.

Qualifizierte Mitglieder müssen behutsam auf eine Rolle als Multiplikator eingestimmt werden. Dafür ist Fingerspitzengefühl nötig, denn es ist nicht immer einfach, Menschen aus der Reserve zu locken. Ein Patentrezept dazu gibt es nicht. Bei dieser Aufgabe müssen Sie ganz individuell vorgehen. Dabei kommen Ihre dialogischen Fähigkeiten zum Tragen, mit all ihren empathischen Qualitäten. Dieses Thema wird im nächsten Kapitel genauer besprochen.

Hierarchisierung in Statusklassen

Viele Communitys sind so groß, dass sie eine hierarchische Abstufung der Mitgliederstruktur brauchen. Wo genau die kritische Größe dafür liegt, kann nicht verbindlich festgelegt werden. Wie meist, so hängt auch die Beantwortung dieser Frage von den speziellen Verhältnissen einer Community ab.

So wie Communitys mit Vereinen vergleichbar sind, so entsprechen Statusklassen den Ehrenämtern und Funktionen in Vereinen. Es ist Ihre Aufgabe, die Kriterien zu definieren, bei deren Erfüllung Mitgliedern ein höherer Status zukommt. Auf so manche User wirkt die Aussicht auf einen privilegierten Status wie die Karotte vor der Nase. Sie motiviert sie zu besonderen Anstrengungen, zum Gewinn für die gesamte Community.

Gängige Bezeichnungen für die Rangstufen, die Power-Mitgliedern zuerkannt werden können, sind zum Beispiel:

- Experte,
- Moderator,
- Power-User,
- Premium Member,
- VIP Member,
- Ambassador.

Ambassador ist im Allgemeinen die Bezeichnung für den höchstmöglichen Status. Der Begriff meint Mitglieder, die sogar Verantwortung in Teilbereichen der Community übernehmen, zum Beispiel für administrative Aufgaben. In manchen Communitys werden die Ambassadors durch die anderen Mitglieder gewählt. So oder so, sie können sehr zu Ihrer Entlastung beitragen.

An »Beförderungen« kann ein System von Vergünstigungen oder sogar Belohnungen gekoppelt werden. Das können spezielle Aktionsvorteile sein, wie etwa Sonderrabatte bei Neueinführung von Produkten. Immer gerne genommen werden auch Informationen, die ausschließlich den Mitgliedern bestimmter Statusklassen zukommen.

Transparenz beim Status

Die Zuerkennung von Statusattributen ist so vorzunehmen, dass die Mitglieder, die ohne besonderen Status bleiben, sich nicht schlecht behandelt fühlen. Dafür ist transparent herauszustellen, was die Voraussetzungen dafür sind, um einen bestimmten Status zu erlangen. Auf keinen Fall dürfen Vereinbarungen hinter dem Rücken der anderen Mitglieder getroffen werden.

In den Statuten der Community ist präzise darzulegen, welche Vergünstigungen einem Mitglied für welche Aktivitäten und

159

Gestaltungsbeiträge zustehen. Dazu gehört eine Regelung, ob ein Status permanent festgeschrieben wird oder ob für seine Erhaltung die regelmäßige Erbringung bestimmter Leistungen nötig ist.

Wettbewerbe und Offline-Events

Best Practice – Mitgliederbindung und Statusklassen
- Mitglieder auf für sie interessante Websites und/oder Veranstaltungen hinweisen
- Mitglieder mit »gleicher Wellenlänge« vernetzen
- Hierarchisierung in Statusklassen
- User mit besonders großem Engagement vor der Gemeinschaft herausstellen
- Power-User und Multiplikatoren dialogisch intensiv betreuen
- Nutzer anregen, Multiplikator zu werden

Kommen wir nun zu Maßnahmen, die geeignet sind, Mitglieder an die Community zu binden, die sich nicht oder nur sporadisch an der Diskussion beteiligen. Da sie nicht am Dialog teilnehmen, kann von dorther kaum etwas für die Bindung getan werden.

Die wichtigsten Mittel, weitere Verbindlichkeiten zu schaffen, sind Aktionen, Kampagnen und Wettbewerbe aller Art. Sie erfüllen eine doppelte Funktion: Sie dienen dem Standing der Community und können zudem der Vermarktung von Produkten oder Dienstleistungen des Betreibers nützlich sein.

Wettbewerbe und Gewinnspiele

Gewinnspiele, Wettbewerbe, Kampagnen oder sonstige Aktionsformen sollten regelmäßig stattfinden, vielleicht sogar zu einer Tradition gemacht werden. Übertreiben dürfen Sie es damit nicht, um niemandem auf die Nerven zu fallen. Auch bei Aktionen ist Unaufdringlichkeit eine Tugend.

Das Timing von Aktionen aller Art sollten Sie gut durchdenken. Besonders geeignet sind Zeiten, in denen es in der Community etwas ruhiger zugeht. Das bringt neuen Schwung in einen womöglich allzu stark abgeflauten Traffic.

Bei Gewinnspielen und Wettbewerben ist darauf zu achten, dem potenziellen Teilnehmer alles denkbar einfach zu machen – Stichwort »kognitive Leichtigkeit«. Zudem sollte es möglichst viele Preisgewinner geben. Die User schätzen es, ab und an ein kleines Erfolgserlebnis zu haben.

Es ist ein Fehler, x-beliebige Preise zu verteilen. Vielmehr sollte ein eindeutiger Bezug zur eigenen Marke und den eigenen Themen bestehen. Beachten Sie diese Regel nicht, werden vor allem sogenannte Gewinnspieljäger angezogen, von denen keine weitere Fühlungnahme mit Ihrer Community zu erwarten ist.

Und noch ein Punkt ist im Zusammenhang mit Gewinnspielen von großer Wichtigkeit: Finden sie auf einer Plattform in einem der großen Social Networks statt, so müssen Sie sich an deren Regeln für Gewinnspiele und an Rechtliches halten. Die Kenntnis dieser Regeln ist Pflicht, um Probleme im Zuge von Regelverstößen gar nicht erst aufkommen zu lassen.

Challenges

Großer Beliebtheit erfreuen sich Challenges. Es gibt immer wieder mehr oder weniger absonderliche Challenges, die in den sozialen Medien viral gehen. Orientieren Sie sich am besten an den aktuellen Trends auf diesem Gebiet. Populäre Formate sind:

* abgedrehte Aktionen aller Art (Vorbild: Ice Bucket Challenge),
* Talentsuchen,
* Vorher-nachher-Challenges (Makeovers),
* Tanzeinlagen.

Challenges lassen sich anschieben, indem Sie jemanden (eventuell auch sich selbst) bei einer ungewöhnlichen Aktion filmen oder fotografieren und die Mitglieder auffordern, dies nachzumachen und zu dokumentieren. Was das Thema der Challenge angeht, darf nichts vorgeschlagen werden, das gefährlich werden könnte. In dieser Hinsicht ist zum Beispiel die Kiki-Challenge[49] noch in unguter Erinnerung.

Umfragen

Wenn das primäre Ziel des Betreibers der Erhalt von Erkenntnissen für neue Produkte ist, bietet sich die Ausschreibung eines Ideenwettbewerbs an. Es gibt wohl kaum eine Aktivierungsform, in der sich aktuelle Trends und Meinungsbilder besser manifestieren.

Umfragen lassen sich gut mit Wettbewerben verknüpfen. Sie können aber auch separat abgehalten werden. Solange dieses sehr direkte Mittel zur Erforschung der Mitglieder dosiert eingesetzt wird, ist kein hohes Maß an Ablehnung zu befürchten.

Optimal ist es, wenn Sie es schaffen können, dass Ihre Umfrage sogar als Mehrwert wahrgenommen wird. Das ist vor allem dann der Fall, wenn Sie in Ihrer Umfrage ein Problem ansprechen, mit dem viele Menschen konfrontiert sind, und dabei Lösungsmöglichkeiten anbieten.

Offline-Events

Bei der Besprechung des Themas Sozialkompetenz wurde schon gesagt, dass Community-Management kein reiner Online-Job ist. Es gehört zum Aufgabenbereich Moderation, bei thematisch geeigneten Veranstaltungen, die in der realen Außenwelt stattfinden, präsent zu sein. Auf Messen, Konferenzen, Symposien oder anderen Events, die für die eigene Branche relevant sind, ergibt sich die Gelegenheit, Menschen persönlich kennenzulernen, die auf digitaler Ebene schon alte Bekannte sind.

Die analoge Kontaktpflege ist ein wichtiger Baustein für das Renommee. Sie schärft Ihr Profil gegenüber den Mitgliedern und hilft Ihnen, sie noch besser zu verstehen und damit noch differenzierter auf sie eingehen zu können. Offline-Events lüften den Schleier der Anonymität, der rein virtuellen Beziehungen doch immer irgendwie anhaftet, und die Beteiligten bezeugen einander: Wir sind doch alle echt!

Bei den Offline-Begegnungen ist darauf zu achten, dass Sie sich beim persönlichen Kontakt nicht anders darstellen als im virtuellen Raum. Schließlich wollen Sie auf ein neues Level von Vertrautheit kommen, und das kann nicht gelingen, wenn Sie sich anders geben als in Ihren Online-Dialogen. Ein solches Verhalten würde Ihre Glaubwürdigkeit untergraben.

Die Möglichkeit, mit Ihnen in direkte persönliche Verbindung zu treten, ist nicht der einzige Aspekt, den Ihre Mitglieder an einem Offline-Event attraktiv finden könnten. Sie schätzen es ebenso sehr, untereinander Bekanntschaft zu schließen. Es ist schon oft dazu gekommen, dass aus digitalen Freundschaften dauerhafte reale Beziehungen geworden sind.

Organisation von communityinternen Events

Neben Begegnungen auf Veranstaltungen, die Unternehmen oder ganze Branchen betreffen, sollten Sie auch Events organisieren, zu denen nur Mitglieder der Community eingeladen werden. Ob dies nun alle User sind oder nur ein bestimmter Kreis, beispielsweise die Power-Mitglieder, ist je nach Zielsetzung und der zu bewältigenden Teilnehmerzahl zu entscheiden. Dabei müssen Sie nicht zwangsläufig allein für die Organisation solcher Events verantwortlich sein. Sie wird in vielen Fällen auch von den Mitgliedern vorgenommen.

Wie ein Offline-Event aussehen kann, das die Community begeistert, ist stark davon abhängig, um welchen gemeinsamen Nenner es sich dreht. Regionale Communitys freuen sich beispielsweise über einen gemeinsamen Kiezspaziergang. Communitys, die sich über das Interesse an einem Produkt zusammengefunden haben, können Sie an den Ort des Geschehens, sprich in die Produktionsstätte, einladen.

Generell bieten sich aber auch immer Restaurants oder Cafés an, um sich wortwörtlich an einen Tisch zu setzen (vorausgesetzt, es ist genügend Platz für alle Eingeladenen vorhanden). Die Größe der Veranstaltungen kann variieren, von einer Handvoll bis zu mehreren Tausend Teilnehmern.

Um die Erwartungshaltung an das Offline-Event einschätzen zu können, hat es sich bewährt, Online-Umfragen zu machen, in denen die potenziellen Gäste sich dazu äußern können, wie sie sich die gemeinsame Offline-Zeit vorstellen. Sie beziehen die Community auf diesem Wege in die Planung ein, was den Chancen auf eine begeisternde Veranstaltung nur zugutekommen kann. Sie können die Mitglieder auch zu regionalen regelmäßigen Treffen animieren, die ohne oder mit Ihnen stattfinden. Ob Sie Vorgaben dazu machen sollen oder nicht, erfragen Sie am besten online.

Gelingt es, eine Veranstaltung auf die Beine zu stellen, die als gesellig und unterhaltsam empfunden wird, dann spricht sich dies herum. So tun Sie auch etwas zur Erhöhung Ihrer Reichweite.

Ihre Rolle bei Offline-Events

Während des Events fungieren Sie in Ihrer angestammten Rolle als Moderator. Auch wenn die Anwesenden Sie bereits von Ihrer Profilseite her kennen, so gibt es face to face doch einiges Neues an Ihnen zu entdecken.

Sie können davon ausgehen, dass bei den Mitgliedern eine gewisse Neu-gierde auf Sie als Realperson vorhanden ist. Dieser Neugierde sollten Sie mit einer lockeren, selbstbewussten Begrüßungsrede entgegentreten.

Wie bei der Online-Kommunikation müssen Sie auch während des Offline-Events dafür sorgen, dass die Etikette gewahrt wird. Da-her sollten Sie zu Beginn der Veranstaltung daran erinnern, welche Ver-haltensregeln einzuhalten sind, um ein respektvolles Miteinander zu gewährleisten.

Treffen Ihre Mitglieder in der Offline-Welt aufeinander, ergeben sich anregende Gespräche und Diskussionen meist ganz von selbst. Den-noch schadet es nicht, wenn Sie sich vorab einige Punkte überlegen, die den Austausch anregen können. In jedem Fall sollten Sie daran denken, dass Sie mit Ihrem Auftreten immer auch Repräsentant und Sprachrohr des Betreibers sind.

Nach einem Event ist eine gebührende Würdigung im Rahmen der Community Pflicht. Sie sollten daher für gute Videos und Instagrama-bility sorgen. Eine Fotogalerie gehört ebenso zur Nachlese wie ein aus-führlicher Bericht über alles, was die Veranstaltung zu einem positiven Erlebnis für alle Teilnehmer gemacht hat. So schaffen Sie Mitgliedern, die nicht anwesend waren, einen Anreiz, eines Ihrer nächsten Events zu besuchen.

Social-Media-Wall

Es gibt noch eine weitere Form der Beteiligung eines Community-Ma-nagers an einem Offline-Event: die Moderation einer Social-Media-Wall. Darunter versteht man einen großen Bildschirm, der während einer Konferenz, Messe oder einem ähnlichen Event an einem für jeder-mann einsehbaren Standort platziert wird.

Der Zugang hierauf erfolgt über einen für das Event eingerichteten Hashtag. Dorthin kann von allen Plattformen aus, die für die Veranstal-tung relevant sind, gepostet werden. Damit bekommen Nichtanwesen-de die Chance, am Event teilzunehmen und über die dortigen Ereignis-se und Vorträge zu diskutieren.

Es empfiehlt sich, die Moderation derartiger Social-Media-Streams einem Profi zu übertragen. Er weiß, wie man auf konstruktive Beiträge adäquat antwortet, ebenso gut aber, wie zu reagieren ist, wenn versucht wird, negative oder gar trollige Posts auf die Wall zu setzen.

Best Practice – Offline-Events
- Schleier der Virtualität beziehungsweise Anonymität lüften
- Zusammenpassende Mitglieder einladen
- Power-Mitglieder alleine zusammenbringen
- Persönliche Freundschaften unter Mitgliedern fördern
- Gemeinsame Aktivitäten definieren
- Eigenes Auftreten entsprechend der virtuellen Selbstdarstellung
- Persönliche Vorstellung, am besten mit kleiner Rede
- Publikumswirksame Nachlese des Events

Monitoring

Sie haben nach bestem Wissen und Gewissen all das durchgeführt, was bisher besprochen wurde? Dann wollen Sie auch wissen, ob Ihr Engagement etwas gebracht hat, eine Information, auf die auch der Betreiber sehr neugierig ist.

Wie wir bei der Besprechung der Erarbeitung einer eigenen Social-Media-Strategie gesehen haben, gehört die systematische Überwachung zu den essenziellen Strategie-Elementen. Aus dem laufenden Betrieb einer Community lässt sich eine riesige Menge an statistischem Material gewinnen. Die Auswertung dieser Daten ist eine komplexe Aufgabe, zu der im Folgenden nur ein knapper Überblick skizziert werden kann.

Monitoring wird die systematische Aufnahme von Messwerten und deren Analyse genannt. Es legt Querschnitte durch die Community an, um Sinnzusammenhänge zu evaluieren und untergründige Kontexte aufzudecken. Dadurch wird die Community zum Frühwarnsystem dafür, wenn beim Betreiber etwas schiefläuft. Monitoring ist damit ein wichtiger Baustein für Krisenprävention und Problemortung.

Die Durchleuchtung erfolgt aus einer Vielzahl von Blickwinkeln. Getreu dem Prinzip *Performance First!* soll primär ermittelt werden, ob die strategischen Zielsetzungen erfüllt wurden. Das betrifft sowohl die Erreichung der Unternehmensziele, wie sie in den Use Cases definiert wurden, als auch die communityinternen Kennzahlen.

Bei vielen Betreibern, meist größeren, ist das Community-Management nicht unmittelbar in das Monitoring involviert. Dort wird es entweder von Spezialisten aus der Social-Media-Abteilung durchgeführt oder komplett outgesourct. Gleichwohl müssen Sie über Vorgehens- und Funktionsweisen von Monitoring im Bilde sein. Schließlich geht es dabei um Parameter, die Sie mit Ihrer Arbeit beeinflussen können.

Beim Monitoring liegt vieles im Argen

Die Wichtigkeit dessen, dass seitens des Betreibers klare Vorstellungen zur Erfolgsmessung artikuliert werden, habe ich schon im Zusammenhang mit der Erstellung einer eigenen Social-Media-Strategie thematisiert. Idealerweise ist dafür ein Ausgangs- oder Null-Zustand festgestellt worden, am besten derjenige vor Launch der Community. Liegen hingegen keine gut recherchierten Planzahlen vor, sinkt der Wert des Datenmaterials.

Beim Monitoring fischen viele im Trüben, denn es stellt keineswegs eine Selbstverständlichkeit dar, dass Zielvorgaben existieren. Zu diesem Thema ist 2016 eine Studie von *The Community Roundtable* erschienen: Hierin wird konstatiert, dass etwa 40 Prozent der Betreiber keine verbindlichen Messlatten für den Erfolg ihrer Community festgelegt haben.[50]

Im Einklang damit kommt die BVCM-Studie 2018 zu dem Fazit, dass Erfolgsmessung und -kontrolle eine »große Baustelle«[51] ist. Besonders bei Corporate-Communitys tun sich dabei Defizite auf.[52] Viele von ihnen operieren ohne eine vorab definierte Analyse-Infrastruktur.

Wenn Sie die Social-Media-Strategie nach den Maßgaben dieses Buches selbst entwickelt haben, kann Ihnen das nicht unterlaufen. Dann haben Sie in Ihren Leitlinien festgeschrieben, welche Messwerte und KPI mit welcher Systematik evaluiert werden. Diesen Prozess wollen wir uns nun näher ansehen.

Key Performance Indicators

Beim Monitoring werden in einem dreistufigen Prozess die Erfüllung der Key Performance Indicators (KPI) überwacht. Dieser Begriff lässt sich mit »Leistungskennzahlen« ins Deutsche übertragen. Er gehört primär zum Fachidiom der Betriebswirtschaft. KPI bezeichnet ganz allgemein Kennzahlen, anhand derer Realisierung oder Realisierungsgrad erfolgskritischer Zielwerte bemessen werden.

Zielsetzungen von Betreiberseite, inklusive eines festen Zeitrahmens, werden in Form von KPI vorgegeben. Diese Targets sind in eine zielführende Social-Media-Strategie umzusetzen, deren Wirkung im Prozess des Monitorings analysiert wird. Die Erkenntnisse aus dem Monitoring werden dann wiederum in konkrete Business-Vorgänge umgesetzt.

Dabei ist zu bedenken, dass die KPI-Zielformulierungen fast nie in Form eines direkt ablesbaren Messwerts verifiziert werden können. Ein Ziel wie *Verbesserung der Brand Awareness* lässt sich nicht anhand eines Messwerts mit eindeutiger Aussage festmachen. Dieses Problem wird gelöst, indem die Messwerte in einem Zwischenschritt zu Kennzahlen weiterverarbeitet werden.

Abbildung 4.5: Evaluierung von Key Performance Indicators

Die Evaluierung der KPI beginnt also mit der Aufnahme statistischer Messwerte, die für sich betrachtet keine große Aussagekraft haben. Sie werden zu Kennzahlen umgemünzt, indem sie in Bezug zu Vergleichswerten und damit in den gewünschten Kontext gesetzt werden.

Diese Vergleichswerte können sowohl Messwerte aus den eigenen Social-Media-Aktivitäten wie auch aus denen von Wettbewerbern sein. Die hieraus gewonnenen Kennzahlen werden dann mit den Zielprojektionen für die KPI abgeglichen.

Hierzu ein einfaches Beispiel:

Beispiel KPI	
1	Modefirma will Steigerung der Umsätze ihres Onlineshops um 20 Prozent = KPI-Definition
2	Community-Manager verstärkt Engagement für den Onlineshop via Dialog, Content und Aktionen
3	Umsatzvolumen der vom CTA der Community ausgehenden Shop-verkäufe wird in Relation zum Gesamtumsatz des Shops gesetzt
4	Feststellung, inwieweit die Community zur letztlich erzielten Um-satzsteigerung beigetragen hat

Tabelle 4.1: *Beispiel für Key Performance Indicators*

KPI ist meist ähnlich geprägt wie die von Aktiengesellschaften auf ihre Quartalszahlen: Nur die kurzfristigen Erfolge zählen. Ob es einem Community-Manager nun passt oder nicht, er muss dieses Spiel mitmachen.

Mehrdeutigkeit von KPI

Welche Messwerte mit welchen in Relation zu setzen sind, um die für die KPI notwendigen Kennzahlen zu ermitteln, wird im Rahmen der Social-Media-Strategie festgelegt. Hierbei gibt es eine fast unüberschaubare Anzahl von Anwendungsfällen und Varianten, wie auch bei den KPI selbst.[53]

Es existiert kein Set von KPI, das sich generell für jeden Betreiber eignen würde. Die Bestimmung der KPI ist eine Angelegenheit, die einzig und allein von den individuellen Zielen des Unternehmens abhängt. Daher braucht jeder sein eigenes System für die Leistungs- und Erfolgsmetrik.

Vieles dabei ist abhängig von der Zielgruppe. So kann man zum Beispiel bei einem vorwiegend jugendlichen Publikum meist mehr Engagement erwarten: Sie liken mehr als andere Zielgruppen, ganz einfach, weil sie von klein an mit diesem Feature vertraut sind.

Die folgende Tabelle soll Ihnen einen Eindruck vermitteln, welche Arbeit in der Community zu leisten ist, um den Wert eines KPI zu verbessern:

Key Performance Indicators

Bezeichnung	Maßnahmen in der Community
Brand Awareness	Steigerung der Reichweite = Erhöhung des Share of Buzz (Anzahl der relevanten Beiträge zu einem bestimmten Suchbegriff)
Steigerung von Umsätzen	Erhöhung der Beitragszahl zu einem bestimmten Thema und damit Forcierung der Diskussion rund um das Produkt
Senkung von Service-kosten	Erhöhung der Anzahl communityintern geregelter Serviceangelegenheiten
Imageverbesserung	Senkung der Anzahl negativer Kommentare; Erhöhung der Anzahl positiver Nennungen
Verbesserung des Such-maschinenrankings	Erhöhung von Bekanntheit, Interaktionsrate und Anzahl von Likes und Shares
Akquise von Neukunden	Ankurbelung der Lead-Generierung
Erschließung neuer Ziel-gruppen	Einstellen von Content, der speziell auf die neu zu erschließenden Zielgruppen zugeschnitten ist
Generierung neuer Pro-duktideen	»Manuelle« Auswertung des Dialogs zwecks Aufspüren neuer Trends und Meinungsströmungen

Tabelle 4.2: *Maßnahmen zur Erfüllung von Key Performance Indicators*

Communityinterne Kennzahlen

Die wichtigsten communityinternen Kennzahlen und Rohdaten, die zur Ermittlung von KPIs herangezogen werden, sind:

- Zahl der Fans und Follower,
- Page Impressions,
- Community-Engagement,
- Likes/Dislikes und Shares,
- Engagement-Rate (Relation Likes zu Followerzahl),
- Seitenaktivität (besonders in Bezug auf CTA),
- Interaktionsrate
- Time-on-Page,
- Wiederkehrrate (Stickiness),
- und viele andere mehr (teils plattformspezifisch).

Für Sie als Community-Manager sind wohl die Zahlen am interessantesten, die über das Sentiment in Ihrer Community Auskunft geben. Aus dem globaleren Blickwinkel des Betreibers sind diese Werte nur bedingt relevant. Wenn trotz guter communityinterner Zahlen der Erfolg auf Unternehmensebene ausbleibt, spricht das in den Augen der Betriebswirte nicht für die Qualität des Community-Managements.

Was immer die maßgeblichen Kennzahlen und Zielvorgaben für Ihre Community sind, sie üben Druck aus, mit dem Sie umgehen können müssen. Dabei ist das Performance-Reporting für sich betrachtet nicht eindeutig. Sämtliche Zahlen sind grundsätzlich im Kontext zu interpretieren. So ist die Mitgliederzahl kein schlüssiger Beweis für die Qualität einer Community, auch wenn die allgemeine Wahrnehmung zu dieser Sichtweise tendiert.

Bessere Einsichten lassen sich durch Analyse des Traffic-Aufkommens gewinnen. Von besonderem Interesse ist alles, was Interaktion in Relation zu Reichweite, Impressions und Mitgliederzahl setzt. Die Traffic-Zahlen sind allerdings ambivalent. Wird zum Beispiel sehr viel Traffic generiert, kann das Ausdruck von hoher Zustimmung sein, ebenso gut aber auch von vielen Beschwerden. Traffic-Zahlen haben nur zusammen mit der Tonalität Aussagekraft.

Bei Veränderungen Ihrer Messwerte müssen Sie wissen, ob und wie darauf zu reagieren ist. Hierzu zwei Beispiele: Gibt es bereits viele aktive Mitglieder in der Community, aber eine rückläufige Zahl der Neuanmeldungen, sollten Sie sich mehr auf die Gewinnung neuer User konzentrieren als auf das Community-Engagement. Beobachten Sie eine stetig wachsende Zahl neuer User, aber eine sinkende Time-on-Page, sollte Ihr Fokus darauf liegen, die User auf der Plattform zu halten.

Die Bestimmung des Erfolgsanteils der Community an der Erfüllung einer KPI ist keine exakte Wissenschaft. Wenn es beispielsweise ein Ziel des Betreibers war, den Absatz eines bestimmten Produkts zu steigern, und dies ist dann tatsächlich gelungen, lässt sich kaum präzise errechnen, wie viel davon auf die Community zurückzuführen ist.

Tun sich bei der Erfüllung von KPIs Defizite auf, kann der Community-Manager nicht exakt beurteilen, ob die Zielvorgaben unrealistisch waren oder ob seine Führungsarbeit der Erreichung der Ziele geschadet hat. Für das Erstere spricht, dass hier aus Motivationsgründen oft überambitionierte Zahlen angesetzt werden.

Tools zur Messwert-Ermittlung

Die Messwerte sind für jede Plattform separat auszuwerten. Jede hat ihre eigenen Gesetze, weshalb die Zahlen nicht auf allen Plattformen identisch und gleich aussagekräftig sein können.

Alle Social-Media-Plattformen stellen interne Monitoring-Tools zur Ermittlung der KPI-relevanten Zahlen zur Verfügung, zum Beispiel die *Business Insights* bei *Facebook*. Neben diesen teils relativ einfachen Tools mit einem Basis-Set von Messmöglichkeiten gibt es weitere kostenlose Dienste,[54] die Ihnen die benötigten Performancewerte liefern.

Zu beachten ist dabei, dass diese Tools in der Regel nur eingeschränkte Funktionalitäten dafür haben, mehr als ein Social-Media-Profil zu monitoren. Ohne damit eine Empfehlung aussprechen zu wollen, liste ich Ihnen im Folgenden einige dieser Tools auf:

Kostenlose Tools für Monitoring	
Hootsuite	Kostenlose Basisversion für drei Social-Media-Profile
Keyhole	Facebook, Twitter, Instagram, YouTube, News, Blogs
SentiOne	Facebook, Twitter, Instagram, LinkedIn und andere
Brandwatch	Facebook, Twitter, YouTube, Pinterest, News, Blogs

Tabelle 4.3: *Kostenlose Monitoring-Tools*

Bei den meisten Anbietern von kostenlosen Tools[55] können Sie eine kostenpflichtige Professional-Version buchen. Für differenziertere Analysen sind diese sehr tiefschürfend arbeitenden Lösungen unverzichtbar.

Die Tools sind teils auf einzelne Plattformen spezialisiert, teils können sie alle Kanäle zusammen auf einem Dashboard analysieren. Diese Dienste liefern Ihnen auch die Kennzahlen der Konkurrenz, die Sie zu Vergleichszwecken benötigen.

Die Kosten für ein professionelles Tool können sehr hoch geraten, je nach in Anspruch genommenem Leistungsumfang. Mehrere Hundert Euro pro Monat sind einzukalkulieren, nach oben offen. Zur Nutzung dieser Tools ist einige Zeit zur Einarbeitung nötig, eventuell sogar eine Schulung.

Bei großen Betreibern lohnt es sich, in solche hochdifferenziert arbeitende Programme zu investieren. Es wäre am falschen Ende gespart, kein Budget für Tools und Schulung zur Verfügung zu stellen.

Je besser die Auswertung, umso höher der ökonomische Nutzen der Community.

Es besteht zudem die Möglichkeit, das Monitoring komplett an entsprechende Serviceanbieter outzusourcen. Das ist zwar meist die kostspieligste Lösung, aber der Betreiber spart eine Menge an eigenen Personalkosten ein.

Wenn Sie die Messwerte selbst aufnehmen, sollten Sie anhand eines präzise getakteten Zeitplans vorgehen. Dadurch arbeiten Sie mit den immer gleichen Parametern und Zeitfenstern, was die Vergleichbarkeit der Zahlen erleichtert. Das Monitoring sollte daher einen festen Platz in Ihrem Redaktionsplan haben.

Best Practice – Monitoring
- Adäquate Auswahl der Messwerte und Kennzahlen
- Zugrundelegung präziser Benchmark-Werte
- Regelmäßige Termine für Messwertaufnahme (in Redaktionsplan integrieren)
- Besondere Aufmerksamkeit für Sentiment-Analyse und Traffic-Zahlen
- Bestmögliche Tools nutzen

Krisenmanagement

Selbstverwirklichung, Aufbauleistung, Beliebtheit und Erfolgserlebnis sind einige der Faktoren, die Community-Management in einem so positiven Licht erscheinen lassen. Doch auch hier ist nicht alles eitel Sonnenschein. Im Kapitel über das Community Building ist schon angeklungen, dass Sie es mit Mitgliedern zu tun haben werden, die weniger angenehme Zeitgenossen sind. Und diese Leute sind bei Weitem nicht die einzige negative Begleiterscheinung.

Jede Community ist anfällig für ein weites Spektrum von Störfaktoren. Deren Ausprägung geht von kleineren Misshelligkeiten bis hin zu bösartigen Konfliktlagen, die im Extremfall sogar den Betreiber in seiner Existenz gefährden können. Solche Ereignisse können die Identität Ihrer Community sehr schnell in Mitleidenschaft ziehen. Gerade bei Problemen zeigen Netzwerkeffekte ihre volle Wirkung. Geraten Sie in eine ernsthafte Krisensituation, dann wird deren Bewältigung zu einer Feuerprobe für Ihre Qualitäten.

Minenfeld Service

Community-Manager, die in den Kundenservice eingebunden sind, werden wohl am häufigsten mit Krisensymptomen konfrontiert. Daher sollten sie spezielle Fähigkeiten in Sachen Deeskalation mitbringen. Schließlich fungieren sie als Prellbock und Ausbügler für diejenigen, die für die Ursache des Problems verantwortlich sind, und da braucht es das sprichwörtliche dicke Fell. Es ist nicht jedermanns Sache, mit Kunden zu kommunizieren, die sich beschweren und dabei womöglich ausfallend werden.

Wenn ein Problem, das hohe Wellen schlägt, erst einmal da ist, sind Ehrlichkeit und Transparenz von ausschlaggebender Bedeutung. Das Falscheste, das Sie tun können, ist es, Beschönigungen und Abwiegelungen aufzutischen. Lahme Rechtfertigungen kommen nie gut an, meist stoßen sie eine Glaubwürdigkeitslücke auf.

Transparenz verlangt Respekt. Daher sollten Sie kommunizieren, dass Sie sich des Problems bewusst sind und den festen Willen haben, alles daranzusetzen, es aus der Welt zu schaffen. Je schneller dies geschieht, umso geringer ist die Gefahr, in die Enge getrieben zu werden. Best Practice ist es, eine Beschwerde als Chance aufzufassen, und dem Kunden, der sich beschwert hat, das Gefühl zu vermitteln, ihm dankbar für diese Chance zu sein.

Wer sich bei der Behandlung von Serviceproblemen und Reklamationen Fehler zuschulden kommen lässt, spielt mit dem Feuer. Ein Shitstorm, verbunden mit einer ernsthaften Imageschädigung, ist schnell losgetreten, manchmal aus reiner Fahrlässigkeit.

Friedensstifter

Bei allem guten Willen zur Compliance: Sie werden nicht von Situationen verschont bleiben, in denen mit Autorität eingegriffen werden muss. Überzeugende Darstellung von Governance ist ein tragendes Element

Ihrer Existenzberechtigung, schon zur Selbsterhaltung. Eine schlecht ausgesteuerte Community wirft ein schlechtes Bild auf Sie.

Aus der freien Zirkulation der Meinungsäußerungen ergeben sich Reibungen – das ist nicht zu vermeiden und auch nicht weiter schlimm, solange es dabei gesittet zugeht. Aber das tut es nicht immer: Bei der Unterschiedlichkeit der Mitglieder ist eine dauerhaft friedliche Koexistenz kaum möglich. Oft kommen dabei sehr schrille Töne auf, die einen abschreckenden Eindruck hinterlassen.

Ausufernde Streitereien verbreiten negative Energie, weshalb ihnen so rasch wie möglich das Wasser abgegraben werden muss. Sie dürfen nicht zulassen, dass Ihre Community zu einem Schlammschlachtfeld wird. Der erste Schritt, Streitigkeiten zu schlichten, ist es, Kompromissformeln anzubieten.

Die Rolle der harmonisierenden Instanz kann zu einer brisanten Mission ausarten. Nach Möglichkeit sollte es allen recht gemacht werden. Es ist unprofessionell, bei Schlichtungsversuchen jemandem auf die Zehen zu treten.

Bis zu einem gewissen Grade können hochkochende Kontroversen aber auch produktive Ergebnisse hervorbringen, vor allem eine Erhöhung des Traffics. Bei dieser Konstellation besteht Ihre Aufgabe eher darin, den Konflikt ein wenig anzuspornen. Aber das ist ein Spiel, das nicht überreizt werden darf. Ab einem gewissen Punkt ist dafür zu sorgen, dass die Wogen dann auch wieder geglättet werden.

Löschen von Beiträgen

Im Abschnitt über Rechtsfragen habe ich schon darauf hingewiesen, dass Sie Beiträge, die gegen ein Gesetz verstoßen, löschen müssen. Was aber ist mit Beiträgen zu tun, die zwar kein geltendes Recht verletzen, aber Ihre Netiquette mit Füßen treten? Können und sollen sie einfach gelöscht werden? Das ist ein sehr heikles Thema! Tatenlos zusehen dürfen Sie nicht, denn ein aggressives Diskussionsklima stößt regeltreue User ebenso ab wie potenzielle neue Nutzer. Sie müssen intervenieren, und zwar so, dass alle Nutzer gleich behandelt werden. Was dem einen angekreidet wird, darf man bei anderen nicht durchgehen lassen.

Zunächst ist zu erwägen, ob eine extrem negative Äußerung von einem Troll stammen könnte. Wenn dem nicht so zu sein scheint, sollten

Sie als Erstes eine direkte, privat gehaltene Ansprache vornehmen, um den Grund für die Ausfälligkeit in Erfahrung zu bringen. In vielen Fällen kann ein solches Signalisieren von Beachtung die Situation schon klären.

Den anderen Mitgliedern sollten Sie mitteilen, dass Sie bemüht sind, die Sachlage in einem nicht öffentlichen Gespräch mit dem auffällig gewordenen User zu bereinigen. Das demonstriert eine souveräne Interpretation Ihrer Rolle als Moderator durch konsequentes Angehen von Problemfällen.

Die private Ansprache des negativen Users sollte in den meisten Fällen dazu führen, dass er sein Fehlverhalten einsieht und die Netiquette in Zukunft einhält. Zeigt er allerdings keine Einsicht, zwingt er Sie dazu, zum Äußersten zu greifen und seinen Beitrag zu löschen. Dabei ist zu bedenken, dass Löschungen nicht der Weisheit letzter Schluss sind. Oft existiert irgendwo noch ein Screenshot eines gelöschten Beitrags, und damit kann er weiterhin verbreitet werden.

In der Regel treten Nutzer nach Anwenden der Radikallösung Löschen mit weiteren Negativbeiträgen nach. Auch diese Posts sind sofort zu löschen. Den anderen Usern sollten Sie unbedingt kommunizieren, dass Ihnen zur Wahrung der guten Atmosphäre keine andere Wahl geblieben ist.

What-the-F***-Mitglieder

Bei solchen Verläufen ist aus einem normalen Mitglied ein Mitglied geworden, mit dem Sie in Konflikt geraten sind. Es geht aber noch unerfreulicher, dann nämlich, wenn Sie sich User zuziehen, die von vornherein auf Krawall gebürstet sind.

Nervensägen

Es gibt Mitglieder, die nicht aufhören, am Rad zu drehen, vor allem die Dauerquerulanten, denen Sie es mit nichts recht machen können. Besonders unangenehm sind Charaktere, die in Communitys ihr Aggro-Potenzial ausleben. Hier gerät man schnell auf das Gebiet der Sozialpathologie.

Solche Mitglieder sind die neuralgischen Punkte einer Community, und manchmal werden sie geradezu toxisch. Sie machen es Ihnen extra schwer, ihnen mit Ihrer üblichen positiven Kommunikativität zu begegnen. Irgendwann haben Sie ihnen gegenüber nur noch die Einstellung, dass Sie sie loswerden wollen. Wenn nötig, müssen Sie sogar von Ihrem Hausrecht Gebrauch machen und notorische Störenfriede vor die Tür setzen. Anschließend können Sie nur hoffen, dass sie nach ihrem Ausschluss nicht unter anderen Namen zurückkehren.

Prophylaxe ist schwierig, aber es kann versucht werden, destruktives Verhalten ins Positive umzulenken. Dazu sollten Sie versuchen, Krawall-Usern mit Ihren empathischen Fähigkeiten zu begegnen. Viele von ihnen kompensieren in ihren Ausfälligkeiten ein persönliches Problem. Wenn es Ihnen gelingt, diesem auf die Spur zu kommen und Hilfe zur Problembewältigung zu geben, ist aus einer Nervensäge im besten Fall ein loyales, wertvolles Mitglied geworden.

Trolle

Trolle sind die Kehrseite der Medaille Community-Management. Der Umgang mit ihnen ist eine der größten Herausforderungen, weil Sie es hier auch mit Maschinen zu tun haben können.

Der Begriff »Troll« leitet sich von dem Ausdruck *trolling with bait* ab. Dabei bezeichnet *trolling* eine bestimmte Art des Schleppnetzfischens. Die Metapher umschreibt die übliche Methode von Trollen, Community-Mitglieder durch provokante Äußerungen dazu aufzustacheln, sich auf ihr destruktives Spiel des Unruhestiftens einzulassen. Es geistern so viele Trolle und sogar Trollfabriken an den Rändern von Communitys herum, dass fast schon Troll-Paranoia gerechtfertigt erscheint. Leider lässt sich keine Firewall gegen sie errichten.

Regel Nummer eins ist, wie so oft im Leben: nicht provozieren lassen! Die Behandlung von Trollen geht vielmehr von dem Grundsatz »Bloß nicht anfixen!« aus. Es ist keine Lösung, Mitglieder unter Troll-Verdacht mit verbalen Mitteln mundtot machen zu wollen. Solche Reaktionen sind Wasser auf ihre Mühlen – Sie sind ihnen ins offene Messer gelaufen, und sie lecken Ihr Blut.

Es gibt zwei Strategien, mit denen sich Trolle in den meisten Fällen loswerden lassen:

- ihnen mit völliger Ignoranz begegnen,
- ihnen mit der ewig gleichen Phrase zu verstehen geben, dass ihre Beiträge nicht dem Geist der Community entsprechen.

Optimal ist es, wenn Sie andere Mitglieder mit ins Boot holen können, gegen die Belästigung durch einen Troll vorzugehen.

Die meisten Trolle trollen sich, wenn Sie ihnen lange genug die kalte Schulter gezeigt haben. Das Löschen ihrer Mitgliedschaft ist dagegen keine probate Lösung. Damit provozieren Sie sie nur, es mit neuen Anmeldungen und einer Intensivierung ihrer Aktivitäten auf die Spitze zu treiben.

Es wäre schön, wenn das Problem Trolle damit aus der Welt geschafft wäre. Ist es oft aber nicht, denn die Provokationen, die bei Ihnen nicht ankommen, können dies sehr wohl bei anderen Mitgliedern tun. Die Folge sind immer mehr verbale Stinkbomben, offene Anfeindungen und ein Absinken des Niveaus.

Ohne Gegensteuerung ist einem Wandel des Klimas in Ihrer Community Tür und Tor geöffnet. Eine kleine Zelle von destruktivem Troll-Dialog ist schnell metastasiert. Der Anspruch an Sie ist, solchen Herausforderungen mit souveräner Autorität zu begegnen. Dabei dürfen Sie auch nicht davor zurückschrecken, früher friedliche Mitglieder, die sich haben provozieren lassen, auf ihr Fehlverhalten hinzuweisen.

Selbst wenn es immer gelingt, Trolle auf Distanz zu halten, eine große Unannehmlichkeit bringen sie auf jeden Fall in Ihren Arbeitsalltag: Sie sind Internet-Phantome, die viel zu viel von Ihrer Arbeitszeit verbrennen.

Wenn man etwas Gutes an ihnen sehen kann, dann ist es der Umstand, dass sie helfen können, das eigene Profil zu schärfen. Den meisten Mitgliedern dürften sie ebenso auf die Nerven gehen wie Ihnen, sodass ein souveräner Umgang mit Trollen Ihnen ein noch positiveres Image verschaffen kann.

Best Practice – Behandlung von Trollen
- Klare Trennung von verärgerten Usern und Trollen
- Ignorieren von trolligen Beiträgen
- Einwirken auf User, die sich von Trollen provozieren lassen
- Einbeziehung der User bei der Troll-Bekämpfung
- Kein Löschen von Troll-Accounts, um keine vermehrten Neuanmeldungen hervorzurufen

Shitstorms

… sind so etwas wie der GAU für den Alltagsbetrieb. Einen Shitstorm zu erleben, das bedeutet, dass dicke Luft in der Cloud herrscht und der Wind negativer User-Meinungen und -Stimmungen Ihnen äußerst heftig ins Gesicht bläst.

Mittlerweile wird der Begriff überstrapaziert, indem er für alle ungewöhnlich hohen Aufkommen von kritischen, angriffigen oder beleidigenden Meinungsäußerungen in einer Community benutzt wird. Manches darunter ist wohl eher nur ein Sturm im Wasserglas.[56]

Shitstorms sind ein unberechenbares Phänomen mit hoher Eskalationsdynamik. Oft kommen sie wie aus heiterem Himmel. Es ist wie der Funke, der einen Steppenbrand auslöst. Der Grund mag eine Lappalie oder auch nur ein Missverständnis sein, aber die Netzgemeinde neigt zu Überreaktionen.

Hinzu kommt, dass viele Web-User sich einen Spaß daraus machen, auf den Shitstorm des Tages aufzuspringen und sich nach Kräften daran zu beteiligen. Crowdcomplaining nennt sich dieses Internetphänomen. Besonders übel kann es werden, wenn jemand mit einem großen Einflusskreis gegen Sie beziehungsweise den Betreiber auskeilt.

Beispiel Shitstorm
Ein markantes Beispiel für einen Shitstorm aus dem Nichts ist die Empörung über einen Adventskalender von *Lindt & Sprüngli*. Ende 2015 brach über das seit Jahren anstandslos verkaufte Produkt ein Shitstorm[57] los, weil dem Publikum missfiel, dass der Kalender angeblich voller islamischer Motive war. Vor dem Hintergrund der Flüchtlingskrise war eine oberflächlich orientalisch wirkende Ornamentik plötzlich ein Dorn im Auge vieler Kunden.

Meist wird das Phänomen Shitstorm dadurch ausgelöst, dass irgendwer im Unternehmen gewaltigen Mist gebaut hat. Es kann zum Beispiel sein, dass eine misslungene TV- oder Plakatwerbung oft hysterische Erstreaktionen im Web nach sich zieht. Worst Case ist natürlich, wenn Sie selbst es waren, der das Unheil mit einer unbedachten Aktion oder Äußerung heraufbeschworen hat. So oder so, Sie stehen in der Schusslinie und dürfen den Kopf nicht einziehen!

Insbesondere bei Verfehlungen, die als Rassismus oder Sexismus ausgelegt werden, vollzieht sich die Verbreitung der viralen Empörung in einem Tempo, das alles mit sich zu reißen scheint. In Ihrer Community verschlechtert sich das Meinungsklima von einem Moment auf den anderen, und nicht nur das: Die Sache zieht weitere Kreise, und plötzlich fällt ein Großteil der Internetgemeinde über Sie und den Betreiber her.

Was auch immer das auslösende Moment war, auf jeden Fall stehen Sie an vorderster Front, um die Sache so schnell wie möglich zu bereinigen. Es ist sehr zu empfehlen, dass Sie für diesen Fall einen Deeskalationsplan in der Tasche haben. Wenn nicht schon im Vorfeld geschehen, sollten Sie vor dessen Einsatz mit übergeordneten Instanzen abklären, welche Entscheidungsbefugnis Sie haben.

Entfaltet ein Shitstorm erst einmal seine Eigendynamik, dann ist Schadensbegrenzung die oberste Devise. Es gilt, die Situation schonungslos zu analysieren und das Gebot der Stunde zu ermitteln. Dabei ist es gleichgültig, ob die Ursache tatsächlich so schlimm ist oder ob man selber daran die Schuld trägt – ein Shitstorm will, dass er ernst genommen wird. Überspitzt ausgedrückt: Er will Empathie.

Viel mehr als das, was auch bei kleineren Serviceproblemen zur Entschärfung der Situation getan wird, ist zunächst nicht machbar: Ehrlichkeit, Offenheit, Transparenz, Begütigung und Reue sollten zum Ausdruck gebracht werden. Nur kein zusätzliches Öl ins Feuer gießen; es braucht unmissverständliche Signale, dass die Situation mit Demut gesehen wird.

Mit dem Sturm spielen

Es gibt aber auch Shitstorms, bei denen es zu keinen großen Entschuldigungsaktionen kommt. Das muss nicht immer schlecht enden, denn die wetterwendische Internetgemeinde könnte dann plötzlich die Meinungsstärke des Attackierten gut finden. Hierauf zu hoffen ist allerdings eine riskante Strategie.

Ein Beispiel hierfür ist der Shitstorm, der über die Tierschutzorganisation PETA nach diesem Post zum Tode von Karl Lagerfeld hereinbrach: »Karl Lagerfeld ist von uns gegangen, und sein Dahinscheiden markiert das Ende einer Ära, in der Pelze und exotische Tierhäute für begehrenswert gehalten wurden. PETA spricht den Angehörigen unserer alten Nemesis ihr Beileid aus.«[58]

Abbildung 4.6: Screenshot PETA-Post

Das kam (wohl erwartungsgemäß) gar nicht überall gut an: PETA habe das Gebot der Pietät verletzt, hieß es, und die Organisation wolle den Tod eines Menschen ausnutzen, um ihre Anti-Pelz-Kampagne zu promoten. »Wo bleibt das Mitgefühl für Karl Lagerfeld?«, war eine häufig dazu gestellte Frage. Anstatt sich zu entschuldigen, ist PETA bei ihrem Statement geblieben: Es sei ihr gutes Recht, »das Ende einer Ära« zu konstatieren, hinter dem Post stecke kein Hohn.[59]

Der Fall PETA deutet es an: Es gibt auch kalkulierte Shitstorms, die nach dem Prinzip *Es gibt keine schlechte Werbung!* heraufbeschworen werden. In dieser Hinsicht haben sich mehrfach Kosmetikkonzerne durch plump rassistische Werbespots verdächtig gemacht.[60]

Ein weiteres Motiv für einen geplanten Shitstorm kann es sein, sich im Rahmen einer Kampagne zur Entschuldigung den positiven Nebeneffekt einer Imageverbesserung abzuholen. Das Internet ist auch fähig zu verzeihen, und so kann ein Shitstorm in sein Gegenteil, Candystorm genannt, umschlagen.

Best Practice – Krisenmanagement
- Vorhandensein eines Krisen- und Deeskalationsplans
- Bekämpfung im Vorfeld durch Sentiment-Analyse
- Sofortige Reaktion bei Identifikation des Triggers
- Offene Kommunikation von Problemen und Fehlern
- Äußerung aufrichtigen Bedauerns
- Pushen von klärenden Stellungnahmen
- Regelmäßige Krisenkommunikation

Subcommunitys

Zu Beginn dieses Kapitels habe ich auf die Lebenszyklen einer Community hingewiesen. Dabei habe ich Sie darauf vorbereitet, dass es irgendwann zum Ende der Community in der Form, in der Sie sie aufgebaut beziehungsweise vorgefunden und all die Zeit gepflegt haben, kommen wird. Das klingt erst recht nach Krise, ist es aber nicht. Der Vorgang ist weniger final, als es sich anhört, denn er ist keine Form des Scheiterns, sondern normal. Er muss nur richtig gemanagt werden.

Ihre Community ist im Reifezyklus angekommen, wenn sich größere Fraktionen rund um ein spezielles Thema bilden. Diese sogenannten Subcommunitys lassen sich als eine Form von Entropie sehen. Ihre Heranbildung ist mit dem Prozess des Heranwachsens von Subkulturen innerhalb einer Gesellschaft vergleichbar. Er setzt sich in Gang, wenn starke Konzentrationen miteinander verwandter Thematiken und Interessen sich eigendynamisch ausprägen.

Im Rahmen einer Corporate-Community ist das Hervortreten einer Subcommunity meist sogar ein Indiz dafür, dass die Diskussion an Qualität gewonnen hat. So wundert es denn nicht, dass die Separierung von Subcommunitys ein Feature in Softwarelösungen für B2B-Communitys ist.[61]

Der Prozess wird beschleunigt, wenn die Zahl der diskutierten Themen zu groß und zu disparat wird. Die Folgen einer unkontrollierten Themenvielfalt können gravierend sein: Die Community gerät in Gefahr, ihre Identität zu verlieren.

Wird eines der Themen intensiv diskutiert, ohne dass es im Fokus der Mehrheit steht, bildet sich um dieses Thema herum eine Fraktion. Derartige Fraktionen haben die Neigung, sich vom Rest der Community zunächst abzusondern und später abzulösen.

In diesen Fällen bilden sich starke zentrifugale Kräfte. Driftet eine Community zu weit auseinander, wird es zusehends unmöglich, Content zu finden, der bei allen Anklang finden kann. Fühlt eine Fraktion sich irgendwann vom neuen Content vernachlässigt, liegt ein handfester Grund vor, sich zu verselbstständigen.

Wenn Sie die Bildung einer Fraktion feststellen, müssen Sie überdenken, ob deren Integration in Zukunft noch möglich ist. Wenn nicht, sind die Konsequenzen zu ziehen. Es ist besser, dass Sie das Thema

Subcommunitys aktiv angehen, um die Mitglieder einer Fraktion in Ihrer Einflusssphäre zu halten.

Beispiel Subcommunity
Sie sind Manager einer geschlossenen Facebook-Gruppe zum Thema Storytelling, mit etwa 2.500 Mitgliedern. Nach einem Jahr kristallisiert sich zusehends heraus, dass die Diskussion sich auf verschiedene thematische Ebenen aufteilt: Die eine Hälfte der Mitglieder will über die Kunst des Erzählens von Geschichten auf einer allgemeinen Basis sprechen, die andere konzentriert sich hingegen auf den Aspekt Storytelling als Marketingtechnik.
In dieser Konstellation läuft der Dialog zwischen den beiden Lagern zunehmend aneinander vorbei und ist kaum noch zu koordinieren. Aufgrund dessen dürfte die Interaktion zwischen ihnen einschlafen. Unter diesen Umständen erscheint es besser, wenn Sie von der ursprünglichen Community eine Subcommunity abspalten.

Es ist ein logischer, ja notwendiger Schritt, eine Subcommunity ins Leben zu rufen, wenn es zur Bildung einer Untergruppe von signifikanter Größe und hoher thematischer Geschlossenheit gekommen ist. Wenn diese Fraktion eine selbstständige Existenz unter neuem Namen bekommt, kann die Spin-off-Community weiterhin unter Kontrolle des Betreibers bleiben.

Community-Pflege

1. Dialog (genauere Behandlung, siehe Kapitel 5)
- Diskurs auf Linie der Betreiberthemen lenken und halten
- Respektvolle Behandlung der Mitglieder
- Einfühlsame Personalisierung des Dialogs
- Einhaltung des webtypischen Schreibstils
- Vorbereitung durch Sammlung von Dialog-Snippets
- Keine überzogene Selbstdarstellung

2. Content (genauere Behandlung, siehe Kapitel 6)
- Zündendes Storytelling
- Plattformspezifische Wahl von Medium und Format
- Durchplante Distribution
- User Generated Content einbinden und anregen
- Optional: Gamification

3. Routineaufgaben
- Designpflege beziehungsweise Makeover
- Newsletter anbieten
- Download-Angebote bereitstellen

4. Mitgliederakquise und -bindung
- Erstbesucher durch einladende Startseite überzeugen
- Community-Engagement pushen
- Netzwerkeffekte anregen
- Mitglieder vernetzen
- Rituale und Traditionen pflegen

5. Hierarchisierung der User
- Definition von Statusklassen
- Verdienstvolle Mitglieder vor der Community herausstellen
- Intensivbetreuung der Multiplikatoren

6. Aktionen und Offline-Events
- Wettbewerbe, Aktionen und Kampagnen planen und ausrichten
- Umfragen durchführen

- Teilnahme an Branchenevents
- Organisation von Mitgliedertreffen

7. Monitoring

- Kennzahlen und KPI festlegen
- Regelmäßige Aufnahme von Messwerten
- Analyse des Datenmaterials
- Adäquate Reaktion bei Problemen
- Bestgeeignete Tools verwenden

8. Krisenmanagement

- Vorhalten eines Krisenplans
- Sofortreaktion bei Beschwerden
- Schlichtung von Streitigkeiten zwischen Mitgliedern
- Wahrung von Neutralität und Objektivität
- Ausbremsen von Unruhestiftern und Nervensägen
- Bekämpfung von Trollen
- Akute Krisensituationen (besonders Shitstorms) durch Transparenz, Ernstnahme und Besonnenheit entschärfen

Die Themen Dialog und Content, die in der Checkliste an oberster Stelle stichworthaft zusammengefasst sind, haben wir bislang nur sporadisch behandelt. Der ausführlichen Besprechung dieser absolut prioritären Themen ist im Folgenden je ein eigenes Kapitel gewidmet.

Kapitel 5

Dialog dirigieren – Ihre Rolle als Kommunikator

Diskussionsleiter, Moderator, Mediator, Conférencier, Kommunikator, Talkmaster, Animateur, Anchorman – es gibt viele Vokabeln, die sich auf die Rolle des Community-Managers als Dreh- und Angelpunkt des unendlichen Gespräches auf seinem virtuellen Podium anwenden lassen.

Dialog ist der Generator des Kreislaufsystems Community, sein schlagendes Herz sozusagen. Insofern verwundert es, dass die Ausgestaltung eines effizienten Dialogs in der einschlägigen Social-Media-Literatur etwas stiefmütterlich behandelt wird. Daher möchte ich diesem Thema hier breiteren Raum widmen und einen genaueren Blick unter die Oberfläche von Community-Dialog werfen.

Die Befähigung, Beziehungen mit geschriebenem Text als einzigem zur Verfügung stehenden Mittel (abgesehen von Emoticons oder Emojis) aufzubauen und zu pflegen, ist die herausragende Fähigkeit des Community-Managers. Die Dialogpraxis ist das Kernelement dessen, was ich eingangs des letzten Kapitels als Kür des Berufs bezeichnet habe. In ihr kristallisiert sich der Könner heraus.

Per Dialogkompetenz können Sie die wirkungsvollsten Signale senden, ein Mitglied kennenlernen zu wollen und die Beziehung zu ihm auf der zwischenmenschlichen Ebene voranzubringen. Daher machen die Ausstrahlungseffekte Ihres Dialogs einen Großteil der Attraktivität Ihrer Community aus. In der Wahrnehmung der User schaffen sie Ihnen ein Kraftfeld.

Für Einzelgespräche benötigen Sie eine Stilstrategie, bei der auf Individualität und Befindlichkeit des Users eingegangen wird. Das mag sich oberflächlich anhören, ist aber eine anspruchsvolle Angelegenheit. Sie bewegt sich im Spannungsfeld von Spontaneität und Reflektiertheit – ein Spagat, der Community-Dialog zu einer intellektuell fordernden Aufgabe macht.

Posts an die ganze Community

Ihr Dialog findet auf zwei Ebenen statt:
- mit der Community in Ganzheit = Posten von Beiträgen an alle Mitglieder, Anmoderieren neuer Themen et cetera,
- mit den einzelnen Mitgliedern.

Jeder Dialog ist ein Mosaikstein im Diskurs Ihrer Community. Der vielschichtige Begriff »Diskurs« wird hier aufgefasst als Gesamtheit der Themen, zu denen Interaktion und Diskussion stattfinden. Es zählt zu Ihren strategischen Aufgaben, diesen Diskurs zu lenken.

Diskurssteuerung

Diskurssteuerung wird in der Ansprache der gesamten Community durchgeführt. Diese Posts sollten immer Elemente von Gemeinschaftlichkeit in sich tragen, also Gedanken, Fakten und Worte, in denen ein Wir-Gefühl mitschwingt. Dabei sind die Worte so zu wählen und zu setzen, dass es (beinahe) allen recht gemacht wird.

Bei einem Blick zurück auf das Kommunikationsmodell aus der Passage über Dialogkompetenz wird klar, dass dieses *allen recht machen* den Community-Betreiber einschließt. Dort haben wir bereits festgestellt, dass zwischen Betreiber und Mitgliedern eine indirekte Kommunikation stattfindet. Als Mediator haben Sie dafür zu sorgen, dass dabei nicht aneinander vorbeigeredet wird.

Es ist natürlich gut, wenn Ihre User sich die Köpfe heiß reden, aber Diskutieren um des Diskutierens willen ist wenig sinnvoll. Es sollte im Rahmen der erwünschten Themenkreise bleiben. Diskurslenkung besteht im Wesentlichen daraus, den Mitgliedern zu soufflieren, worüber Diskussionen stattfinden sollen.

Sie müssen Anlässe und Trigger dafür schaffen, dass eine relevante Kommunikation stattfindet, und das tut sie im Sinne des Betreibers nur, wenn die Community ein Resonanzboden seiner Themen bleibt. Die spezielle Anforderung bei diesem Einpendeln besteht darin, dies so subtil zu tun, dass sich niemand gegängelt fühlen kann.

Wer keine regulierenden Eingriffe vornimmt, könnte irgendwann vor dem Problem stehen, dass sich der Diskurs allzu sehr von dem entfernt, wofür die Community eigentlich ins Leben gerufen wurde. Natürlich dürfen Sie sich nicht aus der Diskussion ausklinken, wenn sie auf ein totes Gleis zu geraten droht, doch Sie müssen immer versuchen, sie auf die Bahnen ihrer Fokusthemen zurückzubringen. Aber Vorsicht: Wenn Sie feststellen, dass ein Thema überhaupt nicht angenommen wird, lassen Sie es besser gut sein.

In kommerziell ausgerichteten Communitys bedeutet Diskurssteuerung in erster Linie, dass Sie proaktiv Aufhänger und Impulse für alle Formen von Interaktion geben müssen, die Marketingzielen dienen. Wenn es zum Beispiel Priorität hat, neue Trends zu identifizieren, ist eine Hinlenkung auf Trendthemen erforderlich.

Dafür genügt es oft schon, eine oder mehrere Fragen in die Runde zu werfen, die geeignet sind, eine Diskussion anzustoßen. Sätze wie »Teilt mir doch bitte eure Meinung dazu mit!« können reichen, um das Feedback zu erhalten, das die neuen Zielsetzungen des Betreibers bedient.

Es lässt sich nicht abstreiten, dass eine gewisse Manipulativität darin liegt, die Mitglieder dazu zu bringen, beim Meinungsaustausch auf die thematischen Präferenzen des Betreibers einzuschwenken. Doch es ist nichts Bedenkliches darin zu sehen, die Community in dem Themenkreis zu halten, wegen dem sie überhaupt erst ins Leben gerufen wurde. Viel eher erscheint der Standpunkt angemessen, dass sie sogar das Recht dazu hat.

Die sieben Post-Haupttypen

Die Hinlenkung auf die maßgeblichen Themen ist das eine, den Dialog auf eine Weise auszusteuern, die eine auf die Use Cases einzahlende Produktivität gewährleistet, das andere und weitaus Schwierigere. Diese Produktivität wird umso eher zustande kommen, wenn alle folgenden Ansprüche bedient werden:

- Einpflege von incentivierendem Content,
- Informationen mit Exklusivcharakter,
- unaufdringliche Bitten um Meinungsäußerungen,
- authentische und empathische Selbstdarstellung,
- sachliche Hilfe durch Lösung von Serviceproblemen.

Bei sämtlichen Posts, die Sie in Erfüllung dieser Aufgabenstellungen absetzen, sind zwei sprachliche Ebenen zu unterscheiden:

- Inhaltsebene und
- Ausdrucksebene.

Inhalte bekommen mehr Interesse durch guten Ausdruck. Wer zum Beispiel für eine ideell orientierte Community arbeitet, wird deren Ziele umso eher erreichen, je mehr Menschen er für eine Idee begeistern kann. Wer dafür die passenden Worte findet, dem gelingt es umso besser, dass die User seine Idee weitertragen.

Auf beiden Ebenen muss Ihr Dialog organisiert sein. Das ist ein Gebot der Rationalisierung, weil der Arbeitsandrang ohne vorbereitende Systematik zeitlich oft schwer zu bewältigen sein dürfte.

Qualität und Darbietung Ihrer Mitteilungen an die Gesamtheit sind der Katalysator für möglichst konstruktive Reaktionen aus der Breite der Mitgliedschaft heraus. Auf der Inhaltsebene bedeutet dies, dass Ihre Posts an der verbalen Oberfläche auf Bedürfnisse und Interessenslagen der Mitglieder auszurichten sind.

Es sind die Gesprächsthemen zu priorisieren, über die Ihre User sich bevorzugt austauschen und zu denen sie besonders häufig Fragen stellen. Erst wenn sich diese Interaktionen zu weit vom betreiberrelevanten Diskurs entfernen, dürfen Sie von dieser Linie abweichen.

Um positives Feedback– sei dies nun ein Like, ein Kommentar oder der Kauf eines Produkts des Betreibers – zu bekommen, sollte sich der Inhalt Ihrer Posts einer der im Folgenden erläuterten sieben Kategorien zuordnen lassen. Erfahrungsgemäß bieten sie den größten Nutzen und Mehrwert für die Adressaten.

1. **News und Aktuelles:** Neuigkeiten und Aktualitäten sind Futter für die Neugierde und erwecken im Allgemeinen das größte Interesse. Hier ist Flexibilität gefragt: Sie müssen jederzeit bereit sein, Ihren Redaktionsplan zugunsten von wichtigen News, die im Vorfeld nicht planbar waren, über den Haufen zu werfen.

2. **Grundsätzliches:** Dieser Typ Posts umfasst im weitesten Sinne alles, was Prinzipien und Konsens zu den Themen und Gebräuchen Ihrer Community betrifft. Dies kann durchaus bekenntnishaften Charakter haben, bis hin zur Artikulation von starken Emotionen wie Freude oder Zorn.

3. **Hilfeersuchen:** Hiermit wird die gesamte Mitgliedschaft in direkter Ansprache um Klärung oder Diskussion einer Frage oder eines Problems von allgemeinem Interesse gebeten. Beispiele hierfür sind Umfragen oder Bitten um Stellungnahme zu aktuellen Entwicklungen rund um die Themen der Community.

4. **Fazit:** Damit sind Beiträge gemeint, in denen der aktuelle Stand einer schon länger laufenden Diskussion zusammengefasst wird. Ein gezogenes Fazit kann genutzt werden, um die Diskussion in eine andere Richtung zu dirigieren.

5. **Kuratierung:** Dieser Begriff umfasst alle Posts, die in Zusammenhang mit bereits vorhandenem Content stehen. Das betrifft einerseits Rückbezüge oder Ergänzungen zu eigenem Content. Andererseits kann sie sich aber auch auf fremden Content beziehen, der im Rahmen der sogenannten Content Curation (mehr zu diesem Thema im späteren Verlauf des Kapitels) einbezogen wurde.

6. **Humor:** Darunter sind Posts zu verstehen, die beim Publikum eine erheiternde Wirkung erzielen sollen. Der Effekt ist hierbei im Allgemeinen wichtiger als der Inhalt.

7. **Cliffhanger:** Dieser immer wirksame Trick ist anzuwenden, wenn das Interesse der Mitglieder für einen kommenden Post angeheizt werden soll.

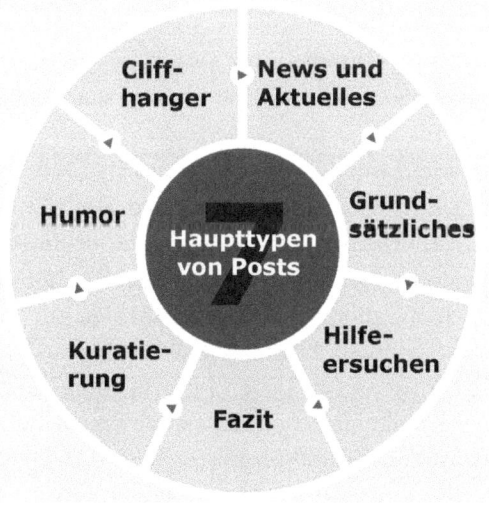

Abbildung 5.1: Die sieben Typen von Posts

Einige Regeln für die Veröffentlichung

Bei der Veröffentlichung lässt sich einiges falsch machen. Das beginnt im Vorfeld: Es ist falsch, etwas zu posten um des Postens willen oder weil man eine gewisse Zeit schon nichts mehr abgesetzt hat. Jeder Community-Manager sollte sich diesen Satz zur Regel machen: Poste nur dann, wenn du auch wirklich etwas zu sagen hast!

Die nächste Fehlerquelle tut sich nach Einstellen des Posts auf. Ein neuer Post, insbesondere aus der Rubrik News und Aktuelles, sollte nicht sich selbst überlassen werden. Direkt nach der Veröffentlichung sind die Chancen auf Wahrnehmung am höchsten. Daher sollten Sie für die zu erwartenden Spontanreaktionen bereitstehen.

Von dieser Warte her ist bei automatischen Post-Einstellungen immer Vorsicht walten zu lassen. Es ist sehr zu empfehlen, ein Auge darauf zu haben, ob zum definierten Zeitpunkt ein öffentliches Ereignis eingetreten ist, das Ihren Post als deplatziert und unsensibel erscheinen lassen könnte. Ein Beispiel: Nach dem Terroranschlag auf den Weihnachtsmarkt in Berlin 2016 wäre es sehr unangebracht gewesen, einen Beitrag über stimmungsvolle Weihnachtsmärkte zu veröffentlichen.

Stil einer Post-Einstellung

Im Abschnitt über den ersten Content wurde schon die herausragende Wichtigkeit von Überschriften angeschnitten. Ich kann nur wiederholen, dass Sie sich hierbei ganz besondere Mühe geben müssen. Tun Sie das nicht, berauben Sie Ihre Beiträge um viele Chancen auf Wahrnehmung.

Jeder Post, und damit auch seine Überschrift, sollte als Bestandteil eines langfristigen, auf Wiedererkennbarkeit angelegten Konzepts wahrgenommen werden. Das macht eine konsistente Stilanmutung erforderlich – Ihre Handschrift sozusagen –, ohne Elemente, die aus dem Rahmen fallen und so Irritationen hervorrufen könnten.

Wenn Sie auf mehreren Plattformen unterwegs sind, ist anzuraten, den Posts einen einheitlichen Look zu geben. Wenn Sie ein Logo einfügen, sollten Sie das immer tun, ebenso wenn Sie wiederkehrende Farben, Catch-Phrases oder Slogans benutzen.

Cross-Posting (Multi-Channel-Posting)

Der Begriff »Cross-Posting« bezeichnet die Ausspielung von Beiträgen auf mehreren Kanälen. Es wird meistens mit zeitsparenden Tools durchgeführt.[62] Wenn Sie mit einem solchen Tool arbeiten, müssen Sie sich mit der Frage auseinandersetzen, in welcher Form und zu welchen Zeitpunkten Ihre Posts auf den einzelnen Plattformen erscheinen sollen.

Tools nehmen keine Rücksicht auf die Besonderheiten einer Plattform. Das Resultat ist dann oft suboptimal. Sie sollten also überlegen, ob Sie überall denselben Wortlaut veröffentlichen können. In vielen Fällen sind Anpassungen notwendig, zum Beispiel die Reduktion eines Textes für Twitter auf die dort maximal erlaubten 280 Zeichen.

Des Weiteren ist zu bedenken, ob ein Post auf allen involvierten Plattformen stilistisch passt. Die Nutzer einer Plattform sind auf deren Stil konditioniert. Es macht keinen Sinn, Beiträge zu platzieren, die an den Konsensansprüchen eines Networks vorbeigehen.

Ein weiterer Aspekt ist die Anpassung an die Filter-Algorithmen einer Plattform. Auf jeden Fall müssen die Überschriften an die allgemeinen Gebräuche der jeweiligen Plattform angepasst werden. Bildunterschriften für Instagram passen nur selten zu einem Post auf LinkedIn.

Personalisierung des Dialogs

Posts an die gesamte Community sind an einen Mikrokosmos gerichtet, der als Ganzheit keine Stimme hat. Reaktionen auf Ihren Output können immer nur Einzelstimmen sein. Nur selten sagen diese Stimmen unisono dasselbe, daher lassen sie sich meist auch nur einzeln beantworten.

Dialog in Communitys ist ein System von Rückkopplungsprozessen, die mit einem Durchbrechen der Anonymität einhergehen. Damit stehen Sie vor der schwierigen Aufgabe, die auf jedes Mitglied individuell zugeschnittene Ansprache zu finden, sprich Ihren Dialog zu personalisieren.

Die Befähigung dazu wird in Zukunft noch wichtiger sein. Die Tendenz, dass Messaging Apps für die Interaktion in Communitys an Bedeutung gewinnen, erhöht den Stellenwert des personalisierten Dialogs weiter. Immer öfter werden hierüber die Fans abgeholt, die bereit sind, Kunden und eventuell sogar Markenbotschafter zu werden.

Berücksichtigung der Gesprächssituation

Beim individualisierten Dialog sind zwei Gesprächskonstellationen möglich1.

1. Der Dialog ist öffentlich einsehbar.
2. Der Dialog findet auf rein privater Ebene statt.

Im öffentlichen Dialog mit einem einzelnen Mitglied ist stets die Anwesenheit des Publikums zu berücksichtigen. Sie schreiben immer auch für die Galerie, da Sie ja indirekt in einem kommunikativen Kontext mit der Gesamtheit der Mitglieder bleiben.

Dabei können Ihre Nutzer in zunächst persönlich adressierte Gespräche einsteigen. Aus solchen Dialogen kann sich ein langer Thread entwickeln, ohne dass es in Ihrer Absicht oder der Ihres Dialogpartners gelegen hätte. Ein »ungestörtes« individuelles Eingehen auf ein Mitglied ist daher oft nur in einer Unterhaltung hinter dem Vorhang von Privatsphäre-Einstellungen möglich.

So oder so, auf jeden Fall ist personalisierter Dialog eine reduzierte Form von analogen Gesprächssituationen, weil Gestik, Körpersprache und Tonlage fehlen. Ihre Dialogführung muss die fehlenden nonverbalen Elemente zumindest teilweise ersetzen können (und das nicht nur durch Smileys). Hier ist Einfühlsamkeit und zwischenmenschliche Flexibilität gefordert.

Das beginnt damit, sich auf Sprachvermögen und den jeweiligen Idiolekt oder Soziolekt einzustellen. So ist zum Beispiel darauf Rücksicht zu nehmen, wenn ein Mitglied etwas Probleme mit der deutschen Sprache hat.

Immer Anstand wahren im Dialog!

Posts in fehlerhaftem Deutsch gehören wie jede andere Äußerung behandelt. Es ist billig, sich über Rechtschreib- oder Grammatikfehler lustig zu machen – Menschen mit Migrationshintergrund oder einer Lernbehinderung werden das weniger amüsant finden.

Völlig inakzeptabel ist es, einen User im öffentlich sichtbaren Dialog vor der Gemeinschaft spöttisch zu behandeln oder sogar bloßzustellen.

Das sollte eigentlich selbstverständlich sein, aber Verstöße gegen diesen Grundsatz sind in letzter Zeit zu einer Unsitte geworden, die immer mehr einzureißen scheint. [63]

> **Beispiel für unangemessenen Dialog (Autohaus)**
> Q.: *Hallo, habe mir letzte Woche bei euch einen gebrauchten Raseraty Bj. 2014 gekauft. Kann nicht herausfinden, wie die Klimaanlage funktioniert. Für Hilfe wäre ich dankbar! Christine*
> A.: *Das Infotainment-System ist nicht nur da, um während der Fahrt mit Alyssa Milano auf #metoo zu chatten!*
> Gebrauchsanweisung downloaden www.raseraty.com/manuals/infotainment_2014.pdf

Diese Antwort mag bei Männern gut ankommen, die mit Frauen am Steuer so ihre Probleme haben. Aber selbst wenn sich eine Mehrheit der Mitglieder von derartigen Vorurteile bedienenden, sich für witzig oder geistreich haltenden Posts belustigen lässt, sind sie ein absolutes No-Go. Und auch der lapidare Hinweis auf eine Download-Adresse ist nicht wirklich das, was die Fragestellerin wollte.

Herabsetzung eines Users ist der schlimmste Verstoß gegen die Ethik von Community-Dialog, denn er steht in eklatantem Widerspruch zu dessen Leitwerten. Auf Dauer sind solche Effekte auf Kosten anderer ein Bumerang: Das negative Selbstbild, das Sie damit in den öffentlichen Raum tragen, wird auf Sie zurückfallen.

Des Weiteren ist unbedingt zu unterlassen, Stilmittel wie Ironie oder pointierte Spitzfindigkeit unreflektiert zu verwenden. Eine noch so gut formulierte ironische Bemerkung wird bei ironieresistenten Mitgliedern eher übel ankommen. Ironie oder Witzchen sollten zumindest durch ein passendes Emoticon gekennzeichnet werden.

Ironie ist immer ein Risiko und nur dort angebracht, wo sicher ist, dass sie auch verstanden und positiv aufgenommen wird. Spott und Spitzfindigkeit um ihrer selbst willen zeugen von Eitelkeit und falschem Rollenverständnis.

Die Konsequenz ist: Bemerkungen mit Augenzwinkern sind immer als solche kenntlich zu machen. Wer durch eigene Entgleisungen zu erkennen gibt, dass es ihm am nötigen Respekt fehlt, der sabotiert seine Chance, von der Community als Ganzes Respekt zu bekommen.

Leitwerte: Authentizität und Empathie

Bei der Besprechung der Interaktionsgestaltung in den Anfängen des Community Life Cycle habe ich bereits darauf hingewiesen, dass ein wirkungsvoller Dialog auf zwei Werten beruht: Authentizität und Empathie. Beim personalisierten Dialog sind sie Grundlage einer erfolgreichen, Verbindlichkeit und Vertrauen schaffenden Kommunikation. Ihre Realisierung ist die Essenz dessen, was die Best Practice von Community-Dialog ausmacht.

Authentizität und Empathie sind die Elemente, die die Erwartungshaltung an Ihren Dialog dominieren. Ihre glaubwürdige Anwendung demonstriert, dass Bedürfnisse und Ansichten Ihrer Dialogpartner im Vordergrund stehen. Sie müssen sich dabei zurücknehmen – ein Community-Manager, der vorzugsweise sich selbst darstellt, kann weder authentisch noch empathisch wirken, sondern gerät schnell in den Ruf eines Posers.

Dass Authentizität und Empathie die Leitbegriffe von nutzerzentrierter Interaktion sind, wird in der gesamten Literatur zum Thema Community-Management proklamiert. Mit der Nennung dieser abstrakten Begriffe hat es dann aber meist schon sein Bewenden. Diese Reduktion auf Schlagwortvokabular ist nichts, womit sich viel anfangen lässt. Daher sollen die beiden Begriffe nun etwas ausführlicher erörtert werden.

Authentizität aufbauen

Was bedeutet das nun genau: authentisch sein?

Sicher muss Authentizität nicht so weit gehen wie bei dem italienischen Regisseur Luchino Visconti. In seinen Filmen mussten Schmuckschatullen, die zur Requisite gehörten, immer mit echten Juwelen gefüllt sein, auch wenn sie nur ungeöffnet im Bild standen.

Im Community-Management hat Authentizität aber zumindest zum Ausdruck zu bringen, dass Ihre dialogischen Äußerungen nicht wie phrasenhaftes, automatisches Gerede oder sogar wie der Algorithmus eines Bots klingen. Sie müssen sich als echter Mensch aus Fleisch und Blut darstellen, ganz so wie bei einem Offline-Event.

Aussagekräftige Profilseite

Der erste und einfachste Schritt, Ihrer Person Authentizität zu verleihen, ist es, sie mit offenem Visier auf einer aussagekräftigen Profilseite darzustellen. Bei Teams macht sich ein virtueller Rundgang durch die Büroräume gut, bei dem jedes Teammitglied kurz vorgestellt wird.

Wie viel Sie von sich selbst preisgeben, bleibt Ihnen überlassen. Mindeststandard ist ein stichwortartiges, ungeschöntes Selbstporträt und eine Beschreibung Ihres beruflichen Werdegangs. Typische Fotos, einige Details aus Ihrem Leben und vielleicht ein paar Worte zur Berufsphilosophie sind eine gute Abrundung einer gelungenen Profilseite.

Best Practice ist, zusätzlich ein Video einzustellen, in dem Sie all das, was auf Ihrer Profilseite steht, persönlich erzählen. Das hat den schönen Nebeneffekt, dass die User eine Vorstellung davon gewinnen können, wie eine reale Gesprächssituation mit Ihnen aussehen würde.

Authentizität als Rolle

Authentizität ist auf sprachlicher Ebene zu vermitteln. Das verbietet es, seine Posts klingen zu lassen, als kämen sie aus der Retorte. Das Einsetzen von Leerformeln ist ein Authentizitätskiller. Die wenigsten legen Wert darauf, mit abgegriffenen Textbausteinen und Heißluftwörtern abgespeist zu werden.

Aber bedeutet das nun, dass ein Community-Manager frei von der Leber weg schreiben kann? Dass er kein Blatt vor den Mund zu nehmen braucht? Dass er seinen dialogischen Reflexen freien Lauf lassen kann? – Darauf mit »Ja« zu antworten würde bedeuten, seine Rolle zu verkennen.

Wie fast alles im sozialen Leben ist Community-Management eine Rolle. Diese Aussage widerspricht dem Begriff »Authentizität«, denn schließlich bezeichnet er eine Sei-immer-du-selbst-Haltung! Der Anspruch an Ursprünglichkeit und Wahrhaftigkeit Ihrer Beiträge und Selbstaufführung kann sich aber nur auf Ihre Rolle beziehen, nicht auf das, was die Stimme Ihres innersten Selbst tatsächlich sagen würde.

An diesem Punkt tut sich eine Doppelbödigkeit auf: Der Druck, möglichst viel geshart und gelikt zu werden, ist die ultimative Messlatte für den Erfolg Ihres Dialogs, und unter dieser Voraussetzung ist Authentizität mehr rhetorisches Mittel, als dass sie situativ geprägte Realität sein könnte.

So erscheint es denn angebracht, den viel strapazierten Begriff »Authentizität« einmal querzudenken. Bei genauer Betrachtung erweist es sich, dass es beim Community-Management so authentisch zugeht wie bei einer historischen Sehenswürdigkeit, die von selfiesüchtigen Touristen überrannt wird.

Authentizität im Sinne erwartungskonformer Interaktion ist daher primär ein ausgewogenes Reagieren, das auf den Eindruck kalibriert ist, es beruhe auf Echtheit. Sie erweckt den Anschein von Unmittelbarkeit, gepaart mit einer möglichst originellen Assoziativität. Authentizität beim Community-Dialog ist in den meisten Fällen Suggestion, nicht unverfälschter Ausdruck Ihres ursprünglichen Selbst.

Der Anspruch, vor den Mitgliedern authentisch erscheinen zu müssen, unterläuft die eigene Authentizität. Aber das tut oft auch schon der Zwang, eine webkonforme Sprache benutzen zu müssen. Im Rahmen von Community-Management ist daher von einer taktisch geprägten, stilisierten Authentizität zu sprechen.

Eine Ausnahmesituation gibt es: Wenn Ihr Dialogpartner in Persönlichkeitsstruktur, Interessen und Veranlagungen in vielem mit Ihnen übereinstimmt, gehen Rollen- und Eigenauthentizität ineinander über. Das ist aber nur in Ausnahmefällen gegeben.

Der Community-Manager muss also nicht authentisch sein, sondern als authentisch wahrgenommen werden. An der Herstellung einer solch taktisch geprägten Einstellung zur Authentizität ist nichts Dubioses, vielmehr ist es völlig legitim. Es ist nicht anders als im täglichen Leben: Oft bleibt keine andere Lösung, als kosmetische Signale zu senden, wenn ein positives Kommunikationsklima aufrechterhalten werden soll. Auf die Spitze getrieben ist diese Problematik wohl bei Freelancern, die den Dialog für Communitys mit ganz unterschiedlichen Themen und Mitgliedern abwickeln.

Tatsache ist, dass Sie im strengen Sinne des Wortes nur dann authentisch bleiben können, wenn es Ihnen egal ist, was die User über Sie denken. Nur werden Sie damit nicht weit kommen. Mit einer solchen Einstellung läuft Authentizität darauf hinaus, sich als Klartexter zu profilieren. Das aber würde unweigerlich dazu führen, dass User vor den Kopf gestoßen werden. Klartext ist nicht immer empathietauglich ...

Empathie aufbauen

Sie machen sich zum Sympathieträger Ihrer Community, indem Sie sich zum Zuträger von Empathie machen. Empathie wird getriggert, wenn ein Mitglied sich auf der menschlichen Ebene öffnet. Sie selbst brauchen Empathie für eine differenzierte Wahrnehmung der Gefühlsinhalte in einem Post und für deren Reflexion in Ihrem Dialog.

Das ist ein Selbstanspruch, mit dem Sie einer bedenklichen Tendenz im Web entgegentreten. Psychologische Studien[64] haben bereits im Jahr 2010 ergeben, dass die Anonymität im Web zu einem Abstumpfen der Empathie führt. Damals waren soziale Medien noch nicht ganz das *big thing*, das sie heute sind, und in den neun Jahren seitdem ist es mit der Empathie im Web nicht besser geworden, im Gegenteil.

Was immer eine positive Auswirkung auf das Befinden eines Users nehmen kann – digitale Streicheleinheiten sozusagen –, schafft Verbindlichkeit. Ihr Dialog hat vor allem zu berücksichtigen, dass so manches Mitglied in Ihrer Community die Aufmerksamkeit und Zuwendung zu finden hofft, die es im Privat- und/oder Berufsleben nicht bekommt.

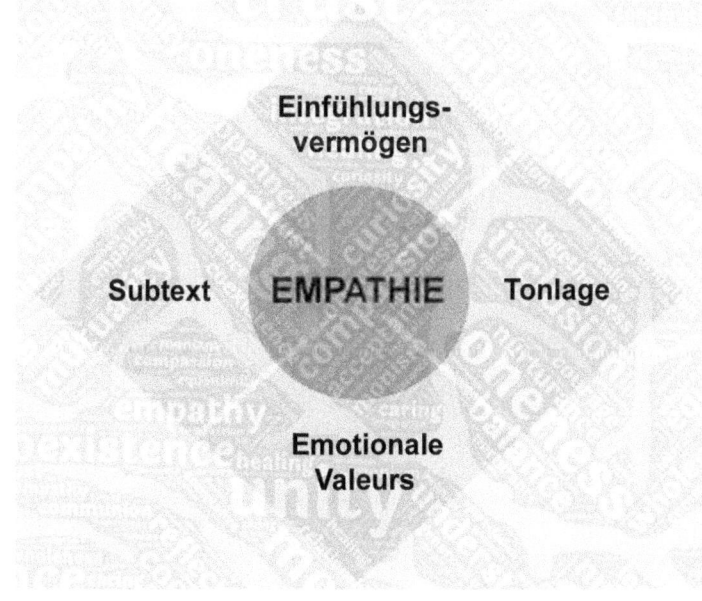

Abbildung 5.2: Empathie im Community-Dialog

Es ist stets zu bedenken, dass Ihre empathischen Dialogbeiträge Einfluss darauf nehmen können, wie ein User sich selbst sieht. Communitys sind Milieus der Selbstbestätigung, und so nehmen Sie einen gewissen Einfluss auf Identitäten, bei dem einen User mehr, beim anderen weniger. Das ist eine Verantwortung oder sogar Fürsorgepflicht, der sie gerecht werden sollten.

Einfühlungsvermögen

Es erfordert emotionale Intelligenz und Feingefühl, sich in ein virtuelles Gegenüber hineinzuversetzen, zu erspüren, wo bei ihm der Schuh drückt. Das Verständnis für den Ansprechpartner entwickelt sich dabei im Laufe fortschreitender Interaktionen. Empathie ist immer auch Sache von Erfahrung mit einem User, die aus dem Ursprungskontext früherer Dialoge resultiert. Er weist auf, wie ein User zu nehmen ist und wie adäquates Feedback bei ihm auszusehen hat.

Das ganz genaue Hineinhören in einen User ist eine psycholinguistische Aufgabe. Sie ist oft subtextbezogen und erfordert die Dechiffrierung versteckter Hinweise. Schattierungen im Ausdruck offenbaren mitunter ganz andere Gefühlswerte. Diese zu erkennen, erfordert von Ihnen manchmal geradezu Einfühlungsartistik. Nachfragen hilft!

Eines kann den Aufbau von empathischer Verständnisinnigkeit irritieren: Es ist manchmal schwierig zu beurteilen, ob ein Post seitens des Mitglieds authentisch ist oder nur öffentliche Inszenierung und Posing. Digitale Identitäten unterscheiden sich oft erheblich von den realen Menschen. Ob ein Mitglied im Dialog mit Ihnen sein Selbstverständnis artikuliert, können Sie im Grunde nicht wissen, aber Sie müssen so interagieren.

Dank für Empathie ist Empathie für den Community-Manager
Liebe X., vielen Dank für deine inspirierenden und hilfreichen Posts. Wie machst du das, für alle immer einen guten Ratschlag und aufbauende Worte zu haben?

Für mich bist du eine Kraftquelle, und ich finde, die anderen User sollten dir das viel öfter sagen. Deine Y.

Eigenheiten kennen

Individuelles Eingehen auf ein Mitglied erfordert, darüber Bescheid zu wissen, wie es tickt und wofür es empfänglich ist. Zur Akribie eines guten Community-Managers gehört es daher, die Besonderheiten seiner Mitglieder zu kennen. Je mehr Sie über Ihre Community wissen, desto mehr sagt sie Ihnen.

Diese Aufgabe erfordert neben Einfühlungsvermögen vor allem Systematik. Es empfiehlt sich, eine Datenbank einzurichten, in der individuelle Wesenszüge der Mitglieder notiert sind. Diese Datei legen Sie am besten so früh wie möglich an.

Das braucht nicht so weit gehen, dass jedes Mitglied einer genauen Charakteranalyse unterzogen werden muss, inklusive Gesinnungsprofil. Sie sollten sich aber zumindest diejenigen genauer ansehen, die sich oft in das Bewusstsein der Community rücken und dadurch ihren Charakter mitprägen.

Praxis von Empathie

In der Praxis von Empathie stehen Sie für einen kurzen Moment mit dem Leben eines anderen Menschen in Berührung, und dafür ist Gespür, Takt und verbale Subtilität aufzubieten. Es geht nicht ohne Anlegen einer Sprachmaske, unter der sich Stimmungswerte in die passenden Worte kleiden lassen. Für den »User-Flüsterer« läuft dies auf einen Dialog in kosmetischer Verpackung hinaus. Dafür müssen Sie Ihre Worte so wählen, dass sie ein Wohlgefühl auslösen.

Ausdruck und Tonalität in Ihren Äußerungen sollten signalisieren, dass Sie sich über die Motive und den etwaigen Subtext eines Posts Gedanken gemacht haben. Dafür ist es sehr hilfreich, sich den Dialogpartner in seiner physischen Präsenz vorzustellen, inklusive der nonverbalen Signale, die er bei einem Post, auf den Sie reagieren wollen, ausgesandt haben könnte.

Probleme steigern das Bedürfnis nach verständnisvollen Worten. Ihre Antworten auf problembehaftete Posts sollten daher den Eindruck von lösungsorientierter Anteilnahme und Zuspruch vermitteln.

Aber Vorsicht! Ihr empathisch gemeinter Dialogbeitrag basiert auf der Interpretation einer schriftlich verbalisierten Befindlichkeit, und diese Interpretation kann falsch sein. Was Sie für angemessen empathisch halten, kann sich auch als Fauxpas entpuppen. Empathie ist sozusagen eine Grundhaltung mit Restrisiko.

Ist Empathie nur Fake?

Böse Zungen könnten behaupten, dass die Empathie, wie sie im Sinne des Community-Managements praktiziert werden sollte, purer Opportunismus und damit unaufrichtig ist. Das stimmt insofern, als von einem Post zum anderen die emotionale Tonlage permanent neu angepasst werden muss. Bei der großen Zahl an Mitgliedern, auf die Sie einzugehen haben, ist eine tief reichende Fühlungnahme auf Dauer ein Ding der Unmöglichkeit. Sie müssten jedes Mal die Befindlichkeiten der Dialogpartner an sich heranlassen, und damit wären Sie schnell überfordert.

Diese Einschränkung macht Empathie für Kritiker zu einem abgenutzten Begriff, der nicht mehr bezeichnet als Verständnisbekundungen, die in der Hauptsache eigenen Interessen dienen. Ihre brückenbauenden Worte wären laut dieser zynisch angehauchten Sichtweise nur Konversation in empathisch glänzender Verpackung zum Zwecke rhetorischer Manipulation.

Der Community-Manager wäre demnach eine Kunstfigur, die in der Maske des jederzeit Verständnisbereiten und Wohlwollenden daherkommt, in Wahrheit aber nur auf die Erfolgsmetriken hin konstruiert ist. Er sagt nicht, was er denkt, sondern denkt, was er im Sinne seiner Verpflichtung zur Empathie sagen muss. Von ihm gibt es keine reale Empathie, sondern nur die Illusion von Empathie. Aber es sind ohnehin nur wenige Menschen durch und durch empathisch ...

Es wäre verfehlt, daraus einen ethischen Drahtseilakt zu machen. Die hier erörterte Praxis von Empathie ist eine Sache von sozialer Intelligenz. Sie ist nicht danach zu bewerten, ob sie auf einer hundertprozentig echten Gefühlsbasis beruht, sondern danach, was sie bewerkstelligt. Entscheidend ist die Rückwirkung auf den, an den sie sich richtet. Mangelnder Echtheit zum Trotz kann sie gleichwohl viel Gutes bewirken.

Es wird immer Mitglieder geben, denen Sie mit einem empathisch abgefassten Post helfen können, und bei einigen wird Ihre Empathie sogar therapierende Qualität haben. Das erlaubt, taktische Empathie mit gutem Gewissen einzusetzen. Und je besser Sie dies tun, ein umso besserer Community-Manager sind Sie!

Dialogstil

In mancherlei Hinsicht ist es bei Community-Managern wie mit den trivialen und den talentierten Talkshow-Moderatoren: Zu Stars mit hohen Quoten werden die, die ihre Gäste dazu bringen, möglichst viel von sich preiszugeben. Sie können die Zungen ihrer Gäste lockern, um eine lebhafte, das Publikum mitreißende Diskussion zu initiieren und in Fluss zu halten.

Dieser Vergleich führt uns zu der Frage, wie die Kernkompetenz des Community-Managers zu ihrer vollen Entfaltung gebracht werden kann. Die Antwort klingt relativ einfach: Es ist der geschickte, planvolle Umgang mit einer Sprache, die in die tieferen Bewusstseinsschichten der Dialogpartner führt und sie dort berühren kann.

Sie brauchen keine Anlagen zu einem zweiten Thomas Mann oder einer zweiten Virginia Woolf, um einen effizienten Dialogstil aufziehen zu können. Community-Dialog hat nicht viel mit literarischer Qualität zu tun. Natürlich geht es nicht ohne Sprachkompetenz, wie sie im zweiten Kapitel bereits angesprochen wurde. Ausschlaggebend ist jedoch die Einsicht in die psychologischen Besonderheiten der Mitglieder, gepaart mit einer guten Organisation Ihres Sprachvermögens.

Synchronisieren Sie Ihre Sprache mit den Usern

Der webtypische Sprachstil wurde schon bei den Ausführungen zum Thema Sprachkompetenz angeschnitten: kurz, knapp, prägnant, kaum ausschmückend, immer auf dem Punkt. Wie dann der genau auf Ihre Community passende Dialogstil und dessen Ausdrucksrepertoire auszusehen haben, das ist eine Frage, die sich erst mit einem gewissen Erfahrungshorizont beantworten lässt.

Community-Dialog erfordert sprachliches Feingefühl, denn er ist immer ein Spiel voller Untertöne und Sinnnuancen. Der Hauptanspruch an ihn ist: Worte, die auf der Goldwaage gewichtet werden, so klingen lassen, als seien sie »frisch von der Leber weg« geschrieben worden. Dieses Vertextungsverfahren ist die linguistische Seite von Authentizität.

Personalisierte Interaktion unterscheidet sich vom spontan ablaufenden Chatting durch die Chance, seine Worte länger als ein paar

Sekunden durchdenken und kalkulieren zu können. Eigentlich bräuchte es ein eigenes Wort für diese Form von Kommunikation, die ein Zwitter aus gesprochenem Dialog und Schreibakt ist.

Das Zuschneiden von Posts auf die User besteht unter anderem darin, sprachliche Besonderheiten der Community bewusst einzuflechten. Das kann auf der allgemeinen wie der personalisierten Ebene geschehen.

Community – Idiolekt
Ein signifikantes Beispiel für die Ausbildung von sprachlichen Eigenheiten in Communitys ist das Wort »*hodlen*«. Es bezeichnet das Halten von Kryptowährungen. Die Wortschöpfung entstand aus einem Schreibfehler des Wortes »*hold*«, der einem angesäuselten Forum-Mitglied in einem Beitrag[65] zum Thema Bitcoin unterlief. Der Buchstabendreher machte in der Community schnell die Runde, ging viral und ist jetzt weltweit anerkannter Sprachgebrauch. Mittlerweile gibt es sogar eine Kreditplattform namens YouHodler.

Durch Aufgreifen der sprachlichen Eigenheiten der User erzeugen Sie Credibility-Effekte. Voraussetzung für Ihre Angleichungen ist selbstverständlich, dass die Sprache der Mitglieder salonfähig ist. Solche Adaptionen werden positiv wahrgenommen, denn die User können sehen, dass Sie ihnen zuhören und ihre Sprache sprechen.

Wie immer sind dabei zwei Ebenen zu synchronisieren: Sie müssen die richtige Tonlage und Diktion für Ihre virtuellen Adressaten treffen, aber Sie sind in Ihren Äußerungen immer an die Maßgaben gebunden, die aus dem Kontext des Betreibers hervorgehen.

Auch diese Verpflichtung hat direkte Auswirkung auf den Dialogstil. Sie sollten darauf achtgeben, in den Wörtern liegende Werturteile wohl abgewogen zu artikulieren. Lieber üben Sie reflektierte Zurückhaltung, als aus der Hüfte zu schießen: Sie sind immer auch ein wichtiger Baustein des Images des Betreibers.

Dialog als Selbstzweck

Humor, gepaart mit Schlagfertigkeit und/oder Selbstironie, kommt bei den Usern besonders gut an. Wer entsprechende sprachliche

Kompetenz besitzt, sollte jedoch davon Abstand nehmen, sie zum Selbstzweck ausarten zu lassen. Bei einigen Communitys kann der Eindruck aufkommen, dass das Management in dieser Hinsicht zu sehr die Zügel schleifen lässt. Es scheint keinen erkennbaren Wert darauf zu legen, auf Kundenanliegen einzugehen. Vielmehr gefallen die Manager sich vor allem darin, möglichst sprücheklopferische oder sarkastische Antworten zu geben.

Eine viel gerühmtes Beispiel für derlei witzig-schlagfertige Community-Comedy sind die Berliner Verkehrsbetriebe, kurz BVG. Wer sich bei deren Community über die notorischen Verspätungen beschwert, bekommt eine selbstironische Antwort, aber keine konkreten Hinweise für eine Lösung seines Problems. Ein Beispiel: »Fahrplan heißt jetzt Abfahrtszeiten-YOLO!«[66] Es gibt sogar Ranking-Seiten[67] zu ihren Beiträgen, was dazu geführt hat, dass BVG-Posts Kultstatus erlangen können.

Ein weiteres populäres Beispiel ist die Dialogkultur in der Community von *DIE WELT*.[68] Im Unterschied zum BVG bekommen die User konkrete Antworten, müssen sich dabei aber häufig einigen Sarkasmus gefallen lassen.

Es ist unübersehbar, dass die Verantwortlichen für die kultischen Posts die Fans bedienen wollen, die ihren Dialogstil beklatschen. Auf Dauer birgt dieses Zelebrieren eines öffentlichkeitswirksamen Humors erhebliche Risiken. Die Mitglieder könnten anfangen, sie als Respektlosigkeit anzusehen, weil sie bei diesem Spiel zu bloßen Stichwortgebern für Clickbaiting und Punchlines marginalisiert werden.

Vorplanung des Dialogs

Im Laufe der Zeit kommt eine Unmenge an Posts zusammen. Die effiziente Abarbeitung braucht Organisation des informationellen und sprachlichen Materials. Verbale Agilität ist der Schlüssel, um einen Dialog in Szene setzen zu können, der Ihre Mitglieder auf der faktischen wie auf der emotionalen Seite anspricht und dabei noch den Anspruch möglichst schneller Reaktion erfüllt.

Wissensdatenbank

Effizienter Dialog beginnt auf der sachlichen Ebene, der Souveränität bei den Community-Themen. Als Repräsentant des Betreibers sollten Sie entsprechend gut über dessen Produkte und ihre Eigenschaften sowie über aktuelle Aktionen und Maßnahmen des Unternehmens informiert sein.

Eine Wissensdatenbank, die alle Informationen rund um Ihren Arbeitgeber und seine Themen umfasst, kann in diesem Zusammenhang sehr nützlich sein. Sie hilft Ihnen, Fragen aus der Community zügig beantworten zu können. Sollen Sie zum Beispiel einem Mitglied eine Empfehlung aussprechen, können Sie ihm eine Antwort geben, die seine Bedürfnisse befriedigt, und diese Antwort sachgerecht begründen.

Ausdrucksrepertoire

Leichthändige Dialogführung braucht Abwechslung in der Ausdrucksweise. Es fällt negativ auf, wenn Sie in puncto Beredsamkeit und Variabilität ein allzu beschränktes Repertoire zeigen. Ein gewisses Maß an Redundanzen ist durchaus akzeptabel, aber Sie dürfen nicht den Eindruck erwecken, nur standardisierte Sätzchen abzuliefern. Damit stecken Sie schnell im sprachlichen Hamsterrad. Dies würde Community-Dialog in Beiläufigkeit verflachen lassen.

Es empfiehlt sich, einen möglichst varianten- und modulationsreichen Vorrat an vorformulierten Äußerungen, Sprachregelungen, Satzmustern, Halbsätzen und Wörtern aus dem Idiolekt Ihrer Mitglieder in petto zu haben. Hinzu kommen rhetorische Stilmittel. Ideen dafür lassen sich überall sammeln, Sie müssen sie nur notieren.

Hilfreich ist ein Verzeichnis von Mustersätzen beziehungsweise Satzpartikeln, so etwas wie eine »Vorratskammer« an Dialog-Snippets. Sie sollten immer an der Erweiterung dieses Ausdrucksfundus arbeiten, um Wiederholungseffekte zu vermeiden. Mit dieser Organisation erreichen Sie ein hohes Maß an Virtuosität, die sich wie selbstverständlich in Ihre Posts einfügt. Zudem hilft es Ihnen dabei, auf alles mit einer gewissen Schlagfertigkeit reagieren zu können.

Das Ziel dabei ist keineswegs, die Satzmuster textbausteinhaft per Copy-and-Paste in Ihre Posts einzusetzen, sondern eine Art

Vorformatierung zu haben. Das kann sich als besonders nützlich erweisen, wenn Sie auf Negativ-Posts zu reagieren haben, bei denen Sie in Gefahr stehen, eine unpassende Antwort zu geben. Dann bewährt es sich, auf erprobte Formeln zurückgreifen zu können, die keine deplatzierte Emotionalität transportieren.

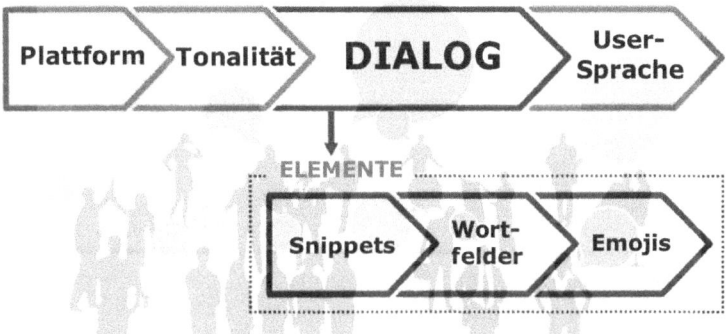

Abbildung 5.3: Community-Dialog

Arbeit mit Wortfeldern

Sehr wirkungsvoll ist eine Technik, wie sie von Poeten für ihre Gedichte angewendet wird: das Überspannen des Dialogs mit semantischen Feldern. Sie sollten immer bemüht sein, die Wortfelder Ihrer Community zu beackern. Damit ist das gezielte Setzen von Reiz- und Schlagwörtern gemeint, die suggestive Wirkungen entfalten können. Ausgangspunkt hierfür sind die Buzzwords der Corporate-Identity. Weiterhin eignen sich dazu alle Wörter, die einen positiven Sinnzusammenhang zu diesen Leitbegriffen haben. Die Anwendung dieses Verfahrens streift das Gebiet der neurolinguistischen Programmierung.

Die Technik ähnelt der des Keyword Stuffing, also dem Einsetzen von Keywords in den laufenden Text, wie es bei der SEO zur Anwendung kommt. Im Unterschied dazu werden bei semantischen Feldern alle Wörter als geeignet angesehen, die sinnvoll verwendbar sind, auch ungebräuchliche Wörter und sogar Wortschöpfungen, die in keinem Suchwortindex zu finden sind.

Sie gewinnen ein variables Vokabular, indem Sie ein Wörterbuch oder einen Thesaurus anlegen und pflegen. Die folgende Auflistung soll Ihnen einen Eindruck davon geben, was in der Wortsammlung eines

Community-Managers, der sich berufsjugendlich geben muss, stehen könnte:

Beispiel – Wortsammlung mit Jugendsprache
abgebaggert = physisch und/oder psychisch in schlechtem Zustand
Bestie = beste Freundin
cheedo = cool
darthvadern = den Vater raushängen lassen
exting = Schluss machen per Messenger
Fliese = Geldschein
GEGE = Good Game
Hässlette = unattraktiver Mensch
Iger = Instagramer
Komposti = alle Menschen über 30
Laufwerk = Gehirn
mölle sein = nicht richtig im Kopf
naffeln = arbeiten
Oliba = Oberlippenbartträger
porn(o) = (hammer)geil
quarzen = Marihuana rauchen
rooten = einkaufen gehen
Smombie = Smartphone-Zombie
Tindergarten = viele Tinder-Kontakte
Umdrehungen = Alkoholgehalt
Vollpfostenantenne = Selfie-Stick
waffeln = dauerreden

Emojis und Emoticons

Das augenfälligste Element Ihrer dialogischen Äußerungen sind Emoticons und Emojis. Ihr Bedeutungsgehalt ist weitgehend standardisiert und zielt, wie die Wörter schon sagen, auf die emotionale Ebene ab.

In den Anfängen der Internet- und damit der Community-Ära kannte man zunächst nur die durch ASCII-Zeichen hergestellten Emoticons. Sie wurden verwendet, um emotional gefärbte Äußerungen durch einen stilisierten Gesichtsausdruck zu betonen. Später kamen dann die kleinen, teils animierten Grafiken hinzu, virtuelle Hieroglyphen sozusagen, die man als Emojis bezeichnete. Ihr Spektrum geht weit über die Symbolisierung von Gesichtern hinaus.

Es lässt sich darüber streiten, ob der Einsatz von Emojis oder Emoticons ein Ausdruck von mangelnder Sprachkompetenz ist. Viele haben ein Problem mit Emojis, weil sie der Ansicht sind, dass sie zu einer Verkümmerung von sprachlichen Fähigkeiten führen.

Auch wenn Sie diesen Einwand teilen, dürfen Sie ihn nicht zur Maßgabe für Ihren Dialog machen. Die Verwendung von Emojis ist eine Konvention, die Sie nicht übergehen können. Es dürfte sogar so sein, dass Nichtbenutzung bei nicht wenigen Mitgliedern den Verdacht der Abgehobenheit erweckt.

Ihre Verwendung hat einen großen Vorteil: Sie sind ein bequemer und schneller Weg, Gefühlswerten Ausdruck zu verleihen. Dabei ist stets darauf zu achten, dass die eingesetzten Emojis zum Stil des Textes passen.

Im Schriftbild können mit Emojis Ruhepunkte gesetzt werden. Damit erleichtert man sich die Strukturierung eines Textes. Nicht zuletzt ersparen sie Ihnen wertvolle Zeit. Zudem können sie sprachliche Hürden überwinden. Ihr Einsatz ist sehr hilfreich bei Mitgliedern, die (noch) Probleme mit dem Deutschen haben.

Die Verwendung von Emojis sollte differenziert vorgenommen, aber nicht übertrieben werden. Das wirkt dann doch so, als solle fehlende Substanz der verbalen Äußerung kompensiert werden. Wohl jedem dürften schon Posts aufgefallen sein, in denen die sinnfreie Verwendung von Emojis geradezu albern wirkt. Wer nichts zu sagen hat, schafft dies auch nicht mit niedlichen GIFs.

Sinnvoll eingesetzt, gehören Emojis zum Repertoire eines konstruktiven Dialogs. Eine Sammlung von Emojis und GIFs[69] zur differenzierteren Darstellung von Gefühlswerten gehört somit zu den Dingen, die Sie für Ihre Dialogführung parat halten sollten.

Community-Dialog

1. Posts an die gesamte Community

- Steuerung des Diskurses
- Benutzung der sieben Haupttypen von Posts: News/Aktuelles, Grundsätzliches, Hilfeersuchen, Fazit, Kuratierung, Humor und Cliffhanger
- Einheitliche Stilanmutung der Posts
- Wirkungsvolle Überschriften
- Plattformspezifische Anpassungen bei Cross-Posting

2. Personalisierung des Dialogs

- Respekt und Anstand wahren
- Authentizität demonstrieren
- Empathie bezeigen
- Individuelle Züge der User kennen und ansprechen

3. Dialogstil kalibrieren

- Übernahme der sprachlichen Besonderheiten der User
- Abstimmung des Stils mit den Anforderungen des Betreibers
- Dialog nicht zum Selbstzweck ausarten lassen

4. Organisation des Dialogs

- Führen einer Wissensdatenbank
- Anlage eines Reservoirs von Wörtern und Dialog-Snippets
- Sammlung von Emoticons und Emojis

Kapitel 6

Content: Marken als Medien

Dialog richtet den Seelenhaushalt einer Community ein. Ohne Unterstützung durch einen möglichst brillanten Content wäre dies jedoch eine arme Seele. Es fällt schwer zu bestimmen, welches Lebenselixier für Sichtbarkeit und Wirkungsgrad einer Community das wichtigere ist: Dialog oder Content. Beide bedingen einander: Ohne Content gäbe es nicht viel Dialog, ohne Dialog wenig Grund, Content anzubieten. Für manche ist der Dialog aber auch der Content.

Für das Community-Management liegt der Unterschied darin, dass es die alleinige Verantwortlichkeit für den Dialog hat, während das beim Content vielfach nicht der Fall ist. Konzeption und Erstellung von Content gehören nicht zu seinen Kernkompetenzen.

Wenn der Content dem Community-Manager zugeteilt wird, hat er die Community als Erlebnisraum nicht vollständig unter eigener Kontrolle. Die Diskussionen über die fremderstellten Inhalte sind dann oft sein einziger Bezug hierzu. Gleichwohl sind Kenntnisse zum Thema Content unverzichtbar. Insbesondere zum darin inszenierten Storytelling sollte ein fundiertes Statement abgegeben werden können. Auf diesen Aspekt wird im Laufe dieses Kapitels noch näher eingegangen.

Wie wir bei der Besprechung der Social-Media-Strategie gesehen haben, steht auf deren Agenda die Erarbeitung einer Content-Strategie. Die Konzeption von medialen Inhalten steht unter dem Anspruch, dem Betreiber Kunden zu gewinnen und an ihn zu binden. Dabei ist eine Community nur ein möglicher Kanal; die Strategie erstreckt sich ebenso auf sogenannte klassische Medien wie TV oder Printmedien.

Bei Betreibern von relativ kleiner Größe kann es sein, dass Sie auch noch das gesamte Content-Management übernehmen müssen. Wie Sie diese reizvolle Aufgabe angehen, wird im Laufe dieses Kapitels noch zur Sprache kommen. Zunächst handele ich die Wissensbereiche ab, über die jeder Community-Manager beim Thema Content im Bilde sein sollte.

Content ist und bleibt King

Schauen wir uns, wie schon beim Wort »*Community*«, als Erstes an, wie der Duden das englische Leihwort definiert. Content wird dort als

qualifizierter Inhalt, Informationsgehalt besonders von Websites[70]

bezeichnet. Das sagt nichts über die mediale Natur des Inhalts aus.

»Qualifizierter Inhalt« können wir als neutralen Ausdruck dafür nehmen, was in Kapitel 3 unter dem Stichwort »*Mehrwert*« besprochen wurde. Qualifizierte Inhalte sind einfach das, was die Nutzer von einer Website und besonders von einer Community erwarten, und was sie verscheucht, wenn sie es nicht vorfinden.

Content macht eine Community zum Erlebnisraum. Es ist erwiesen, dass bei Online-Aktivitäten schnell das Gefühl für das Verfließen der Zeit verloren geht, während die Suggestivkräfte innerhalb des virtuellen Raums zu ihrer vollen Entfaltung kommen. Ihre Inhalte müssen also dafür qualifiziert sein, den User in einen Flow zu bringen, der ihn veranlasst, viel Zeit bei Ihnen zu verbringen.

Content im Marketing-Kontext

Content-Marketing ist schon seit einiger Zeit das Marketing-Buzzword schlechthin. Da erscheint es naheliegend, dass die meisten Content-Strategien aus dem Blickwinkel des Marketings konzipiert sind beziehungsweise noch konzipiert werden müssen. Betrachten wir das Thema Content also zunächst aus dieser kommerziellen Perspektive.

Dazu sollten wir uns in Erinnerung rufen, was im ersten Kapitel zum Thema Marktforschung gesagt wurde. »Seismografische Qualitäten« hat eine Community, in der Themen diskutiert werden, die im Zusammenhang mit Produkten oder Marken und deren Akzeptanz, Verkaufschancen und Zukunftsfähigkeit stehen.

Aufhänger für solche produktiven Diskussionen ist in erster Linie der Content, vor allem in Form von Geschichten, die auf Unterhaltung ausgerichtet sind. Eine gut konstruierte und inszenierte Geschichte, die um das Produkt zentriert ist, hat auf allen Medienkanälen durchschlagende Wirkung.

Marketingstrategen sind sich einig, dass es nichts Besseres gibt als Storys, die nach den Regeln des Storytelling produziert sind, um Vorzüge und Image eines Brands in Szene zu setzen. Daher ist einem Satz der *Handelsblatt*-Redakteurin Catrin Bialek zuzustimmen, die es auf den Punkt bringt: »Marken werden zu Medien.«[71]

Die Verbreitung von Content über den Kanal Community erfüllt eine dreifache Funktion:

- Geschäft forcieren,
- marketingrelevante Erkenntnisse gewinnen,
- Anregung für Interaktion unter den Mitgliedern schaffen.

Die Forcierung des Business soll hauptsächlich durch Erreichung eines oder mehrerer der folgenden Ziele bewerkstelligt werden:

- Kaufimpulse setzen (Priming),
- Bindung an etablierte Produkte stärken,
- Einfluss auf den Entscheidungsprozess zu einem Kauf nehmen.

Die beiden anderen Ziele stehen in Wechselwirkung miteinander: Die Interaktion bringt den Großteil der Erkenntnisse hervor, auf die die Marketingstrategen reflektieren. Einsichten dazu, welcher Content bei den Mitgliedern die beste Breitenwirkung hat, geben Anhaltspunkte für die Ortung aktueller Meinungsströmungen und Lifestyle-Tendenzen.

Community und Innovationsimpulse

Die Reaktionen auf Content in der Community liefern dem Innovationsmanagement authentische Impulse. Für die Marktforschung sind sie ein stets topaktueller Pool zur Gewinnung zukunftsrelevanter Erkenntnisse. Dieses Trendspotting operiert auf der Basis der Prämisse, dass im Dialog über Content Muster erkennbar werden, die Einsichten zu Markt und Konsumentenverhalten liefern.

Der Community-Manager kann durch seine unmittelbare Einsicht in den Dialog entscheidend dazu beitragen, Tendenzen zu identifizieren. Da er mit allen relevanten Posts vertraut ist, kann er die differenziertesten Sondierungen vornehmen.

Erkenntnisse über neue Trends und Modeströmungen lassen sich gezielt abschöpfen, indem die Fokusthemen variiert werden. Damit wird die Community zum Experimentierfeld, Storytelling bekommt in diesem Rahmen die Funktion eines Versuchsballons. Für derlei Experimente braucht es eine Einschätzung des Community-Managers, was den Mitgliedern präsentiert beziehungsweise zugemutet werden kann, ohne sie zu verprellen.

Kooperation von Marketing und Community-Manager

Besonders in größeren Unternehmen bestimmt eine eigene Abteilung für Content-Marketing über die Inhalte, die die Erreichung der kommerziellen Ziele herbeiführen sollen. Die Community-Manager haben dabei in vielen Fällen wenig oder überhaupt kein Mitspracherecht. Ihnen bleibt nur die undankbare Aufgabe, den Content, der ihnen quasi »vor den Latz geknallt« wird, anzumoderieren und gegebenenfalls zu rechtfertigen.

Marketingstrategen, die ihren Job mit gesundem Pragmatismus angehen, sind nicht so borniert, das Community-Management bei der Konzipierung von Content außen vor zu lassen. Sie ziehen es zurate, in Respektierung seines besseren Durchblicks, wenn es darum geht zu beurteilen, womit die Mitglieder zu begeistern sind. Die besten Ergebnisse kommen dann zustande, wenn Hand in Hand gearbeitet wird.

Wenn Sie als Community-Manager aber erheblich andere Vorstellungen haben, tut sich Konfliktpotenzial auf, denn Sie wollen ja nicht, dass die Präferenzen Ihrer User missachtet werden. Sobald Dinge durchgedrückt werden sollen, die Sie als ungeeignet für Spirit und Renommee Ihrer Community ansehen, sind Sie gezwungen, in Ihrer Funktion als Schnittstelle zwischen Betreiber und Mitgliedern klar Stellung zu beziehen.

In diesem Fall ist es von Bedeutung, dass Sie Ihrer Stimme genug Gewicht verschaffen können, um einen Mittelweg zu finden, der den beiderseitigen Vorstellungen entgegenkommt. Wichtig ist, dass Sie sich mit den Kompromissen, die in Sachen Content-Auswahl eingegangen werden, dann auch wohlfühlen. Wer nicht hinter seinem Angebot steht, wird seine Rolle auf Dauer nicht glaubwürdig ausfüllen können.

Es gehört geradezu zur Arbeitsethik, darauf zu achten, dass aller Content, der über die Bühne Ihrer Community geht, die Ihnen bestens vertrauten Vorlieben der User passgenau bedient. Jeder Community-Manager ist daher gut beraten, wenn er auf dem so erfolgskritischen Gebiet Content ein möglichst weitgehendes Mitspracherecht einfordert. Eines ist unerlässlich, damit seine Stimme ernst genommen wird: Er muss sich mit den Prinzipien der Erarbeitung einer Content-Strategie auskennen.

Content-Strategie

Das Thema Content-Strategie habe ich im Rahmen der Besprechung des Themenkomplexes eigenständige Social-Media-Strategie (siehe Anfang drittes Kapitel) nur kurz angerissen. An dieser Stelle soll es nun ausführlich thematisiert werden.

Schlüsselelemente einer Content-Strategie
- Profilierung der Core Story
- Storytelling = Core Story verpackt in faszinierende Storylines
- Zielgruppenrelevanz und Bedürfnisorientierung
- Formate und Kanäle
- Planung der Distribution
- Unterstützende Maßnahmen; zum Beispiel Hinzuziehung von Experten oder Influencern, Gamification

Konturierung der Core Story

Herstellung von Mehrwert ist der Hauptanspruch an Content. Der Stoff, aus dem dieser Mehrwert zu erschaffen ist, sollte aus der Core Story des Produkts, der Marke oder des Unternehmens hervorgehen. Das Verfahren, diesen Stoff in eine adäquate Geschichte mit hoher Wirkungskraft zu verpacken, führt zum entscheidenden Stichwort: Storytelling. Die Core Story ist der Fluchtpunkt allen Storytellings.

Daraus folgt: Einer stimmigen Content-Strategie liegt eine ganzheitliche Planung zugrunde, mit der Core Story als verbindendem Element. Die meisten Ratgeber zum Content-Marketing sagen hierzu, dass die Konzeption um diese eine Frage angelegt sein sollte: »Warum? Warum tut der Betreiber das, was er tut?« So wie BMW darauf »Aus Freude am

Fahren« geantwortet hat, so muss Ihr Betreiber seine persönliche Antwort auf die Frage nach dem Warum geben.

Content, der unter dieser Prämisse konzipiert wird, präsentiert Variationen und Facetten davon, was die ganz eigene Motivation und die Unique Selling Points (USP) einer Marke oder eines Produkts ausmacht. Via Storytelling wird herausgearbeitet, wie diese sich in den Dienst einer Verbesserung des Lebens der Kunden und User stellen.

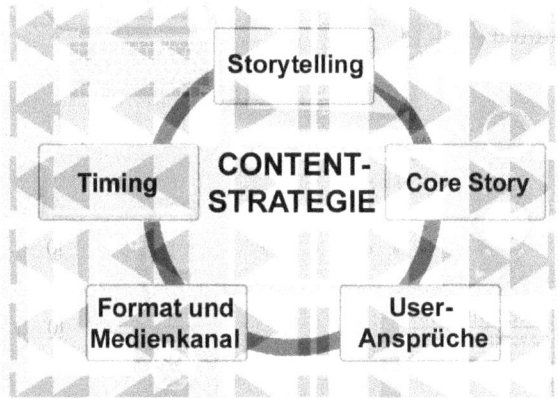

Abbildung 6.1: Modell einer Content-Strategie

Dabei kommt dem Cornerstone-Content eine besondere Bedeutung zu. Um der Gefahr vorzubeugen, dass dieser essenzielle Content in der Masse untergeht, sollte er sowohl im Rahmen der laufenden Einspeisungen als auch noch einmal auf separaten Seiten präsentiert werden.

Zielgruppenrelevanz

Der Knackpunkt ist, die Content-Strategie aus dem Blickwinkel der Rezipienten zu konzipieren, ohne dabei den Fokus auf die Core Story aus den Augen zu verlieren. Wer die Strategie aus der Perspektive der Zielgruppe entwickelt, kann kaum den Fehler begehen, sein Angebot an medialen Inhalten mit werblichen Aufdringlichkeiten zu verderben.

Nur eine genaue Analyse der Zielgruppe kann gewährleisten, dass die kostspielige Produktion von Content nicht an ihr vorbeigeht. Die Kenntnis von Wünschen und Bedürfnissen der Zielgruppe(n) bildet daher den Ausgangspunkt der Konzeption von Storyline und Bild- und Wortsprache.

Die Kunst besteht darin, die Erwartungen der Zielgruppe(n) und die Verpackung der Core Story so aufeinander abzustimmen, dass die Story sich fest im Unterbewusstsein der Rezipienten verankert. [72] Gekonntes Storytelling besteht darin, Botschaft(en) mit einem Maximum an Finesse auf die Bahnen zu bringen, die zu einer Einprägung ins Langzeitgedächtnis führen.

Formate und Kanäle definieren

Bei der Wahl des Formats kann der Content-Stratege aus dem Vollen schöpfen. Ob das nun Bewegtbildinhalte, Fotos, Blogartikel, Lehrmaterialien oder Webinare sind, ist abhängig von Zielgruppe und Plattform. Auch der Aspekt, ob Unterhaltungs oder Informationsbedürfnisse bedient werden sollen, spielt für die Bestimmung des passenden Formats eine entscheidende Rolle.

Es stehen (unter anderem) zur Verfügung:

Content-Formate
- Video
- Foto(-galerie)
- Blogartikel
- Whitepaper
- E-Book
- Webinar
- Infografik
- Illustration
- Cartoon
- Slideshare
- Online Game
- Podcast
- Interview
- Newsletter
- Case Study
- How to-Guide
- Mindmap
- Umfrage
- Quiz
- Tool

- Review
- FAQ
- Meme
- Pinboard
- Press-Release
- Liveübertragung
- Content Curation

Nicht alle Formate sind für alle Plattformen gleich geeignet. Das hat zur Konsequenz, dass entweder das Medium anzupassen oder bei gleichem Medium eine plattformspezifische Version zu erstellen ist. Die Story bleibt unverändert, nur bei Ausführung und Darbietung werden Modifikationen vorgenommen. Das ist natürlich mit zusätzlichem Aufwand verbunden, aber alles andere bringt nur unzufriedene User.

Einhaltung qualitativer Standards

Es sollte sich von selbst verstehen, dass man seinen Mitgliedern nichts billig Zusammengeschustertes zumuten sollte. Die Tatsache, dass der Content dem Nutzer kostenlos zur Verfügung gestellt wird, berechtigt nicht dazu, ihm irgendetwas von minderwertiger Qualität vorzusetzen.

Quantität ist nur ein beiläufiger Aspekt. Es ist besser, weniger auf einem ansprechenden Niveau zu produzieren, als Fast-Food-Content zu liefern, an dem kaum etwas Interessantes oder Spannendes zu finden ist.

Mit gutem Content geht eine Verpflichtung zu mehr davon einher – wer einmal als mehrwerthaltig wahrgenommen wurde, steht unter selbst geschaffenem Druck. Die Mitglieder schrauben ihre Ansprüche nicht zurück, wenn Ihr Content ihnen Anlass gegeben hat, sie hochzuschrauben.

Der Visual Turn

Das Ideal von Content ist die Art von Passgenauigkeit, die ein Identifikationsangebot herstellt, das von der Mehrheit des Publikums angenommen wird. Wer hier den Bogen raus hat, kann Unwiderstehliches erschaffen, und wer an der Zielgruppe vorbei produziert, wird es am negativen Feedback der Mitglieder zu spüren bekommen.

Content, der Ihr Publikum ansprechen und bei der Stange halten soll, muss nicht nur ein intelligentes Storytelling aufweisen, sondern auch adäquat präsentiert werden. Das gilt besonders für den sehr wichtigen Content aus Bewegtbildinhalten. »Unwiderstehlichkeit« garantiert in erster Linie visuell präsentiertes Material. Die User-Präferenzen haben Erzählen zu etwas gemacht, das vorzugsweise filmisch zu realisieren ist. Was das bevorzugte Medium angeht, so müsste Storytelling eigentlich »Storyshowing« heißen.

Textgebundenes Erzählen hat sehr an Bedeutung verloren, ein Prozess, der noch nicht an seinem Ende ist. Laut einer Prognose des IT-Infrastruktur-Herstellers Cisco Systems werden 2021 etwa 80 Prozent des Internet-Traffics aus Videos bestehen. Es ist also nicht verhandelbar, dieser *Visual Turn* genannten Entwicklung Rechnung zu tragen.[73]

Videos in kondensiertem Stil

Der Zeitrahmen von Internetvideos ist im Allgemeinen knapp bemessen. In kondensierter Form und damit gut verdaubar sind sie dem Publikum am liebsten. Das erfordert eine konzentrierte, auf das Wesentliche reduzierte Darbietung. Dieser Anspruch ist vergleichbar mit dem komprimierten Stil, wie er als optimal für den Community-Dialog beschrieben wurde.

Die wünschenswerte Kompaktheit verlangt eine professionelle Durcharbeitung des Bildmaterials. Das bedeutet Verdichtung und Aufladung mit Bedeutung durch eine ausgeklügelte visuelle Codierung und Symbolik. Dilettantisch anmutende Videos haben bei den hohen Qualitätsansprüchen der User allenfalls dann eine Chance, wenn sie von Amateuren stammen. Diese Form von Video ist als solche zu kennzeichnen, ihre Herkunft sollte zweifelsfrei nachweisbar sein.

Liveübertragung

Sehr an Bedeutung gewonnen haben Liveübertragungen. Dabei ist zu unterscheiden zwischen:
- Dauer-Liveübertragung und
- improvisierter Übertragung.

Wichtiger als das Bild ist dabei der Ton: Es wird als durchaus verzeihlich angesehen, wenn die Bilder nicht perfekt sind, teils wird das sogar erwartet. Wenn aber der Ton nicht stimmt, klinken sich viele Zuschauer schnell wieder aus.

Transmediale Präsentation

Die Dominanz der Videos macht einen eigenen Channel bei YouTube und anderen Videoplattformen wie das aufstrebende TikTok fast schon zur Pflicht. Auch bei den meisten anderen Netzgiganten spielen Videos eine Hauptrolle. Selbst Plattformen wie Instagram oder Pinterest, die ursprünglich fast ausschließlich auf Fotos und Bilder ausgerichtet waren, tragen der medialen Bevorzugung von Videos Rechnung.

2018 hat Instagram unter dem Label IGTV (Instagram-TV) die Einstellung von Videos im Hochkantformat eingeführt. Der Nachteil: Vertikalvideos mussten eigens produziert werden. Erst Mitte 2019 kam ein Update, das auch das Hochladen von Querformaten zulässt. So restriktiv hinsichtlich des Formats war Pinterest nie. Hier können, ebenfalls seit 2018, Videos in allen Formaten gepinnt werden. Eindeutig den Vorzug hat dabei sogenannter Snack-Content, Videos von 15 bis 45 Sekunden Länge, meist mit einem CTA zum Schluss.

Doch es sind auch andere Medienkanäle zu bedienen. Neben visuellen Medien sind in den letzten Jahren Podcasts wieder auf dem Vormarsch. Wo das geschriebene Wort bevorzugt wird, ist mit einem Blog oder einem Webzine aufzuwarten. Hier ist oft die Ergänzung mit Infografiken sinnvoll, die als Medium für das Erzählen von Geschichten immer beliebter werden. Diese Entwicklung zeigt, dass der *Visual Turn* auch im Bereich des Textens stattfindet.

Der Königsweg ist transmedial präsentierter Content, der in allen Darbietungsformen auf gleich hohem Niveau ausgespielt wird. Das Verteilen von Inhalten auf mehrere Medienkanäle gewinnt ständig an Bedeutung und dürfte in nicht allzu ferner Zukunft zum Standard werden. Bei manchen transmedialen Verfahren wird von einer Basisgeschichte ausgegangen, die in den einzelnen Medienkanälen dann aus unterschiedlichen Perspektiven erzählt wird.

Content-Distribution

Abschließend werfen wir noch einen kurzen Blick auf die logistische Seite der Verbreitung in mehreren Formaten. Die Verpflichtung zum Liefern von immer neuem Content ist nicht zuletzt eine Aufgabe, die organisatorisch bewältigt sein will. Auch die Distribution ist ein Aufgabenbereich, in dem oft ein separates Content-Management die Arbeit macht.

Wenn Sie die Distribution selbst vornehmen, sollten Sie als Erstes abklären, wie der Content zugeliefert wird. Damit sind nicht nur Videos oder Bilder gemeint, sondern sämtliche Inhalte, vor allem informationelle Texte für Ihre Posts an die gesamte Community. Tun Sie das nicht, könnte es passieren, dass Sie Dinge veröffentlichen, die gar nicht publiziert werden sollten.

Redaktionsplan für Content

Auf die Wichtigkeit eines minutiösen Redaktionsplans bin ich schon im Kapitel über die Community-Pflege zu sprechen gekommen. Ein Punkt darauf ist die Einspeisung neuen Contents. Je nach Umfang dieser Aufgabe macht eine separate Timeline hierfür Sinn.

Darin bringen Sie alle Themen- und Timing-Komponenten in einen gut durchgetakteten Workflow. Was für das korrekte Timing zu beachten ist, habe ich schon im dritten Kapitel durchgesprochen. Mit durchdachter Content-Planung vermeiden Sie Fehler wie den Upload auf eine falsche Plattform oder doppelte Einstellungen.

Auch die Laufzeiten etwaiger Kampagnen oder Wettbewerbe sind mit den Einpflegungen abzustimmen. Für den Upload können Sie Tools zu Hilfe nehmen, wie sie im vorangegangenen Kapitel im Abschnitt über das Cross-Posting erwähnt wurden.

Referral Traffic

Zur Organisation von Content gehört eine Analyse dessen, welche Resonanz neuer Content hervorruft. Dafür ist eine Kennzahl von besonderem Interesse: der Referral Traffic. Sie bemisst das Aufkommen von Traffic und Engagement nach einer Erstveröffentlichung. Können Sie hochperformante Inhalte mit einem Anstieg der Besucherzahlen in Verbindung bringen, haben Sie einen Nachweis für deren Durchschlagskraft.

Wenn Content hingegen keine guten Werte beim Referral Traffic aufweist, sind Maßnahmen zur Gegensteuerung erforderlich.

Als Erstes sollten Sie die Timeslots für die Einstellung variieren und beobachten, ob sich die Traffic-Zahlen damit verbessern lassen. Wenn nicht, muss über einen Wechsel der Plattform nachgedacht werden. Führt auch das zu keinen positiven Veränderungen, kann die Konzeption des Contents als komplett untauglich angesehen werden.

Content-Recycling

Mit Ihrem Content, insbesondere dem aufmerksamkeitsstarken, können Sie verfahren wie TV-Sender mit ihren Ausstrahlungen: Wiederholungen gehören zum festen Programm-Repertoire. Sie sind nichts, das die Nutzer übel nehmen. Für Sie sind sie fast schon eine Notwendigkeit. Content, der von mehr oder weniger Mitgliedern, vor allem den neu Hinzugekommenen, bisher noch nicht wahrgenommen wurde, bekommt durch eine leicht veränderte inhaltliche Wiederholung eine neue Chance, rezipiert zu werden.

> **Best Practice – Content-Distribution**
> - Format an Plattform anpassen
> - Timing je nach Plattform optimieren
> - Berücksichtigung von saisonalen Faktoren
> - Erstellung eines flexiblen Redaktionsplans
> - Content-Konzepte mit schwacher Resonanz aussortieren
> - Recycling von Content strukturiert durchführen

Storytelling – Seele des Contents

Nach diesen allgemeinen Erörterungen kommen wir nun zu dem, was die Seele Ihres Contents ausmacht: das Storytelling. Die Herstellung eines durchschlagenden Storytellings ist der entscheidende Punkt jeder Content-Strategie.

Ausgefallenes Storytelling macht Ihren Content hauptsächlich zu dem Faszinosum, das die User zu Ihrer Community zieht. Storytelling zielt primär auf Unterhaltung, die Loyalität schafft – Entertainment motiviert die Mitglieder, Ihre Community zu einem Teil ihres Alltags zu machen.

Wird Ihr Programm nicht als Bespaßung wahrgenommen, switcht der User unzufrieden zu einer anderen Website. Niemand verweilt lange dort, wo ihm nur abgenudelte Storys oder trockene Infoinhalte angeboten werden.

Unterhaltung ist die Leimrute, die die User an Ihrer Community kleben lässt. Ihrem Content kommt bei vielen Usern die gleiche Rolle zu, wie sie einmal das Fernsehen gehabt hat: Er soll dazu beitragen, ihr Leben ein Stück weit angenehmer und farbiger zu gestalten. Ihr Content hat gewonnen, wenn es ihm gelingt, sich zu einer Zerstreuung bringenden Annehmlichkeit und damit zu einem Stück Lebensqualität zu machen.

Wer nicht abserviert werden will, muss regelmäßig mit Content-Stimulantia aufwarten. Nur so bekommt man genügend von der Internetwährung Aufmerksamkeit – attraktiv präsentierte Geschichten sind wie der Nektar, der die Bienen anzieht ...

Storytelling: Unterhaltung à la carte

Der Begriff »Storytelling« hat in den letzten Jahren so etwas wie eine Renaissance erlebt. Die technischen Möglichkeiten haben die Verbreitung von Content revolutioniert, und so hat das Web 2.0 einen schier unstillbaren Hunger nach außergewöhnlichen, fesselnden und inspirierenden Storys entwickelt. Die User haben ein starkes Verlangen nach Storys mit viralem Potenzial. Ständig liegen sie auf der Lauer danach, und das, was aufgeboten wird, um sie zu bedienen, kann fast schon als Content-Overkill bezeichnet werden.

Unter Marketingaspekten ist Storytelling eine Technik zur Aufbereitung und Präsentation von Markenbotschaften. Die technologische Revolution begünstigt Storytelling, eben deshalb ist es ein Buzzword der Marketingstrategen. Communitys sind der vielleicht schon wichtigste Kanal, um Storys, die für Marketingzwecke konzeptioniert wurden, an den Interessenten zu bringen.

Die Ansprüche, dem Prädikat »Gutes Storytelling« gerecht zu werden, sind im Laufe der Zeit gestiegen. Storytelling bedeutet nicht einfach, Werbefilmchen oder -prosa zu liefern – es bedeutet, originelle, emotional aufgeladene und aufladende Geschichten bringen zu müssen. Anregung der Einbildungskraft ist hier das Leitprinzip.

Nur wem es gelingt, sein Unternehmen oder Brand im Medium überzeugender Storys darzustellen, kann seine Botschaften und sein Image beim Kunden verankern. Das Optimum ist, den Anker so fest im Grund zu versenken, dass der Wunsch nach einer dauerhaften Bindung an Unternehmen, Marke oder Produkt entsteht.

Storytelling über den Kanal Community

Im Zusammenhang mit Communitys ist Storytelling also im Wesentlichen unter dem Aspekt Marketingtechnik zu sehen. Das macht es zu einer Sache, die mit einem hohen Grad an Professionalität anzugehen ist. Dafür gibt es sogar den Beruf des Story-Architekten, und in den USA ist Digital Storytelling ein Studienfach.

Zum professionellen Spektrum eines guten Community-Managers gehört ein fundierter Einblick in Ziele, Methoden und Funktionsweisen von Storytelling. Es zählt zu seiner Routine, allen Content, der im Rahmen seiner Community dargeboten wird, hinsichtlich der Wirkungskraft ihres Storytellings zu beurteilen. Der Idealfall ist, wenn er selbst in der Lage ist, wirkungsvolle Storys zu konzipieren. Da er am besten weiß, wie seine Community tickt, kann er, entsprechendes Talent vorausgesetzt, den Content auf die wohl akkurateste Weise maßschneidern.

So oder so, Sie brauchen ein geschultes Auge für Storytelling-Qualitäten, um eine zuverlässige Bewertung über die Tauglichkeit von Storys abgeben zu können. Sie sind es, der die Storys mit den Usern diskutiert und sich unter Umständen ihre mehr oder weniger harsche Kritik anhören muss.

Storytelling – Begriffsbestimmung

Der Begriff »Storytelling« erschließt sich am besten anhand der Forschungsergebnisse des amerikanischen Mythenforschers Joseph Campbell. In seinem 1949 erschienenen Klassiker *Der Heros in tausend Gestalten* hat er die Inhalte der Geschichten, die sich die Menschen seit Urzeiten erzählen, auf Grundmuster untersucht.

Seine wertvollste Erkenntnis und Abstraktion: Ein Großteil der Geschichten, und allemal die bedeutendsten unter ihnen, läuft auf die

Storyline einer **Heldenreise** hinaus. Sie folgen einem standardisierten Aufbau, wie er schon in der *Poetik* von Aristoteles beschrieben wurde.

An der Dominanz dieses dramaturgischen Layouts hat sich auch zu Zeiten des Homo digitalis nichts geändert. In Heldenreisen werden urzeitliche, archaische Aspekte des menschlichen Selbst angesprochen – ein kalkulierbarer Effekt, der sich für Marketingzwecke nutzen lässt.

Die Heldenreise als Paradigma von Storytelling

Zentrum jeder Heldenreise ist naturgemäß der Held, in Szene gesetzt als Figur, die eine problematische oder sogar krisenhafte Lebenssituation zu durchstehen hat. Die Metapher »Heldenreise« steht für die Abfolge der Ereignisse, die sich im Zuge der Bewältigung und Lösung der Konfliktlage abspielen.

All great Storys illuminate the dark side (Robert McKee)[74] lautet ein zentraler Leitsatz für gutes Storytelling. Oft ist diese dunkle Seite etwas Unbekanntes, das den Helden aus den Bahnen scheinbarer Sicherheit wirft. In manchen Storys findet der Konflikt aber auch nur im Inneren des Helden statt.

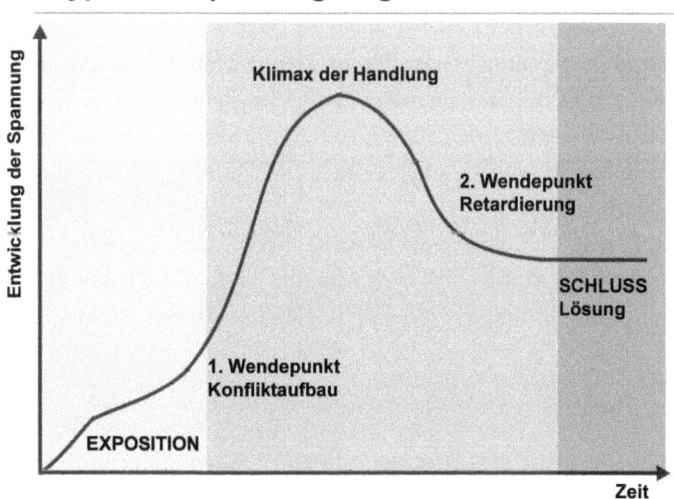

Abbildung 6.2: Struktur einer Heldenreise

Dabei muss der Held kein Held im Wortsinne sein, also eine Lichtgestalt oder ein Alphaweibchen oder -männchen. Vielmehr sind Menschen wie Sie und ich für die meisten Belange die glaubwürdigeren und damit wirkungsvolleren Heldenfiguren.

Exposition

In der Aufblende wird das Setting definiert, als eine kleine Welt, die das Wer-Was-Wo-Wann-Warum der Story enthält. In diese Welt tritt eine Initialzündung für die Problemlage des Helden. Sie ist ein Ereignis, das aus dem Rahmen des Alltäglichen fällt und ihn aus dem Rhythmus bringt. In vielen Storys ist das handlungstreibende Element als Konflikt angelegt, als ein Geschehen, das einen bedrohlichen, auf kommende Kampfsituationen vorausdeutenden Charakter hat.

Der krisenhafte Ereignishorizont soll in die Geschichte hineinziehen, ja in sie eintauchen lassen, unter Auslösung eines emotionalen Kicks. Dieser Kick entsteht idealerweise dadurch, dass der Rezipient sofort eine Verbindung zwischen sich und der Konfliktsituation und/oder dem Helden herstellen kann. »Identifikation« heißt das Zauberwort.

Für den packenden Einstieg in die Story stehen in der Regel drei bis vier Sekunden zur Verfügung. Die verwöhnten Web-User sind darauf gepolt, für ihre Aufmerksamkeit eine sofortige Belohnung zu bekommen. Ohne diese sogenannte Instant Gratification geht gar nichts außer gnadenlosem Wegzappen.

In der Folge hat der aufgerüttelte Held Situationen und Prüfungen zu durchleben, die all seine Kräfte und Fähigkeiten fordern. Die Spannung einer gut gemachten Story resultiert daraus, wie der Weg zur Überwindung der Krise, gegen alle Feinde und Hindernisse, gefunden und ausgefochten wird.

Optionale Elemente jeder Heldenreise sind ein Gegenspieler zum Helden, der Antagonist, sowie ein Mentor, der dem Helden bei allen Anfechtungen und Kämpfen rat- und hilfegebend zur Seite steht.

Konflikt

Im Mittelteil mit der Austragung des Konflikts differieren die Ablaufmodelle. Ursächlich dafür ist meist die zur Verfügung stehende Zeit. Die gängigste Strukturierung besteht aus einer Konfliktdurchführung, die in drei Phasen (plus Einleitung und Schluss) unterteilt ist:

- erster Wendepunkt = Auslösung des Konflikts,
- Klimax = Höhepunkt der Handlung,
- zweiter Wendepunkt = letzte Prüfung vor der Konfliktlösung.

Neben diesem Fünf-Akte-Schema gibt es auch komplexere Ablaufvarianten, die bis zu 12, 15 oder noch mehr Segmentierungen haben. Das ist bei der Kürze der Zeit, die für ein webtypisches Video zur Verfügung steht, kaum realisierbar. Tendenziell wird hier eher der Mittelteil in nur einen Akt komprimiert.

Schluss

Die Prüfungen, die der Held im Laufe seiner Reise zu bestehen hat, enden meistens in einem glücklichen, optimistischen und lebensbejahenden Ausgang. Die meisten Story-Konsumenten sehen es am liebsten, wenn die Geschichte mit einem Gänsehauteffekt oder einer humorvollen Pointe abschließt.

Für den Helden geht mit der Lösung seiner krisenhaften Lebenssituation eine grundlegende Erfahrung einher, meist in Form persönlicher und/oder materieller Fortentwicklung. Die Dramaturgie des Inneren kann bis hin zu einer Bewusstseinswandlung gehen.

Wirksamkeit von Storytelling

Produktion von wirkungsintensiven Storys für Marketingzwecke setzt voraus, dass man über die psychologische Seite von Storytelling im Bilde ist. Je differenzierter die Kenntnisse hierüber sind, umso besser kann es gelingen, Storytelling für die Steigerung der Tiefenwirkung von Botschaften einzusetzen.

Joseph Campbell hat herausgearbeitet, dass die gängigsten Story-Muster Teil des kollektiven Gedächtnisses und damit seelische Elemente der gesamten Menschheit sind. Die Geschichten aus dem Alten Testament, aus 1.001 Nacht, die Abenteuer des Odysseus oder die Märchen und Sagen – all diese jahrtausendealten Erzählungen sind in unserem Unterbewusstsein strukturell vorgezeichnet, als Teil unserer DNA.

Das überzeitlich Musterhafte berührt uns existenziell und hat daher das Potenzial für Identifikation. In den vorgeprägten Mustern werden universell gültige Problemlagen und dadurch erweckte Emotionen wiedererkannt. Das macht Storys zu idealen Projektionsflächen.

Wissenschaftliche Erkenntnisse

Professionelle Storytelling-Strategien stützen sich auf wissenschaftliche Forschungsergebnisse. Schon Sigmund Freud hat in seinem 1913 erschienenen Buch *Totem und Tabu* die Effekte von Storytelling dargestellt, ohne dass der Begriff schon existierte.

Neurowissenschaft und narrative Psychologie haben seine Wirksamkeit eindrucksvoll nachgewiesen. Die Persuasionsforschung (Persuasion = Überzeugung) hat herausgearbeitet, dass eine emotionale Vermittlung von sachlichen Inhalten einen viel höheren Wirkungsquotienten hat als rationale Faktendarlegung.[75]

Gut gemachte Storys flashen: Ihr Betrachten, Hören oder Lesen stimuliert hormonelle Reaktionen im limbischen System. Das Gehirn wird von Oxytocin geflutet, dem Hormon, das auch für Verliebtheiten verantwortlich ist. Oxytocin stellt eine Verbindung zwischen Sender und Empfänger her, Spiegelneuronen bewirken, das es zwischen den beiden zu einer Synchronisierung der Emotionalitäten kommt.

Emotionale Ansprache

Die Einprägsamkeit gut gemachter Storys rührt daher, dass Konflikte und deren glückliche Lösung auf Muster zurückgehen, die in tieferen Bewusstseinsschichten präexistieren. Die Dramaturgie wird auf diesen Effekt von Wiedererkennung hin ausgerichtet.

Content wird so zur Schaubühne von archetypisch geprägten Vorerfahrungen, die für die Wirkungsabsichten einer Story genutzt werden. Die narrative Codierung von Storys ist auf Identifikation angelegt. Es ist dieses suggestive Einwirken auf kognitiver Ebene, das die Bahnen für den Transport von Botschaften öffnet.

Ängste sind eine emotionale Ebene, auf der das Publikum besonders leicht zu packen ist. Ein hocheffizienter Weg zur Schürung emotionaler Reaktionen ist die Erweckung von Urängsten. Lösungsmodelle für diese Ängste finden immer vitales Interesse. Ähnlich publikumswirksame Effekte lassen sich mit Lovestorys erzielen.

Wenn eine Geschichte tief in existenzielle Bereiche vordringt, ist die persönliche Ansprache gelungen. Sieht sich ein Rezipient im Helden oder in seiner Vision repräsentiert, lässt er sich gerne auf Botschaften und Suggestionen ein. Einen Effekt von Knowledge-Sharing gibt es gleichsam gratis dazu. Gute Storys begünstigen die meist unbewusste Aufnahme und Verarbeitung von faktischen Elementen.

Netzwerkeffekte generieren

Gutes Storytelling bringt Content hervor, der förmlich in die offenen Arme einer Community treibt. Dies wird forciert durch Inhalte, die emotional so sehr berühren, dass es bei vielen Rezipienten den Wunsch erweckt, die positive Erfahrung mit anderen zu teilen. Je unterhaltsamer und origineller die Story, umso besser sind ihre Chancen, dass sie weitergereicht wird, so wie es schon zu Zeiten des Geschichtenerzählens am Feuer in der Höhle war. Best Case ist, wenn sie viral geht.

Gelungene Storys generieren die immer hilfreichen Netzwerkeffekte in einer Form, wie sie durch Produktionen, die nur nüchterne Fakten bringen, nicht ansatzweise erreichbar ist. Sie sind ein hervorragendes Mittel zur Potenzialmaximierung: Das Sharen Ihres Contents bringt neue Mitglieder in Ihre Community, und die könnten schon bald Kunden Ihres Arbeitgebers sein.

Storytelling für Web-Content

Der formale Schematismus zur Herstellung wirkungsvoller Storys erscheint theoretisch recht einfach. Das Paradigma der Heldenreise ist sogar schon (etwas despektierlich) mit »Malen nach Zahlen«[76] verglichen worden. Doch gerade die relativ starre Struktur macht die Umsetzung zu einer gewaltigen Herausforderung. Eine Story zu kreieren, die aus der Masse hervorsticht, das braucht einen Storytelling-Virtuosen.

Es ist schnell etwas produziert, was beim Publikum nur den Eindruck hervorruft, etwas Altbekanntes zu sehen. In einer Zeit der medialen Überfütterung ist es enorm schwer, etwas wirklich Originelles auf die Beine zu stellen. So enthalten die meisten Storys denn auch nichts fundamental Neues. Ein Ziel sollte man sich daher nicht setzen: irgendeine neue, noch nie gesehene Story präsentieren zu wollen. Das gelingt so gut wie nie, und es wird von den Nutzern auch kaum erwartet. Es genügt vollauf, die Rezeptur einer bekannten Storyline beim Aufwärmen auf eine neue Geschmacksnote zu trimmen.

Der Neuheitscharakter muss aus der Dynamik der Marke oder des Produkts geschöpft werden. Der Blick für die Möglichkeiten, die sich aus dieser Dynamik ergeben, sollte durch die Brille der Fantasie erfolgen. Umso besser gelingt es dem Storyteller, die vorgeprägten Erlebnisspuren zu sehen, auf denen er eine zündende Story aufsetzen kann.

Geschickt aufgezogene Spannungsbögen mit kompakten Elementen von Überraschung und nachhallenden Abschlüssen sind Garanten dafür, ungeteilte Aufmerksamkeit zu erhalten. Voraussetzung ist, dass die Konventionen des internettypischen Darbietungsstils respektiert werden, insbesondere bei Videos.

Faszinierendes, prägnantes Storytelling für das Web lässt sich am besten mit dem Schlagwort »*Großes Kino im Kleinformat*« beschreiben. Die Web-User, insbesondere die jüngeren, bevorzugen in Sachen Content einen Kurz-und-knackig-Stil. Das lässt kaum zu, in jeder Story mit allen Standardelementen einer kompletten Heldenreise aufzuwarten.

Mehr als die Grundstruktur Exposition – Durchführung – Schluss ist in einem Video von einer bis einigen Minuten Länge kaum machbar. Alles, was darüber hinausgeht, bringt die Aufmerksamkeitsspanne der meisten Rezipienten schnell an ihre Grenze. Das Verlangen nach Instant Gratification macht Weitschweifigkeit zu einem Kardinalfehler.

Formale Variationen

Etwas Spielraum gibt es bei aller Konvention aber doch. Es ist durchaus möglich, nach dem Initial Event mit der Struktur der Heldenreise zu experimentieren. Dergleichen kommt besonders bei jüngeren Zielgruppen gut an, die von linearen Abläufen oft schnell gelangweilt sind.

Mit einer nicht linearen Erzählweise lässt sich die Aufmerksamkeit des Publikums deutlich steigern, besonders wenn mit seinen Erwartungen gespielt wird. Hierzu eignen sich Tempowechsel, fragmentierte Storylines und Loop-Strukturen.

Helden für Ihre Community

Bei dem oder den Helden von Web-Content sollte eine leicht zu erkennende Verbindung zu den Themen der Community gegeben sein. Optimal ist, wenn Produkt, Marke oder Unternehmen, das Ihre Community betreibt, in der Heldenrolle oder auch in der des Mentors symbolisiert wird.

Als Rollenträger im Sinne der Betreiberinteressen ist die Heldenfigur so zu entwerfen, dass der Rezipient sich ohne viel kognitive Anstrengung in sie hineinversetzen kann. Ohne die Erweckung von Identifikation werden die Botschaften, die unter der Oberfläche einer Story stecken, nicht beim Adressaten ankommen.

Im Rahmen des Happy Ends wird all das übertragen, von dem das Marketing wünscht, dass es sich in den Köpfen der Rezipienten festsetzt. Der positive Ausklang kann auch mit einer materiellen Belohnung verbunden sein. Auch hierfür bieten sich das Produkt oder die Marke an, für die eine Community steht.«

»The key is, no matter what story you tell, make your buyer the hero«, sagt der amerikanische Social-Media-Autor Chris Brogan.[77] Konkrete Kunden sind als Heldenfiguren fast immer überzeugend. Ob wirkliche Kunden oder geschauspielerte, sie sind Phänotypen der Zielgruppe(n) der Community, entsprechend einer der Personas, die bei der Zielgruppenanalyse entwickelt wurden.

Menschen, die in beruflicher Verbindung zu Ihren Themen und Produkten stehen, können ebenfalls sehr wirkungsintensive Protagonisten sein. Ein hoher Grad von Wiedererkennung ist auch dann gegeben, wenn die Heldenfigur Symbol für ein Lebensgefühl oder einen Lifestyle ist.

Handlungsmuster für Ihren Content

Es braucht nicht nur einen Helden, sondern auch Handlungsrahmen und -abläufe, mit denen der Rezipient etwas anfangen kann. Das kann eine Positionierung im konkreten Hier und Jetzt sein, das Setting kann aber auch in die Vergangenheit oder eine Fantasiewelt versetzt sein. Durch die passende Musik lassen sich alle emotionalen Akzente verstärken.

Das persönliche Schicksal, dessen Story erzählt wird, ist auf die Vermittlung der Message zuzuschneiden, die der Community-Betreiber seinen Kunden unterschwellig vermitteln will. Besonders wirkungsvoll sind daher Handlungsorte und Konfliktsituationen, in die der Story-Konsument selbst geraten könnte oder die er vielleicht schon erlebt hat.

Der Sieg über alle Widerwärtigkeiten soll auf packende Weise Erfahrungen und Emotionen mit dem eigenen Produkt oder der eigenen Dienstleistung zeigen. Diese selbst müssen dabei nicht unbedingt einen

Auftritt haben; die Querverbindung lässt sich auch durch eine Metapher oder eine Parabelstruktur schaffen. Die Stärke und Gewandtheit, die der Held im Laufe der Handlung zeigt, werden in das Produkt projiziert, und damit Begehrlichkeiten geweckt ...

Kontinuität und Konsistenz

Kontinuität im Storytelling ist der Schlüssel dafür, um die Bindung der Rezipienten zu stärken und Netzwerkeffekte anzustoßen. Das Interesse Ihrer Mitglieder bleibt wach, wenn sie sicher sein können, dass ihre Erwartungen nach stetig neuem und vor allen Dingen interessantem Stoff zur Unterhaltung und Diskussion erfüllt werden.

Für die Erstellung solchen Contents ist eine serienhafte Herangehensweise ausgesprochen förderlich. Fortsetzungsgeschichten, inklusive des Einsatzes des Stilmittels Cliffhanger, schaffen nachhaltige Bindung an eine Community.

Das Publikum schätzt Kontinuität in Ablaufstrukturen und gleichbleibende Personenzusammensetzungen vor allem deshalb, weil es ein ständig neues Eindenken erspart. Je konsistenter der Content gestaltet und abgestimmt wird, umso intensiver ist die Verankerung von Zielsetzungen des Marketings.

Community-Manager als Content Developer

Die bisherigen Ausführungen betrafen all das, was Sie wissen sollten, um ein fundiertes Urteil darüber abgeben zu können, ob das Storytelling, auf dem Ihr Content basiert, in den atmosphärischen Kontext Ihrer Community passt. Dieses Wissen befähigt aber nicht schon dazu, solche Storys selbst produzieren zu können.

Der Erfolg von Content wird an seiner Resonanz bemessen, an den Einzahlungen in den Web-Währungen Klicks, Likes, Shares und Comments. Das ultimative Erfolgserlebnis für einen Community-Manager ist es, wenn diese Resonanz von seinen eigenen Storys hervorgerufen wird.

Es ist die anspruchsvollste Form von Community-Management, seine Kreativität sowohl in Sachen Dialog wie in Sachen Content einbringen zu können. Damit sind Sie wie einer der Meisterköche, die selbst auf den Markt gehen, um die besten Zutaten zu finden.

Als Storyteller brauchen Sie, neben Ihren zahlreichen anderen Fähigkeiten und Anlagen, eine schöpferische Ader für das (Er-)Finden und Erzählen von Geschichten. Wenn Sie dieses Talent haben, dazu den nötigen Ehrgeiz und vor allem die Zeit, dann steht Ihrer Selbstverwirklichung nichts im Wege.

Storytelling ist der Bereich, in dem Ihr kreatives Potenzial den größten Einfluss auf die produktive Dynamik Ihrer Community nehmen kann. Übernehmen sollten Sie diese Herausforderung aber nur dann, wenn Sie sicher sein können, ihr gewachsen zu sein. Diese Form von Engagement ist gewissermaßen die Königsdisziplin: Sie gibt Ihnen die Gelegenheit, die Community in ihrer Gesamtheit auf ästhetischer Ebene ganz nach Ihren Vorstellungen zu formen.

Fokus Core-Story

Wenn man Sie als Storyteller fungieren lässt, sollten Sie bedenken, dass die Tür, die sich Ihrer Kreativität öffnet, einen festen Rahmen hat. Grundbedingung eigener Content-Erstellung ist, Ihre Storys in Bildern, Sprache und Tropen zu präsentieren, die zur Corporate Identity passen.

Es ist wie bei allen anderen Aufgaben: Erwartungen der Mitglieder und Zielsetzungen des Betreibers wollen miteinander in Einklang gebracht werden. Wie schon gesagt, hat Corporate Content immer von der Story des Betreibers auszugehen. Nonchalant drauflosproduzieren verbietet sich: Leitmotive und Schlagworte der Core Story sind unantastbar, denn hierin sind Motivationen, Ziele und eventuell auch Visionen des Betreibers festgeschrieben.

Ihre Storys müssen sich in das von der Core Story geschaffene Selbstbild des Betreibers einfügen. Etablierte Narrative und daran geknüpfte strategische Prinzipien sind zu respektieren. Sie transportieren, über alle Medienkanäle hinweg, einen Wertekanon und ein Selbstverständnis, die meist schon in den Köpfen der Rezipienten verankert sind. Eine Ausnahme sind Start-ups, die ihre Core Story und deren Narrative erst noch an Publikum und potenzielle Kunden herantragen müssen.

Manche Content Developer mögen vorgegebene Narrative als Einschränkung empfinden. Damit muss man leben, was insofern leichtfallen dürfte, weil sie ein Stück Arbeitserleichterung sind. Sie schaffen den festen Rahmen, der Ihnen erspart, bei der Konzeption einer neuen Story zentrale Elemente neu erarbeiten zu müssen.

Andererseits können allzu starre Vorgaben Ihre Kreativität bremsen. Das ist eine Kröte, die mitunter schwer zu schlucken ist. Bevor Sie aber einen Versuch unternehmen, der mit der Firmenphilosophie in Konflikt geraten könnte, sollten Sie sich mit dem Betreiber entsprechend abstimmen.

Telling your story

Storytelling-Aufgaben für die Community zu übernehmen, das bedeutet nicht, dass Sie in der Lage sein müssen, auf allen Stationen des Produktionsprozesses mitarbeiten zu können. Die videotechnische Realisierung zum Beispiel überlassen Sie besser den Profis – Ihr Kreativjob besteht darin, brillante Storylines und Scripts zu liefern.

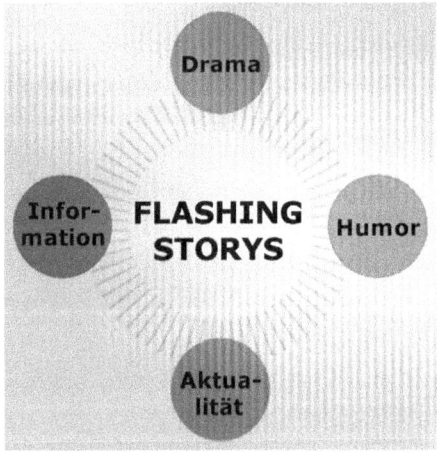

Abbildung 6.3: Wirkungsvolle Storys

Dafür brauchen Sie »nur« die Prinzipien zu befolgen, die im vorangegangenen Abschnitt dargestellt wurden. Menschen und Objekte in Ihren Storys, an vorderster Stelle die Heldenfigur und Ihr Brand, sollten für die Rezipienten wiederzuerkennen sein, sei es als Typ, Symbol oder Metapher.

Sehr gut kommen Geschichten aus dem Menschlich-Allzumenschlichen an, zumal wenn Sie sie mit Humor anreichern. Humor ist da, wo er bedenkenlos eingesetzt werden kann, eines der wirkungsvollsten Mittel zur Erzielung positiver Resonanz. Die Empfehlung, Storys von *the dark side* anzugehen, lässt sich damit zwar nur bedingt realisieren, aber das macht ein gut eingefädelter Schmunzel- oder Lacheffekt wett.

Gute Storys finden

Der kreative Antrieb geht immer von dieser Frage aus: Wie sehen gute Storys mit Bezug zu meinen Themen überhaupt aus? Es ist das Außergewöhnliche und Originelle, das eine Story qualitativ hochwertig werden lässt. Die Ansprüche des Publikums hinsichtlich dessen, was von ihm als außergewöhnlich anerkannt wird, sind hoch.

Gute Storys werden Ihnen nur selten quasi vor die Füße fallen – sie wollen erarbeitet werden. Es braucht ein geschultes Auge dafür, hinter dem Alltäglichen und Normalen eine bedeutungsvolle, gewinnbringende Geschichte zu entdecken. Es ist wie bei den Fotografen mit ihrem kreativen Blick für das Bild, das in einem besonderen Ausschnitt steckt.

Story-Material recherchieren

Die besten Geschichten schreibt das Leben selbst, speziell das Leben im Umfeld des Betreibers. Die Mitarbeiter Ihres Arbeitgebers sind ein unerschöpflicher Pool, um interessante, verwertbare Storys zu finden. Im Alltag stecken so viele Geschichten, die ihren inspirativen Kern verborgen halten. Sie müssen Sie halt nur in Erfahrung bringen.

Am besten suchen Sie das Gespräch mit den Mitarbeitern. Fragen Sie dabei nach dem Betriebsklima, firmenhistorischen Ereignissen, besonderen Vorkommnissen, prominenten Kunden und so weiter. Richten Sie Ihre Neugier auf alles, woraus sich etwas Ungewöhnliches und damit Erzählens- oder Sehenswertes destillieren lässt. Damit gewinnen Sie Stoff für so beliebte Formate wie:

- Gründerstory,
- herausragende Ereignisse der Unternehmensgeschichte,
- Blick hinter die Kulissen,
- wie es früher war,
- Tipps und Tricks.

Wenn Ihre Interviewpartner auf Anhieb nichts Interessantes parat haben, dann vielleicht später. Sie sollten sie sensibilisieren, die Augen nach Anknüpfungspunkten für verwertbare Storys offen zu halten.

Realistisch oder fiktiv?

Ob Ihre Geschichte nun aus der Erzählung eines Mitarbeiters hervorgeht oder auf einer erfundenen Storyline basiert, die Realisierung kann auf zwei Weisen erfolgen:
- realistisches Setting oder
- fiktives oder fiktionales Setting.

Bei den realistischen Storys sind wiederum zwei Kategorien zu unterscheiden:
- erfundene Storys, die im konkreten Hier und Jetzt situiert sind (Branding-Storys),
- authentische, auf Tatsachen beruhende Geschichten und Ereignisse (Testimonials).

Fiktionale und fiktive Storys

Auf jeden Fall erfunden werden müssen fiktive beziehungsweise fiktionale Storys. Die Trennschärfe zwischen diesen beiden Begriffen ist nicht sehr groß. Im Englischen und Französischen wird diese Unterscheidung erst gar nicht gemacht.

Das Differenzkriterium besteht darin, dass fiktiv als etwas komplett Erfundenes anzusehen ist, während eine Geschichte, die aus realen Verhältnissen hervorgegangen sein könnte, als fiktional bezeichnet wird. Fiktional ist zum Beispiel eine Story, die eine Projektion von nicht allzu ferner Zukunft erstehen lässt. Dieses Muster läuft auf eine Geschichte hinaus, die in einer Welt von morgen stattfindet, in der ein Problem von heutzutage behoben ist.

Fiktive und fiktionale Storys erlauben größere Freiheiten als realistische. Bei den beiden erstgenannten Formaten kann der Fantasie weitgehend freier Lauf gelassen werden, um einen möglichst hohen Grad von Originalität zu erzielen. Es können sogar Märchen erzählt werden, solange sie als solche eindeutig erkennbar sind. Die emotionalen

Reaktionen auf etwas, von dem für jeden ersichtlich ist, dass es Fiktion ist, sind immer real.

Branding-Storys

Als Branding-Storys bezeichne ich erfundene Storys, die auf die Vermittlung von Marken- oder Produktbotschaften zugeschnitten sind. Sie sind die wohl wichtigste Form von Corporate Content. Ihre Handlung ist auf Übertragung in den Lebenskontext der Zielgruppe(n) zugeschnitten. Sie werden oft als Geschehnisse erzählt, wie sie auch dem Rezipienten oder jemandem in seinem Umfeld passieren könnten.

Branding-Storys sind gut geeignet für das Aufsetzen einer Heldenreise. Die Story sollte vorzugsweise in einem Setting angelegt sein, das sofort zu Beginn einen Rahmen des Problematischen aufzieht. Das Brand kann in der Folge seine Kompetenz zur Lösung oder zumindest Abschwächung des Problems darstellen.

Möglich ist aber auch eine indirekte Bezugnahme zu Wertekanon, Selbstverständnis oder Visionen eines Unternehmens. Als Stilvorbild hierfür weist Petra Sammer in ihrem Buch *Storytelling – Die Zukunft von PR und Marketing* auf die Videoserie *Siemens Answers*[78] hin. Ein Film über einen kleinen Jungen mit stark missgebildetem Arm, für den eine spezielle Prothese entwickelt wird, wird als Musterbeispiel von Content genannt, bei dem der Mensch in den Mittelpunkt gestellt ist, nicht das Unternehmen.

Ein Dogma ist es allerdings nicht, die Story in einen Rahmen des Problematischen zu stellen. Comedy-Konzepte sind für Branding-Storys eine immer wieder gerne gewählte Lösung, sofern Produkt oder Marke sich dafür eignen.

Personen-Storys und Testimonials

Wird ein realer Kunde zur Heldenfigur gemacht, nennt man dies **Liquid Storytelling**. Die Geschichte, die er zu erzählen hat, sollte in realistischer Manier auf seinen Bedürfnissen und seinem potenziellen Erlebnishorizont basieren, denn lebensechte Grundierung erhöht die Glaubwürdigkeit.

Liquid Storytelling wird vorzugsweise in Form von Erfahrungsberichten durchgeführt. Sie werden meist als Testimonials bezeichnet. Hierin werden Fallbeispiele präsentiert, die aus dem Leben gegriffen sind. Die favorisierte Storyline ist der Kunde als Held des Alltags, der eine Erfolgsgeschichte erzählt. Dadurch bekommen viele Testimonials einen reportagehaften Charakter.

Andere mögliche Helden sind Mitarbeiter des Betreibers. Beispielsweise kann jemand, der in der Produktion beschäftigt ist, aus dem Nähkästchen seines Jobs plaudern. Diese Person ist repräsentativ für das ganze Unternehmen. Das gilt für ihre Ausstrahlung wie für ihre Aussagen – sie stehen für ein Sympathie erweckendes »So sind wir!«.

Testimonials funktionieren, weil sie sofort eine überzeugende Beweislage herstellen. Sie bieten leicht zugängliche Ankerpunkte für Identifikation. Dabei erhöht es die Überzeugungskraft, wenn in ihnen über anfängliche Zweifel berichtet wird, und dann darüber, wie diese überwunden wurden. Es dürfen ruhig kleinere Schwächen eines Produkts oder Unternehmens offenbart werden – die Tatsache, dass die Schwächen ehrlich kommuniziert werden, macht es leicht, darüber hinwegzusehen.

Besonders wirkungsvoll sind Testimonials, die als Fallstudien angelegt sind. Darin werden konkrete Beispiele für die Lösung eines Problems demonstriert. Je mehr das Problem in der Zielgruppe an der Tagesordnung ist, umso besser. Auch hierbei kommen Fortsetzungsformate besonders gut an.

Ein typisches Beispiel dafür ist ein Unternehmen, das Sicherheitstechnik an den Mann bringen will. Testimonials, in denen aufgezeigt wird, wie diese Technik größere Schäden verhindert, haben große Überzeugungskraft. Oder dieses Beispiel: Wenn Produkte verkauft werden sollen, die beim Abnehmen helfen sollen, werden Menschen vor die Kamera gebracht, denen es gelungen ist, mithilfe dieser Produkte Gewicht zu reduzieren.

Was immer Sie auch darbieten, im Sinne des Marketings hat seine Wirkung auf Transformation in Form von Konsum hinauszulaufen. Eine wichtige Aufgabe liegt darin, die Mitglieder dazu zu bewegen, selbst Content zu produzieren, sprich eigene Testimonials zu erstellen, um sie mit der Community zu teilen.

Glaubwürdigkeit

Wie immer Sie Ihre Storys gestalten, der Botschaft darin muss vor allen Dingen eines anhaften: Glaubwürdigkeit. Sie ist ein hohes, wenn nicht sogar das höchste Qualitätsmerkmal. Zweifel an ihr wirken immer störend und die angestrebte Imagepflege beziehungsweise -verbesserung kann ins Gegenteil umschlagen.

Glaubwürdiges Storytelling wird durch Helden akzentuiert, die zunächst in einer Position von Neutralität oder sogar Distanz gegenüber Ihrem Brand stehen. Es wird umso glaubwürdiger, je mehr die Konflikt- oder Problemsituation, die der Held zu bewältigen hat, auch dem Rezipienten passieren könnte.

Alles, was die Problemlösungskompetenz Ihres Brands herausstellen kann, trägt zum Aufbau von Vertrauen bei. Dabei verbietet sich Fake Storytelling: Wird in Ihrer Story gesagt, dass das dargestellte Geschehen tatsächlich so passiert ist, sollte dies den Tatsachen entsprechen, und zwar auf eine nachprüfbare Weise.

Konzeptionelle Aspekte

Die Festlegung der passenden Kategorie ist nicht der einzige Aspekt, der für die Konzeptionierung einer guten Story eine Rolle spielt. All das, was in Kinofilmen oder beim Fernsehen in die Drehbücher einfließt, um die Zuschauer zu fesseln, kann auch für Web-Content nützlich sein.

Zwei Aspekte stechen dabei besonders hervor: das bewährte *Sex sells* und die Beliebtheit von Comedy.

Sex sells

Zündende Storys sprechen das Lustprinzip an, zunächst die Lust, eine Story nach einem interessanten Einstieg zu Ende sehen zu wollen, oft aber auch zusätzlich die Lust im direkt sexuellen Sinn. Dabei spielt der Aspekt *Sex sells* hinein – natürlich nur, wenn das Thema der Story damit in Einklang zu bringen ist.

Wenn Sie das Prinzip *Sex sells* für sich arbeiten lassen wollen, bedeutet das nicht, dass sie nun das Gebiet des Schmuddeligen oder sogar Ordinären betreten müssen. Bei den meisten Zielgruppen ist das Konzept *Sex sells* dann wirkungsvoll, wenn es nicht zu plakativ vorgetragen wird. Ein zusätzlicher Schuss Romantik ist oft gut, um die Sexualisierung einer Story plausibel zu machen. Ein prägnantes Beispiel ist Kosmetik, in deren *Beauty-sells*-Thematik fast immer auch das Thema Verführung mitschwingt.

Humoristische Konzepte

Ein wichtiger Trend beim Content ist die Comedysierung. Natürlich lässt sie sich längst nicht bei allen Themen durchführen, aber wo es passt, ist ein Ansprechen der humorigen Seite der Rezipienten immer angebracht.

Ein wirkungsvolles Konzept sind Parodien auf allgemein bekannte Storylines und Werbekonzepte. Gut gescriptet, können sie eine enorme Viralkraft entwickeln. Eine gängige Vorgehensweise dabei ist, einen Teil des positiven Images des Objekts der Parodie zu kapern.

Es ist allerdings nicht empfehlenswert, nur Comedy oder Parodie zu bringen. Sich zu sehr darauf zu fixieren, dürfte auf Dauer allzu einseitig wirken. Comedysierung eignet sich eher als auflockernde Beimischung zum sonstigen Content.

Unterstützende Massnahmen

Es gibt einige Maßnahmen, um Beliebtheit und Reichweite Ihres Contents zu pushen. Deren Realisierung ist nicht allein Ihre Sache; dafür braucht es je nachdem Beziehungen, Programmierer und nicht zuletzt Geld ...

Die erste dieser Maßnahmen ist relativ kostengünstig. Sie bedarf nur der Investition von Zeit und Sachkenntnis, nicht von Geld:

Content Curation

Der Begriff bezeichnet die Verbreitung fremden Contents über die eigene Community. Diese fremden Inhalte sollten mit Blick auf die eigenen Zielgruppen aufbereitet werden, vor allem im Hinblick auf eine erkennbare Verbindung zum eigenen Content.

Diese Form von Sharen ist bei den Usern beliebt, da sie als Service empfunden wird. Sie war allerdings früher bei vielen Content-Managern verpönt. Es bestand die Befürchtung, damit konkurrierende Communitys zu unterstützen. Mittlerweile wird Content Curation allgemein gutgeheißen, da sie klar mehrwertig ist und somit Nutzen stiftet.

Für die richtige Durchführung ist Folgendes zu beachten:

- Fremde Inhalte müssen eine sinnvolle Ergänzung oder Anreicherung des eigenen Content-Angebots darstellen.

- Fremde Inhalte sollten so aufbereitet sein, dass sie sich in die eigene Präsenz nahtlos einfügen.
- Fremde Inhalte dürfen die eigenen Inhalte hinterfragen und damit dem User neue Perspektiven eröffnen.

Es werden fünf methodische Ansätze unterschieden:
- **Destillation:** Zusammenfassung wichtiger Beiträge zu einem Thema
- **Elevation:** Umfassende Sammlung von themenrelevanten Beiträgen und Quellen
- **Aggregation:** Komplette Übernahme fremder Beiträge oder zumindest großer Teile davon
- **Chronologie:** Sammlung relevanter Beiträge in zeitlicher Reihenfolge
- **Mashup:** Kompilation und Mix diverser Beiträge

Durch Content Curation demonstrieren Sie, dass Sie in der Lage sind, über den eigenen Tellerrand hinauszublicken, um Ihren Usern ein möglichst breites Programmangebot zu bieten. Gleichzeitig untermauern Sie die eigene Glaubwürdigkeit, insbesondere wenn in den fremden Inhalte eigene Positionen hinterfragt oder bestätigt werden. Ihre User werden dies positiv vermerken.

Influencer einbinden

Eine der wesentlichen Entwicklungen im Content-Marketing ist noch lange nicht an ihrem Ende: die Bedeutung von Influencern. Also kann es auch für Ihren Content nur förderlich sein, wenn Influencer ihn kennen, schätzen und vor allen Dingen sharen. Sie sollten deshalb alles Machbare tun, um bei ihnen in einem günstigen Licht zu erscheinen.

Viele User sind geradezu abhängig von der Meinung ihrer favorisierten Influencer. Meist wird relativ unkritisch übernommen, was diese sharen oder liken. In dieser Hinsicht lässt sich bei den Influencern nachhelfen, wofür allerdings in der Regel Geld in die Hand zu nehmen ist.

Experten hinzuziehen

Zu einem ambitionierten Mehrwertdenken gehört die Hinzuziehung von außerbetrieblichen Zugpferden. Unterstützung durch allgemein anerkannte Experten verleiht der Message, die beim Rezipienten verankert werden soll, eine noch größere Überzeugungskraft.

Experten wirken glaubwürdiger, wenn sie keine direkten Mitglieder Ihrer Community sind. Bei ihrer Präsentation können alle medialen Register gezogen werden. Denkbar sind Videos oder (Podcast-)Interviews, ebenso gut redigierte textliche Gastbeiträge.

Wenn der Experte dazu noch bereit ist, im Rahmen einer virtuellen Sprechstunde in direkten Kontakt zu Ihren Mitgliedern zu treten, macht sich seine Mitwirkung umso bezahlter.

Gamification

Der Begriff »Gamification« bezeichnet die Schaffung eines spielerischen Konzepts für Dinge, die an sich nichts mit einem Spiel zu tun haben. Dieser Ansatz hat über die Jahre immer mehr an Zuspruch gewonnen.

Die technologischen Innovationen treiben die Entwicklung der Gamification voran. Gadgets für Augmented und Virtual Reality sind auf dem Vormarsch und begünstigen den Trend, dass Communitys, auf denen eine Spielwiese angelegt ist, höhere Traffic-Zahlen erzielen.

Ein Großteil der Spiele stellt eine spezielle Form von Storytelling dar, bei der die Spielenden interaktiv einbezogen werden. Je interessanter und fesselnder die Story hinter dem Spiel, umso höher der Anreiz, sich daran zu beteiligen.

Dabei ist zu beachten, dass hinter dieser Story ein klarer Bezug zu Ihrem Arbeitgeber erkennbar ist. Es ist nicht im Sinne des Erfinders, wenn es einem wie Johnnie Walker geht: Von ihnen wurde das Anfang des Jahrtausends überall gedaddelte Moorhuhn-Spiel ins Leben gerufen, aber die wenigsten brachten es mit dem Whisky in Verbindung.

Mit der Erstellung eines Spiels hat der Community-Manager im Allgemeinen nur mittelbar zu tun. Wenn ein Betreiber ein attraktives Game implementieren will, wird die Arbeit an eine Gamification-Agentur delegiert.

Am effektivsten sind Spiele, bei denen es unter den Mitgliedern zu Teambildungen kommen kann oder muss. Solche Spiele stärken das Gemeinschaftsgefühl auf einer Plattform enorm. Auch ein Belohnungssystem (vergleichbar demjenigen bei der Vergabe von Statusklassen) stellt einen guten Anreiz zum Mitmachen dar.

Psychologische Studien haben erwiesen, dass ein Drittel der Spieler mehr Zeit bei einem Spiel verbringen, als sie ursprünglich vorgehabt hatten.[79] Wenn ein Spiel es schafft, einen solchen Grad von Immersion (so der Fachbegriff für das die Zeit vergessende Eintauchen in eine Online-Aktivität) hervorzurufen, ergibt sich eine Stärkung der Mitgliederbindung fast von selbst.

Mit einem spaßigen und originellen Spiel haben Sie einen Publikumsmagneten, der eine florierende Community garantiert. Es wird Ihrer Plattform neue Teilnehmer zuführen und zu Ihrem positiven Image beitragen. Für den Community-Manager hat eine Gamification unter Umständen die Konsequenz, dass zu seinen Aufgaben diejenige des Game Masters hinzukommt. Bei großen Betreibern wird meist ein Teammitglied mit besonderer Gaming-Affinität eingesetzt, um diesen Aufgabenbereich zu betreuen.

User Generated Content

Storytelling kann auch aus der Community selbst hervorgehen, in Form von User Generated Content. Natürlich steht dabei keine Planung dahinter, er ist meist ein Produkt eher sporadischer Kreativimpulse. Der Community-Manager kann auf die Ausgestaltung von User Generated Content allerdings indirekten Einfluss nehmen, indem er thematische Vorgaben für dessen Produktion macht.

User Generated Content ist ein Thema, das für den Betreiber vor allem aus finanzieller Sicht hochinteressant ist. Er ist die billigste Form von Content Creation. Ein weiterer Vorteil kommt hinzu: Er muss nicht als Werbung gekennzeichnet werden. Es ist sogar möglich, hierin vergleichende Werbung unterzubringen, wie sie in direkter Form nicht erlaubt ist.

Rechtliche Aspekte

Im Allgemeinen haben User kein Problem damit, ihrer Community den Content zur Verfügung zu stellen, der ihrer eigenen schöpferischen Initiative entspringt. Im Gegenteil, viele legen es darauf an und reflektieren auf die Anerkennung, die mit der Verbreitung ihrer Eigenproduktionen verbunden ist.

Viele Mitglieder sind sich darüber im Klaren, dass sie mit ihrem Self-made-Content den Marketers unter die Arme greifen. Da müssen Sie sich absichern, dass keine nachträglichen finanziellen Forderungen kommen. In jedem Einzelfall ist es unabdingbar, eine Content-Übernahme auf eine rechtlich sichere Basis zu stellen. Dafür brauchen Sie eine ausdrückliche Einverständniserklärung, dass die userproduzierten Inhalte entgeltfrei genutzt werden dürfen.

Authentizität

Die Wirkungs- und Überzeugungskraft von User Generated Content fußt darauf, dass ihm von vornherein Authentizität – da ist er wieder, dieser vieldeutige Begriff – zugebilligt wird. Es ist aber eine andere Form von Authentizität, die sich von derjenigen eines Community-Managers unterscheidet. Bei den Usern stecken meist keine berufspraktischen Überlegungen dahinter, authentisch zu erscheinen, es sei denn, sie sind (Ab-)Werber, die sich bei Ihnen eingeschlichen haben.

Wenn sich jemand aus der Community zu einem Produkt äußert, so hat dies sofort einen Glaubwürdigkeitsbonus. Keinen Äußerungen sind die User mehr bereit zu vertrauen als Statements, deren alleiniger Hintergrund die Überzeugtheit oder sogar Begeisterung für ein Produkt ist. Dagegen werden die klassischen Werbemaßnahmen als erheblich unglaubwürdiger eingestuft.

Die Qualitätsfrage stellt sich bei User Generated Content weniger, weil es allgemein akzeptiert wird, dass er nicht von perfekter Professionalität sein kann. Im Gegenteil, es ist der Glaubwürdigkeit eher nützlich, wenn er teils etwas amateurhaft daherkommt.

Von Ihnen als Community-Manager wird Expertise dazu erwartet, welcher User Generated Content sich im Rahmen von Marketingstrategien für eine weitere Verwertung eignet. Ihre Empfehlungen sollten auf genauer Kontrolle der Inhalte basieren, denn es verbietet sich, etwas zu übernehmen, das den Common Sense der Community und die Werte des Betreibers verletzt.

Story-Wettbewerbe

Es lassen sich Anreize schaffen, um Mitglieder zur Produktion von User Generated Content zu bewegen. Ein »Bringer« auf dem Sektor Storytelling sind Wettbewerbe, die aus dem Erzählen von Geschichten bestehen, als direkte Methode, aus der Community einen Storyteller-Pool zu machen.

Besonders überzeugende Anreize zur Teilnahme sind kleine Preise oder Prämien. Auch eine Ankündigung, der Community die besten Beiträge im Rahmen einer Sonderberichterstattung zu präsentieren, wird viele User zum Mitmachen animieren.

Die Themen der Geschichten sind von Ihnen vorzugeben. Jedes Thema ist gut, solange es der Interessenssphäre Ihrer Mitglieder angehört. Als Stimulus genügt oft schon eine höflich vorgebrachte Aufforderung, interessante, typische, je nachdem heitere Geschichten zum Besten zu geben, die in Bezug zu Ihrem Brand stehen.

Möglich ist auch, dass Sie eine Art Basis-Story mit einem thematischen und/oder formalen Gerüst vorgeben. Fortsetzung einer Rumpf-Story ist immer etwas, das viel Engagement hervorruft.

Solche Wettbewerbe können auf ein Medium beschränkt sein. Je nachdem ist dies Sache der Plattform, auf der der Wettbewerb stattfindet. Er kann aber auch plattformübergreifend ausgeschrieben werden. Am besten ist es, dem Mitmachenden die Wahl des Mediums zu überlassen. Wer nicht seinen Präferenzen folgen kann, der wird schwerlich aus der Reserve zu locken sein.

Sehr reizvoll kann es sein, daraus ein transmediales Projekt zu machen. In den einzelnen Beiträgen wird die Story aus einer Vielzahl von Perspektiven heraus präsentiert, in unterschiedlichen Medien.

Community-Manager als Storyteller

- Orientierung an der klassischen Heldenreise-Struktur: Initial Event – Konfliktaustragung – positive Lösung
- Instant Gratification sicherstellen
- Helden als Identifikationsfiguren der User konzipieren
- Wertekanon der Corporate Identity wahren
- Prägnante, emotionalisierende Storys designen
- Storys transmedial erzählen
- Content-Angebot Kontinuität und Konsistenz verleihen
- Medien des *Visual Turn* bevorzugen
- Aufbereitung an Medium und Plattform anpassen
- Gründliche Recherche beim Betreiber für lebensechte Storys
- Kunden und Mitarbeiter für Testimonials gewinnen
- Glaubwürdigkeit und Authentizität in nachprüfbarer Weise herstellenDas
- Das Prinzip *Sex sells* einbringen (wenn passend)
- Comedysierung bei passender Thematik
- Anregungen für User Generated Content schaffen

Kapitel 7

Zwischen Euphorie und Bedenken – Die Zukunft von Community-Management

»Man muss sich ändern, um derselbe zu bleiben.« Diese kryptisch angehauchten Worte des niederländischen Malers Willem de Kooning[80] lassen sich in besonderem Maße auf Communitys beziehen. Die Änderungsdynamik in der Community-Landschaft ist enorm, und doch funktionieren diese Online-Soziotope immer noch nach den Grundprinzipien, wie sie sich schon in den Urzeiten des Webs herausgebildet haben.

Communitys sind ein zeitloses Phänomen. Das bedeutet aber nicht, dass die Zukunft für sie nicht auch etwas ist, das der sprichwörtlichen Katze im Sack gleicht, denn irgendwann wird wohl eine disruptive Technologie das Internet in seiner jetzigen Form ablösen. Doch vermutlich wird auch diese Technologie ihre Spielart(en) virtueller Gemeinschaftlichkeit hervorbringen.

Communitys werden sich nicht mehr von Grund auf neu erfinden müssen – sie sind gekommen, um zu bleiben, und nicht nur das, sie werden auch, wie bislang schon, weiter an Bedeutung gewinnen. Dieser Zuwachs wird nicht nur auf der ökonomischen Ebene stattfinden, sondern auch im privaten Bereich. Die Vorhersage, dass Communitys in einer Welt der digitalen Identitäten immer mehr die Rolle eines Familienersatzes zufallen wird, erscheint keinesfalls abwegig.

Glänzende Zukunftsaussichten für Community-Manager?

Wir sind auf dem Weg in eine communityfixierte Infrastruktur, habe ich zu Ende des ersten Kapitels festgestellt. Das macht Communitys zu sehr ernst zu nehmenden Machtfaktoren. Ihre steigende Bedeutsamkeit wird auch den Status der Menschen aufwerten, die in ihnen Lenkungsfunktionen ausüben.

Community-Management wird innerhalb von Unternehmensstrukturen zunehmend eine Schlüsselrolle zukommen. Es leistet eminent wertvolle Basisarbeit für die Führungsetagen. Wer diese Basisarbeit exzellent genug leistet, wird mit der Zeit selbst in Richtung Führungsetage rücken. Diese Tendenz wird von den Topmanagern, die sich in Sachen Community-Management weiterbilden, hinlänglich bestätigt.

Überaus rosige Zukunftsaussichten also für den Beruf des Community-Managers, sollte man glauben. Doch bei allem Optimismus darf man nicht übersehen, dass diese erfreulichen Perspektiven große Herausforderungen mit sich bringen werden.

Augmented Reality

Technologische Fortschritte und die daraus resultierenden Chancen, Risiken und Problemfelder lassen sich nur schwer vorhersagen. Die Grenzen des Machbaren verschieben sich weiter, unaufhaltsam und in vielerlei Hinsicht erschreckend. Für Communitys sind dabei die Themen Virtual und Augmented Reality (VR beziehungsweise AR) von besonderer Relevanz.

AR wird erhebliche Auswirkungen auf das Community-Management der Zukunft haben.[81] Derzeit (Ende 2019) sind AR-Brillen noch nicht im Massenmarkt angekommen. Wenn sie so weit sind, werden sie mit ihren Kamerafunktionen neue Anwendungsszenarien ermöglichen. Zum Beispiel kann jemand, der sich in einem Treffen mit dem Mitarbeiter eines Unternehmens befindet, etwaige Probleme via Brillenkamera sofort online stellen.

Und das ist nicht die einzige Auswirkung, die AR auf Communitys haben wird. Ein anderes Beispiel ist WallaMe: Mit dieser App können virtuelle Botschaften auf Fotos von Wänden eines realen Gebäudes hinterlassen werden.[82] Diese Botschaften sind zunächst nicht sichtbar, nur andere Nutzer der App können sie dann lesen.

Community-Manager werden in vorderster Linie stehen, auf solche Formen von Beiträgen zu reagieren. Wie das im Einzelnen aussehen wird, das steht noch in den Sternen. Mit hoher Sicherheit lässt sich aber wohl sagen, dass es nicht mehr genügen wird, möglichst schnell zu reagieren. Sofortreaktionen verbunden mit Echtzeithektik werden nötig sein, und Community-Management dürfte damit endgültig zum 24/7-Job werden.

Künstliche Intelligenz

Das wohl größte Zukunftsproblem (nicht allein) für Community-Management ist Künstliche Intelligenz (KI). Angesichts der Rasanz, mit der die Entwicklung von KI vorangetrieben wird, stellt sich die unangenehme Frage, ob sie auch die Führung von Communitys übernehmen könnte.

Schon 2014 wurde mit dem nicht gerade anspruchsvollen Chatbot Eugene Goostman die erfolgreiche Simulation eines Gesprächs durchgeführt.[83] In diesem Zusammenhang ist auch der Test von Microsofts Social Bot Tay interessant.[84] Er wurde als Selbstlerner plakatiert, was ihm dann auch gelungen ist, allerdings nur, was das Erlernen einer faschistoiden und vulgären Ausdrucksweise angeht.

Gerade virtuelle Kommunikation ist eines der Berufsfelder, auf denen sich die Ziele von technologischem Fortschritt gegen die Menschen richtet, die darin arbeiten. Vielfach wird einer solchen Entwicklung schon forciert Bahn gebrochen, denn es sind bereits eine Menge Social Bots im Einsatz. Besonders in China kontrollieren sie viel Traffic, oft im Dienste strenger staatlicher Überwachung.[85]

Das Prekäre für das Community-Management liegt darin, dass auch privatwirtschaftliche Betreiber den Einsatz von KI befürworten werden. Sie dürften sich von KI eine noch effizientere und besser kontrollierbare Arbeit erwarten. Ein Community-Manager arbeitet unter dem Einfluss wechselnder Stimmungen, was sich nie ganz neutralisieren lässt. Daher kann seine Arbeit etwas uneinheitlich geraten, ein Problem, das KI nicht bereitet. Abgesehen davon wären ihre Reaktionszeiten denjenigen von Menschen überlegen.

Fatal könnte werden, dass ein großer Teil der Menschheit KI als Selbstverständlichkeit hinnimmt. Wer mit einer Prothese für Kommunikation zufrieden ist, wird einen menschlichen Ansprechpartner nicht vermissen. Wenn es egal wird, ob man mit einem Algorithmus oder einem denkenden und fühlenden Wesen interagiert, dann hat Community-Management in seiner jetzigen Form in der Tat schlechte Karten.

Doch es ist sehr fraglich, ob KI den menschlichen Faktor entbehrlich machen kann, denn die Qualität der Kommunikation wird leiden. Keine derzeit bekannte KI ist in der Lage, den Kontext einer dialogischen Situation so zu analysieren, wie menschliches Denk- und Einfühlungsvermögen es kann.

Emotionale Intelligenz ist die Voraussetzung für eine persönliche Beziehung zu den Nutzern. Dafür bedarf es eines einfühlenden Blicks für den Lebenskontext des Nutzers. Eine künstliche emotionale Intelligenz, die ein solches Kontextbild gewinnen könnte, ist derzeit nicht zu sehen. Hier kann die menschliche Sensorik ihre Überlegenheit ausspielen.

Smart City-Communitys

Die wachsende Bedeutung von Online-Communitys wird von einer Entwicklung gestützt, die sich bei der Organisation von Gemeinwesen in der realen Welt abzeichnet. Der Begriff von Community, wie wir ihn für dieses Buch definiert haben, dürfte in absehbarer Zukunft eine Erweiterung in eine konkret lebensräumliche Bedeutungsdimension hinein erfahren.

Im Englischen umfasst die semantische Bandbreite des Wortes »Community« ohnehin schon menschliche Ansiedlungen jeder Art. Die Pläne heutiger Städtebauer gehen in Richtung Smart Citys, und so steht zu erwarten, dass urbane Wohngebiete zu Smart Communitys werden, in denen alle Bewohner miteinander vernetzt sind.[86]

Es kann nur spekuliert werden, welches Ausmaß der Bedeutungsschub haben wird, den diese Verquickung von analoger und virtueller Gemeinschaftlichkeit der Arbeit von Community-Managern verleiht.

Neue Machtdimensionen

Still I rise kann das Phänomen Community mit Recht von sich sagen. Es hat jetzt schon eine große Macht im ökonomischen Bereich, weil Communitys Sammelbecken der Macht der Konsumenten sind. Daran geknüpft ist die Macht der Daten, die sich aus dem Reservoir Community schöpfen lassen.

Hinzukommen wird möglicherweise eine politische Komponente. Damit meine ich nicht nur die Stimmen, die zum Beispiel Facebook als einen *Staat im Staate* bezeichnen, der sich irgendwann verselbstständigen könnte. Solche Extrementwicklungen sind wohl eher Utopie (oder Dystopie). Aber es zeichnet sich ab, dass die sozialpsychologische Dimension von Communitys sich ins Politische ausweiten wird. Der Trend hin zu Smart Citys ist ein klarer Indikator für diese These.

Wenn sich politische Willensbildung in Communitys formiert und vielleicht sogar ganz dorthinein verlagert wird, verschieben sich die Relationen noch einmal drastisch. Damit soll nicht gesagt sein, dass die Entwicklung hin zu so etwas wie »Communited Nation« gehen wird. Aber mit einem Übergreifen in den Bereich Politik wird sich die Substanz an Macht und Einflussmöglichkeiten für Community-Manager wohl erheblich ausweiten.

Mit Macht geht immer große Verantwortung einher. Wollen wir hoffen, dass alle, die sich unter derlei Vorzeichen in diesem dann noch verantwortungsreicher werdenden Beruf engagieren, ihr gerecht werden können.

Nachwort

Liebe Leserin, lieber Leser, ich hoffe, dieses Buch konnte Ihre Erwartungen erfüllen und wird Ihnen eine Hilfe bei Aufbau und Pflege Ihrer Community sein.

Für Anregungen, Kritik und Feedback jeder Art bin ich sehr dankbar. Bitte senden Sie eine entsprechende Mail an post@ariane-brandes.de.

Ich wünsche Ihnen allen erdenklichen Erfolg bei der Umsetzung des Erlernten.

ÜBER DIE AUTORIN

Ariane Brandes ist Diplom-Betriebswirtin und arbeitet als freiberufliche Community-Managerin in mehreren Facebook-Gruppen. Zudem ist sie als Redakteurin und Ideengeberin für Talkshow-Formate tätig, mit dem Schwerpunkt auf Storytelling. Sie unterstützt Unternehmer und Coaches beim Aufbau eines Gemeinschaftsgefühls zwischen Fremden. Durch die Vernetzungsarbeit steigt die Interaktion in- und außerhalb der (online-) Community(s). Ergebnis ist die Erhöhung der Reichweite, verbunden mit einem steigenden Bekanntheitsgrad ihrer Auftraggeber.

https://ariane-brandes.de/

Literatur- und Linkliste

Mit der Nennung eines Buches, einer PDF-Download-URL oder einer Webseite ist keinerlei Wertung oder Empfehlung verbunden.
Leider kann ich hier nur eine kleine Auswahl von Büchern, Dateien und Links aufführen, obwohl andere es ebenso verdient hätten, im Rahmen dieser Literatur- und Linkliste erwähnt zu werden. Bei den vielen hervorragenden Büchern, Websites und Artikeln, die hier nicht genannt sind, soll die Nicht-Nennung keinesfalls implizieren, dass sie irgendwie schlechter seien als die aufgeführten.

Bücher

- Ansari, Sepita/Müller, Wolfgang: *Content Marketing. Das Praxis-Handbuch für Unternehmen. Strategie entwickeln, Content planen, Zielgruppe erreichen*; mitp 2017.
- Dr. Danne, Silvia: *My Love Brand. So werden Kunden und Mitarbeiter zu Ihren besten Markenbotschaftern*; Dr. Danne Medien & Marketing 2018.
- Eschbacher, Ines: *Content Marketing. Das Workbook. Schritt für Schritt zu erfolgreichem Content*; mitp 2017.
- Grabs, Anne: *Follow me! Erfolgreiches Social Media Marketing mit Facebook, Instagram und Co.*, 5. Auflage; Rheinwerk 2018.
- Gröner, Stefan/Heinecke, Stephanie: *Kollege KI. Künstliche Intelligenz verstehen und sinnvoll im Unternehmen einsetzen*; Redline 2019.
- Gröscho, Steffi/Eichler-Liebenow, Claudia/Köhler, Regina: *Willkommen in der neuen Arbeitswelt. So erwecken Sie ein Social Intranet zum Leben*; School for Communication and Management 2018.
- Herzberger, Tomas/Jenny, Sandro: Growth Hacking. *Mehr Wachstum, mehr Kunden, mehr Erfolg. Der Praxisratgeber für Durchstarter im Online-Marketing!*, 2. Auflage; Rheinwerk 2019.
- Katzer, Catarina: *Cyberpsychologie. Leben im Netz. Wie das Internet uns verändert*; dtv 2016.

- Kim, Amy Jo: *Community Building on the Web. Secret Strategies for Successful Online Communities*; 2000 (Kindle-Ausgabe).
- Krachten, Christoph/Hengholt, Carolin: *YouTube. Spaß und Erfolg mit Online-Videos*, 3. Auflage; dpunkt 2018.
- Levine, Rick/Locke, Christopher/Searls, Doc: *Das Cluetrain Manifest. 95 Thesen für die neue Unternehmenskultur im digitalen Zeitalter*; Econ 2000.
- Mohamad, Samer: Like! *Wie man mit Social Media Geld verdient und sich ein Online-Imperium aufbaut*; Redline 2019.
- Löffler, Miriam/Michl, Irene: *Think Content! Content-Strategie, Content fürs Marketing, Content-Produktion. Das Standardwerk im Online-Marketing, rundum aktualisiert*; Rheinwerk 2019.
- Papsdorf, Christian: *Wie Surfen zu Arbeit wird. Crowdsourcing im Web 2.0*; Campus 2009.
- Pein, Vivian: *Der Social Media Manager. Das Handbuch für Ausbildung und Beruf. Der offizielle Ausbildungsbegleiter des BVCM*, 3. Auflage; Rheinwerk 2017.
- Perkins, Lauren: *The Community Manager's Playbook. How to Build Brand Awareness and Customer Engagement*; Apress New York 2014.
- Renk, Erik/Gebhardt, Michael: *Das neue Gründen. Erfolgreich gründen in der digitalen Zeit – Chancen, Tipps und Geschäftsmodelle*; Redline 2018.
- Sammer, Petra: *Storytelling. Strategien und Best Practices für PR und Marketing*; O'Reilly 2014.
- Schmitt, Bernd: *Freunde, Fans und Follower. Das große Social-Media-Handbuch für alle Unternehmen, die das Maximum aus ihren Auftritten herausholen wollen*; Franzis 2017.
- Seja, Christa/Narten, Jessica: *Creative Communities. Ein Erfolgsinstrument für Innovationen und Kundenbindung*; Springer Gabler 2017.
- Tanasic, Julia/Casaretto, Cordula: *Digital Community Management. Communitys erfolgreich aufbauen und das digitale Geschäft meistern*; Schäffer Poeschel 2017.

PDF-Dateien zum Downloaden

- Bitkom: Studie Social Media in deutschen Unternehmen; URL: https://www.bitkom.org/sites/default/files/file/import/Social-Media-in-deutschen-Unternehmen4.pdf
- BVCM: Download der digitalen Berufsbilder; URL: https://www.bvcm.org/bvcm/ausschuesse/berufsbilder/#download
- BVCM: Social-Media- & Community Management in Deutschland 2018 (Studie); URL: https://www.bvcm.org/bvcm-studie-2018/.
- BVCM: Übersichtstabelle: Anforderungsprofile an Social-Media-Berufsbilder; URL: https://www.bvcm.org/2012/07/bvcm-definiert-social-media-berufsbilder/
- BVDW: BVDW-Leitfaden gibt Praxistipps für Social Media Monitoring; URL: https://www.bvdw.org/der-bvdw/news/detail/artikel/bvdw-leitfaden-gibt-praxis-tipps-fuer-social-media-monitoring-4/
- BVDW: Social Media Kompass 2017/2018; URL: https://www.bvdw.org/fileadmin/bvdw/upload/publikationen/social_media/kompass_social_media_2017_2018.pdf
- Deutsches Institut für Marketing: Studie Social Media Marketing in Unternehmen 2018; URL: https://www.marketinginstitut.biz/fileadmin/user_upload/DIM/Dokumente/DIM_Kurzzusammenfassung_Studie_Social_Media_Marketing_2018_April_2018.pdf
- Digital Publishing Report: community management innovationsstrategien agiles projektmanagement; URL: https://digital-publishing-report.de/ausgabe/dpr_Heft22_2018.pdf
- DotNetNuke: The Online Community Playbook; URL: http://www.chiefmarketer.com/assets/gated/DNN/A3OnlineCommunityPlaybook.pdf
- Fraunhofer IMW: Auf der Suche nach den richtigen Kandidaten? Schritt für Schritt zum erfolgreichen Employer Branding; URL: https://www.imw.fraunhofer.de/content/dam/moez/de/documents/180213_Kununu-Booklet_Bildschirm_v7.pdf
- Google: Einführung in Suchmaschinenoptimierung; URL: https://www.google.com/intl/de/webmasters/docs/einfuehrung-in-suchmaschinenoptimierung.pdf
- Hauck, Franziska: On-Domain Community Management: Community Management auf der eigenen Plattform (Studie); URL:

http://www.community1x1.de/whitepaper-community-manage
ment-forum/

- Hootsuite: Social Media Marketing-Strategie: In acht einfachen
  Schritten zum Social Media-Auftritt; URL: https://blog.hootsuite.
  com/wp-content/uploads/2017/06/gd-SocialMediaStrategy-de.pdf
- Hootsuite: The All-in-One Social Media Strategy Workbook. The
  tools, networks, and tactics you need to succeed; URL: https://so-
  cialbusiness.hootsuite.com/rs/hootsuitemediainc/images/Soci-
  al%20Media%20Strategy%20Workbook.pdf
- Lynton Web Solutions: Social Media Community Manager Playbook; URL: http://cdn2.hubspot.net/hub/74005/file-15566531-
  pdf/docs/lyntonweb-social-media-community-manager-playbook.
  pdf
- Perkins, Lauren: Community Management 101; URL: https://
  cmxhub.com/wp-content/uploads/2016/04/Community-Ma-
  nagement-101-3.pdf
- Pfortmüller, Fabian/Luchsinger, Nico/Mombartz, Sascha: The
  Community Manager Guidebook. The guide to building meaning-
  ful communities; URL: https://s3-us-west-2.amazonaws.com/ope-
  nideo-resources/production/assets/1485.pdf
- Wagner, D./Schnurr, J.-M./Ellermann B./Laub, T./Enke, S./ Läm-
  mer, S.: *Zum Status von Social-Media- und Community-Management in D-A-CH. Nordkirchen: Bundesverband Community Management e. V. für digitale Kommunikation und Social-Media 2015*:
  https://www.bvcm.org/wp-content/uploads/2015/10/151026-
  BVCM-Studie-Report.pdf

Linkliste

- annegrabs.de/blog/
- ariane-brandes.de/
- bernet.ch/blog
- bjoerntantau.com
- blog.hootsuite.com/de/
- blog.hubspot.de
- blogs.ocialhub.io/
- community-canvas.org/
- content-marketing-forum.com/#shortlist
- content-marketing-star.de/blog/
- conterest.de
- cortexdigital.de/
- digital-publishing-report.de/
- jensscholz.ghost.io/
- kristinholm.de/blog/
- letsseewhatworks.com/blog/
- neilpatel.com/de/
- scompler.com/
- socialmedia-fuer-unternehmer.de/
- studium-social-media.de/
- suxeedo.de/magazine/
- swat.io/de/blog/
- t3n.de
- vivianpein.de/blog/
- www.basicthinking.de/blog/
- www.blog2social.com/de/blog/
- www.brandwatch.com/de/blog/
- www.business2community.com
- www.bvcm.org
- www.chainrelations.de/blog/
- www.chimpify.de/marketing/
- www.community1x1.de/
- www.communitymanagement.de
- www.contentmanager.de/wissen/
- www.crowdmedia.de/blog/

- www.denise-henkel.com/blog
- www.echobot.de/blog/
- www.evergreenmedia.at/blog/
- www.ideeninspiration.de/
- www.internetworld.de/
- www.marconomy.de
- www.mediabynature.de/blog/
- www.meltwater.com/de/blog/
- www.muuuh.de/
- www.onlinemarketing-praxis.de/
- www.pergenz.de/blog/
- wwws.eokratie.de/blog/
- www.seo-kueche.de/blog/
- www.social-media-manager.com/
- www.strategisches-storytelling.de/
- www.takeoffpr.com/blog
- www.talkwalker.com/de/blogs
- www.zielbar.de/

Anmerkungen

1 Siehe: Katzer: *Cyberpsychologie*, S. 16

2 Eigene Übersetzung

3 Siehe: https://www.duden.de/rechtschreibung/Community; Kim, Amy Jo: Community Building on the Web : Secret Strategies for Successful Online Communities (2000); Kindle-Ausgabe, Introduction, Abschnitt Calling all Community Builders, 3. und 4. Absatz; Zitiert aus: https://dl.acm.org/citation.cfm?id=518514

4 Siehe: https://bernet.ch/blog/2017/01/18/community-communication-vier-typen-von-communitys/

5 Vgl.: Papsdorf: *Wie Surfen zu Arbeit wird*, S. 69.

6 Siehe: https://cryptomonday.de/groesster-bitcoin-core-bug-bitcoin-stand-kurz-vor-dem-ende/

7 https://www.ariva.de/facebook_a-aktie/kurs durch Klick auf Hist. Kurse abrufen; https://www.ariva.de/facebook_a-aktie?searchname=Facebook&weitere_ergebnisse=OS6807_TUR2863_AG1_ZER2828&utp=1; https://allfacebook.de/toll/state-of-facebook

8 Siehe: Social-Media- & Community Management in Deutschland 2018, Studie des BVCM, S. 37; downloadbar unter https://www.bvcm.org/bvcm-studie-2018/. Diese noch mehrfach herangezogene Studie wird im Folgenden als BVCM-Studie 2018 bezeichnet.

9 Siehe hierzu: https://blog.hootsuite.com/de/social-media-statistiken-2019-in-deutschland/

10 Siehe hierzu: https://www.intraworlds.de/es-lebe-das-engagement-von-90-9-1-zur-70-20-10-regel/

11 Siehe: BVCM-Studie 2018, S. 18

12 Siehe: https://blog.hootsuite.com/de/social-media-manager/?fbclid=IwAR1mkbGQ9OHG50YVQYVkN7IZyjj5Xz_wGlv1AXU-ZVK6tBo3pN0JElCi_4I

13 Siehe: https://www.bvcm.org/2010/05/veroffentlichung-der-offiziellen-definition-community-management/

14 Einen umfassenden Überblick bietet eine Übersichtstabelle mit den Anforderungsprofilen von Berufsbildern im Social-Media-Bereich, downloadbar unter: https://www.bvcm.org/2012/07/bvcm-definiert-social-media-berufsbilder/

15 Siehe hierzu ein Whitepaper des BVCM, das Sie unter dieser Adresse downloaden können: https://www.bvcm.org/bvcm/ausschuesse/berufs bilder/#download

16 Siehe: Studie BVCM-Studie 2018, S. 11

17 Siehe: https://www.jas.cm/infographics/2013-community-manager-report-gender-income-age-social-media-success-infographic-allTwitter/

18 Siehe: https://quiip.com.au/insight-2018-australian-community-managers-survey/

19 Siehe: BVCM-Studie 2018, S. 18

20 Siehe: BVCM-Studie 2018, S. 33 f.

21 Siehe: https://www.bvcm.org/wp-content/uploads/2012/07/Anforderungs profile-an-Social-Media-Berufsbilder.pdf

22 Siehe: BVCM-Studie 2018, S. 34

23 Siehe zu diesem Thema eine Podiumsdiskussion unter dem Titel *re:publica 2017 – Ein Plädoyer für anständiges Community Management*, abzurufen unter: https://www.youtube.com/watch?v=iKycdNdb5ME

24 Vgl.: Vivian Pein, *Der Social-Media-Manager*, S. 578

25 Siehe: BVCM-Studie 2018, S. 12

26 Siehe zum Beispiel: https://printify.com/blog/the-ultimate-guide-to-mone-tizing-your-online-community/; oder https://monetizepros.com/features/how-to-monetize-a-forum-50-tips-guides-and-resources/

27 Siehe hierzu: https://www.affiliate-marketing-tipps.de/affiliate-links/mues-sen-affiliate-links-als-werbung-gekennzeichnet-werden/100298/

28 Siehe hierzu: https://martinfiedler.me/dropshipping-zoll-steuern-produkt-haftung/

29 Siehe: https://community-canvas.org/, und: https://www.communityma-nagement.de/das-community-canvas-modell-modell-zum-aufbau-von-com-munities/

30 Siehe hierzu: http://filmlexikon.uni-kiel.de/index.php?action=lexikon&tag =det&id=8403

31 Die hochinformative Studie kann unter dieser Adresse downgeloadet wer-den: https://www.bitkom.org/Bitkom/Publikationen/Studie-Social-Media-in-deutschen-Unternehmen.html

32 Siehe: https://support.*Google*.com/webmasters/answer/7451184?hl=de; sehr lesenswert ist die ebenfalls von Google stammende *Einführung in Such-maschinenoptimierung* (kostenlos als PDF downloadbar)

33 Siehe: https://support.Google.com/webmasters/answer/9128668?hl=de& ref_topic=9128571

34 Siehe hierzu: https://t3n.de/news/social-login-vorteile-sozialer-468375/

35 Siehe hierzu: https://www.wuv.de/marketing/die_digitale_zerrissenheit_junger_onliner

36 Siehe hierzu: https://www.kerstin-hoffmann.de/pr-doktor/contentstrategie-unternehmenskommunikation-content-hub/

37 Siehe: On-Domain Community-Management: Community-Management auf der eigenen Plattform; Studie von Franziska Hauck, S. 4. Diese Studie ist downloadbar unter: http://www.community1x1.de/whitepaper-community-management-forum/

38 Siehe hierzu zum Beispiel: https://www.chimpify.de/marketing/100-gute-ueberschriften/, oder: https://blog.hubspot.de/marketing/ueberschrift-schreiben

39 Siehe hierzu: https://later.com/blog/ultimate-guide-to-using-Instagram-hashtags/, oder den downloadbaren Guide unter: https://later.com/Instagram-hashtag-guide/

40 Siehe hierzu: https://www.nbcnews.com/technolog/clothing-retailers-insensitive-aurora-tweet-enrages-internet-899485

41 Siehe hierzu: https://feinheit.ch/blog/shitstorm-skala/

42 Siehe: https://derstandard.at/1262208843033/Eine-Community-muss-man-pflegen-wie-einen-Garten

43 Vgl: Tanasic/Casaretto: *Digital Community Management*, E-Book Abschnitt 3.4.6.

44 Siehe hierzu: https://www.go4u.de/rechtliche-stolperfallen-beim-newsletter-versand.htm

45 Siehe zum Beispiel: http://www.marketingblog-mittelstand.de/2016/05/12/excel-vorlage-fuer-2017-verfuegbar-social-media-redaktionsplan/

46 Siehe hierzu zum Beispiel dieses Tutorial für die Erstellung des Redaktions-plans mit der Software von Trello: https://www.chimpify.de/marketing/trel-lo-redaktionsplan/

47 Vgl.: Krachten/Hegholt: *YouTube. Spaß und Erfolg mit Online Videos*, S. 139

48 Siehe hierzu: Katzer, *Cyberpsychologie*, S. 269f.

49 Siehe: https://www.derwesten.de/region/kiki-challenge-Instagram-id214983217.html

50 Siehe: https://communityroundtable.com/what-we-do/research/the-state-of-community-management/socm2016/

51 Siehe: BVCM-Studie 2018, S. 49

52 Siehe: BVCM-Studie 2018, S. 46 f.

53   Siehe zu diesem Thema ein PDF des BVDW von 2016 (Übersicht von circa 60 KPI): https://www.bvdw.org/der-bvdw/news/detail/artikel/bvdw-leitfa-den-gibt-praxis-tipps-fuer-social-media-monitoring-4/

54   Siehe hierzu zum Beispiel: https://www.brandwatch.com/de/blog/social-media-monitoring-tools/

55   Siehe hierzu: https://www.internetworld.de/social-media/20-besten-social-media-monitoring-tools-1692843.html, oder: https://t3n.de/news/social-media-monitoring-tools-680384/

56   Siehe hierzu zum Beispiel die Shitstorm-Skala auf: https://t3n.de/news/shit-storm-skala-herrscht-schwere-384338/

57   Siehe: https://www.augsburger-allgemeine.de/panorama/Islamischer-Ad-ventskalender-loest-Shitstorm-gegen-Lindt-aus-id36267622.html

58   Eigene Übersetzung

59   Siehe hierzu: https://people.com/style/peta-slammed-for-karl-lagerfeld-comments/

60   Siehe: https://www.jetzt.de/mode/rassistische-werbung

61   Siehe: https://www.ibm.com/support/knowledgecenter/de/SSL3JX/com munities/t_com_move_community_reparent.html

62   Eine Übersicht hierzu finden Sie auf: https://www.onlinemarketing-praxis. de/social-media/19-tools-fuer-social-media-management-und-crossposting

63   Dieses Thema ist ebenfalls Gegenstand der Diskussion in dem Video *re:publica 2017. Ein Plädoyer für anständiges Community Management* (siehe Anmerkung X)

64   Siehe hierzu: Katzer: *Cyberpsychologie*, S. 99

65   Siehe: https://t3n.de/news/hodl-bitcoin-begriff-894247/

66   Post vom 26.9.2018. YOLO ist Jugendsprache für *You only live once.*

67   Siehe: https://www.thebestsocial.media/de/weil-wir-sie-lieben-die-10-bes-ten-tweets-der-berliner-verkehrsbetriebe/

68   Siehe: https://wwws.eo-kueche.de/blog/community-management-die-welt-style/, und: https://onlinemarketing.de/news/interview-die-welt

69   Eine große Sammlung von Emojis finden Sie auf der Website www.emojipe-dia.com.

70   Siehe: https://www.duden.de/suchen/dudenonline/Content

71   Zitiert aus: Sammer: *Storytelling*, S. 80

72   Siehe hierzu: https://scompler.com/gastbeitrag-fish-im-radar-so-wird-con-tent-zur-strategie/

73   Siehe hierzu: https://www.researchgate.net/publication/310797670_The_Visual_Turn_in_Social_Media_Marketing

74   Siehe: https://hbr.org/2003/06/storytelling-that-moves-people

75   Weiterführende Informationen zum Thema Persuasionsforschung fin-
      den Sie unter https://www.karteikarte.com/lesson/57725/persuasionsfor-
      schung sowie HYPERLINK »http://www.unet.univie.ac.at/%7Ea0625837/
      VO%20SPEZI%20-%20Mitschrift%20SS11.pdf«http://www.unet.univie.
      ac.at/~a0625837/VO%20SPEZI%20-%20Mitschrift%20SS11.pdf.

76   Vgl.: Krachten/ Hegholt: *YouTube. Spaß und Erfolg mit Online-Videos*, S. 78

77   Siehe: http://americannameservices.com/ansinsights/2017/06/15/power-
      storytelling-influencer-marketing/

78   Vgl.: Sammer: *Storytelling*, S. 1 /2; siehe auch: https://espresso-digital.
      de/2011/12/06/die-mensch-geschichte-im-fokus-storytelling-beim-sie-
      mens-magazin-answers/

79   Siehe hierzu: Katzer: *Cyberpsychologie*, S. 58

80   Siehe: https://www.perlentaucher.de/magazinrundschau/sw/smithsonian-
      magazine.html

81   Siehe hierzu: https://www.muuuh.de/hub/next/augmented-reality-und-
      das-community-management-der-zukunft

82   Siehe http://walla.me/

83   Siehe hierzu: https://www.zeit.de/digital/internet/2014-06/turing-test-eu-
      gene-goostman-kritik

84   Siehe hierzu: https://wwws.ueddeutsche.de/digital/microsoft-programm-
      tay-rassistischer-chat-roboter-mit-falschen-werten-bombardiert-1.2928421

85   Siehe hierzu: Strittmatter, Kai: *Die Neuerfindung der Diktatur. Wie China den
      digitalen Überwachungsstaat aufbaut und uns damit herausfordert*; Piper 2018,
      passim.

86   Siehe hierzu: https://reset.org/knowledge/smart-cities-nachhaltig-leben-ei-
      ner-digitalisierten-stadt-05022016

STICHWORTVERZEICHNIS

Vom Blog zum Business – Traumberuf Influencer!

Bewundert, besprochen und manchmal belächelt – der Beruf »Influencer« hat Konjunktur. Viele Unternehmen greifen nur allzu gerne auf diese Multiplikatoren und Markenbotschafter zurück. Deren Währung heißt »Follower«. Viele spielen mit dem Gedanken, ihre Social-Media-Aktivitäten und Reichweite zum Beruf zu machen und etwa mit Instagram ihren Lebensunterhalt zu bestreiten. Das bedeutet jedoch weit mehr, als gekaufte Produkte möglichst unauffällig im Netz zu platzieren, beweist Marie Luise Ritter in dieser Anleitung für Influencer. In *So wird man Influencer* zeigt sie Neulingen Schritt für Schritt, was zu beachten ist, damit sich das Geschäftsmodell auch trägt.

240 Seiten
Softcover
16,99 € (D) | 17, 50 € (A)
ISBN 978-3-86881-714-0

Das Praxisbuch für den Arbeitsalltag der Zukunft!

Immer mehr Unternehmen nutzen die Chancen der Digitalisierung und profitieren von Clouds, Smartphones und mehr. In der Folge arbeiten immer mehr Menschen flexibel, online, im Büro, im Homeoffice oder unterwegs. Die Kehrseite ist, dass die Organisation der Mitarbeiter, der Arbeit oder des Büros immer komplexer wird.

Sigrid Hess beantwortet die drängendsten Fragen zum digitalen Arbeiten, zu den neuen Formen der Teamarbeit, der entgrenzten Arbeitszeit und den spezifischen Anforderungen an die Datensicherheit. Sie zeigt, welche neuen Tools wichtig werden, wie etwa OneDrive, OneNotes oder mobile Scanner Apps, und was man über diese wissen sollte.

224 Seiten
Softcover
19,99 € (D) | 20,60 € (A)
ISBN 978-3-86881-767-6